U0196664

中国东部超大城市群生态环境研究报告

唐立娜　周伟奇　主编

科学出版社

北京

内 容 简 介

　　本报告聚焦京津冀、长江三角洲和粤港澳大湾区三个中国东部超大城市群，基于长时间序列的多维生态环境数据，从生态质量、环境质量、资源能源利用效率和生态环境治理能力四个维度阐明了超大城市群的生态环境现状及 20 年来的演变历程，梳理了超大城市群生态环境保护科技支撑实践案例，评估了国家与地方层面生态环境政策和举措的成效，提出了超大城市群生态环境保护等方面针对性的对策建议，为推动超大城市群实现更高质量、更有效率、更可持续、更为安全的发展路径提供了重要科技支撑。

　　本报告适合生态学、环境科学、地球科学、城市规划与管理等专业的科技和管理人员，以及关注城市群发展、城市群生态环境问题的人士阅读。

审图号：GS 京（2024）0355 号

图书在版编目（CIP）数据

中国东部超大城市群生态环境研究报告／唐立娜，周伟奇主编 . —北京：科学出版社，2023. 11
　ISBN 978-7-03-076800-1

　Ⅰ . ①中…　Ⅱ . ①唐…　②周…　Ⅲ . ①城市群–生态环境–研究报告–中国　Ⅳ . ①X321. 2

中国国家版本馆 CIP 数据核字（2023）第 220673 号

责任编辑：张　菊／责任校对：何艳萍
责任印制：徐晓晨／封面设计：无极书装

科 学 出 版 社 出版
北京东黄城根北街 16 号
邮政编码：100717
http://www.sciencep.com
北京中科印刷有限公司印刷
科学出版社发行　各地新华书店经销
*
2023 年 11 月第 一 版　开本：787×1092　1/16
2024 年 3 月第二次印刷　印张：15 1/2
字数：370 000
定价：198. 00 元
（如有印装质量问题，我社负责调换）

序

　　城市一直是人类文明进步的标志。纵观历史，从古罗马的辉煌到长安的盛景，伟大的文明总是离不开伟大的城市。如今，京津冀、长江三角洲和粤港澳大湾区三个现代化的繁华城市群，已经成长为引领中国大国崛起的核心引擎。都市繁华背后，能源和资源的集中消费，带来不容忽视的生态环境隐忧和挑战。当繁华与挑战相遇，我们不得不去思考的问题是：如何实现人与自然的和谐共生？这也是中国东部三个超大城市群——京津冀、长江三角洲和粤港澳大湾区城市群当下发展中所必须面对和解决的重大问题。

　　在这个问题面前，我们不能独自寻找答案，而是需要集思广益，共同探索。我们需要科学，需要理论，更需要行动。这正是中国科学院《中国东部超大城市群生态环境研究报告》的价值所在，它提供了我们理解问题、解决问题的科学依据和理论支持。

　　这是一份兼具深度和广度的研究报告。该报告从生态质量、环境质量、资源能源利用效率和生态环境治理能力等四个维度阐释了三个超大城市群的生态环境现状和演变历程，并结合对应城市群生态环境保护的科技支撑实践案例展示了超大城市群生态环境保护与治理的科学理念和技术手段，剖析了国家层面及城市群层面生态环境治理政策的成效，并提出了一系列的对策和建议。

　　通过系统分析和梳理而形成的这一专题研究报告，将为城市群及城市生态环境保护与生态文明建设提供一定的参考，为我们的城市发展注入新的活力。我相信这份研究报告将为城市的高质量发展提供有益的借鉴，为构建高效、可持续和安全健康的城市提供科学指导。

　　全面建设中国特色社会主义的号角已经吹响。在这伟大的新征程上，健康城市的可持续发展需要更多的关注、更多的理解和更多的行动。我们需要将生态文明的理念融入日常生活中，让它成为我们生活的一部分。

　　生态环境的保护，不仅是科学家的责任，也是每一位公民的责任。在此，我们期待着每一位读者的参与和行动，期待着我们共同为生态文明建设做出贡献。让我们携手，共同打造一个美丽、和谐、可持续的家园。让我们的城市群，不仅是经济增长的核心引擎，更是生态文明的载体。

中国科学院院士
中国科学院生态环境研究中心
中国科学院城市环境研究所

前　言

　　中国东部三个超大城市群——京津冀城市群、长江三角洲城市群和粤港澳大湾区城市群，以全国 5.05% 的陆地国土面积，承载了 25.05% 的人口，贡献了近 40% 的经济总量，是我国经济增长的核心引擎。与此同时，高强度的人类活动给城市群的生态环境带来了巨大压力，严重影响了城市群的可持续发展。

　　党的十八大以来，党中央、国务院高度重视生态文明建设和新型城镇化战略。习近平总书记先后指出"中心城市和城市群正在成为承载发展要素的主要空间形式""在生态文明思想和总体国家安全观指导下制定城市发展规划，打造宜居城市、韧性城市、智能城市，建立高质量的城市生态系统和安全系统"。在习近平生态文明思想指引下，为更好地服务美丽中国建设和城市群生态环境质量提升的重大需求，中国科学院高度重视，积极部署中国科学院城市环境研究所和中国科学院生态环境研究中心等单位编制形成了《中国东部超大城市群生态环境研究报告》。

　　报告聚焦京津冀、长江三角洲和粤港澳大湾区三个中国东部超大城市群，从生态质量、环境质量、资源能源利用效率和生态环境治理能力四个维度阐明超大城市群生态环境现状与演变历程，梳理超大城市群生态环境保护科技支撑实践案例，分析国家生态环境政策治理成效，提出超大城市群生态环境保护等方面针对性的对策建议，为推动超大城市群实现更高质量、更有效率、更可持续、更为安全的发展路径提供重要科技支撑。

　　本报告由 40 余位科研工作者共同合作完成。他们在各自领域拥有丰富的专业知识和经验，为本报告的内容质量提供了重要保障。每位作者都为本报告付出了大量的时间和精力，没有他们的支持和付出，报告无法如期完成。

　　在报告编制过程中，我们得到了中国科学院科技促进发展局领导们的大力支持，他们分别是张鸿翔、翟金良、任小波、邢晓旭和谢天。他们对报告的框架、内容、撰写等方面提出了宝贵的意见和建议，使本报告更加系统、全面、深入和具有实践指导意义。我们对中国科学院科技促进发展局领导们的悉心指导和大力支持表示由衷的感谢。

　　在报告完成过程中，同行专家们给予了宝贵的意见和建议。他们对本报告的科学性、适用性和整体性等方面进行审阅与评估，为本书的质量提升做出了重要贡献。他们分别是傅伯杰、陆大道、陶澍、吴丰昌、夏军、朱永官六位院士（按汉语拼音排序），樊杰、方创琳、高国力、贾克敬、欧阳志云、王凯、杨桂山、叶脉、曾刚、张文忠等多位研究员、教授及总工（按汉语拼音排序）。我们对他们的专业精神和尽心帮助表示衷心的感谢。

　　此外，我们还要感谢中国科学院城市环境研究所的陈少华书记和卢新处长、中国科学院生态环境研究中心的欧阳志云主任和严岩处长，他们高度重视报告的编制和出版工作，协调各单位和部门的工作，提供了重要的资源和保障，使报告能够顺利完成。

　　报告得到了中国科学院战略性先导科技专项（A 类）（XDA23030104）、中国科学院重点部署科研项目（KFJ–ZDBS–2022–002–05）的经费支持，在此一并表示感谢。

最后，我们对所有支持、关注、关心本报告的人员表示衷心的感谢和诚挚的祝福。期望这部报告能够为读者提供有益的信息和知识，为学术研究和实践工作做出一定贡献，为各界人士提供参考和借鉴。同时，本报告不可避免地存在不足之处，敬请读者批评指正。

作　者

2023 年 5 月

目　录

序
前言
第一章　中国城市群与东部超大城市群概况 ······························· 1
　　第一节　城市群的基本内涵与识别划分标准 ·························· 1
　　第二节　中国城市群及东部超大城市群的战略地位 ··············· 3
　　第三节　中国东部超大城市群概况 ································· 5
　　参考文献 ··· 17
第二章　京津冀城市群生态环境 ·· 19
　　第一节　生态质量及变化 ·· 19
　　第二节　环境质量及变化 ·· 28
　　第三节　资源能源利用效率及变化 ································· 35
　　第四节　生态环境治理能力建设 ···································· 42
　　第五节　大气环境监测预报关键技术 ······························ 49
　　第六节　大气污染防治技术与对策 ································· 57
　　第七节　生态安全格局保障关键技术 ······························ 61
　　参考文献 ··· 67
第三章　长江三角洲城市群生态环境 ······································ 69
　　第一节　生态质量及变化 ·· 69
　　第二节　环境质量及变化 ·· 77
　　第三节　资源能源利用效率及变化 ································· 85
　　第四节　生态环境治理能力建设 ···································· 90
　　第五节　大气污染联防联治决策支持系统构建技术 ··············· 98
　　第六节　水环境一体化治理关键技术 ······························ 104
　　第七节　污染场地环境质量修复与开发利用关键技术 ············· 109
　　第八节　典型流域和村镇生态环境一体化治理关键技术 ··········· 114
　　参考文献 ··· 121
第四章　粤港澳大湾区城市群生态环境 ···································· 123
　　第一节　生态质量及变化 ·· 123
　　第二节　环境质量及变化 ·· 132
　　第三节　资源能源利用效率及变化 ································· 139
　　第四节　生态环境治理能力建设 ···································· 146
　　第五节　大气污染物监测、减排与防治研究 ······················ 152

第六节　工业退役场地修复智能管理平台 ···················· 159

第七节　固体废物产排规律与资源化技术 ···················· 164

第八节　产业绿色发展与环境管控研究 ······················ 170

参考文献 ·· 175

第五章　超大城市群生态环境政策成效 177

第一节　生态保护政策分析 ······························ 177

第二节　大气污染防治政策分析 ·························· 187

第三节　水污染防治政策分析 ···························· 200

第四节　固体废物污染防治政策分析 ······················ 211

参考文献 ·· 219

第六章　超大城市群生态环境保护总体成就与建议 220

第一节　总体成就 ································· 220

第二节　生态环境改善原因 ····························· 221

第三节　保护建议 ································· 222

附录 ··· 225

附录 A　指标体系与数据来源 ····························· 225

附录 B　指标含义与计算方法 ···························· 228

参考文献 ·· 235

第一章 | 中国城市群与东部超大城市群概况

城市群是世界经济重心大转移的主要承载地，是国家新型城镇化与经济发展的战略核心区。目前，中国城市群发展已经进入引领全球城市群发展的新时代。2013 年首次召开的中央城镇化工作会议、党的十七大报告、党的十八大报告、党的十九大报告和国家连续四个五年规划纲要都把城市群确定为全国推进新型城镇化的"主体区"。全国 19 个城市群以占全国 25% 的陆地国土面积，集聚了全国 75% 的人口，创造了全国 85% 以上的经济总量。其中，京津冀、长江三角洲和粤港澳大湾区三个东部超大城市群，经济总量占全国近40%，是牵引国家经济增长的核心引擎，是带动全国高质量发展的新动力源，是国家经济社会发展的最大贡献者（唐立娜等，2023）。

第一节 城市群的基本内涵与识别划分标准

一、城市群的基本内涵

城市群是新型城镇化的主体形态，是支撑全国经济增长、促进区域协调发展、参与国际竞争合作的重要平台，在城镇化格局中具有纲举目张的独特作用（姚士谋等，2006）。目前，对于城市群的基本内涵及定义并未形成统一公认的标准。1998 年发布的《城市规划基本术语标准》（GB/T 50280—98）将城市群定义为在一定地域内城市分布较为密集的地区。1992 年，姚士谋将城市群定义为特定地域范围内具有相当数量的不同性质、类型和等级规模的城市，依托一定的自然环境条件，以一个或两个特大城市作为区域经济的核心，借助综合运输网的通达性，发生与发展着城市个体之间的内在联系，共同构成一个相对完整的城市集合体。2014 年，方创琳进一步将城市群概括为一定区域范围内，以一个超大、特大或辐射带动功能强的大城市为核心，由三个以上都市圈（区）或大城市为基本构成单元，依托发达的交通通信等基础设施网络，所形成的空间组织紧凑、经济联系紧密，并最终实现高度一体化的城市集群。陈伟和修春亮（2021）认为城市群是两个以上城市体系组成的巨型城市地域，是兼具形态连续性和功能内聚力的城市系统，空间形态和功能形态是认识城市群空间内涵的基本视角。总的来说，城市群具有系统性、综合性、动态性、开放性、形态连续性、功能内聚性等重要特征。

二、城市群发育阶段

城市群的形成通常伴随着城市空间范围的扩张、人口和产业的增加、城市间依存和竞争关系的变换，其发育过程可大致分为以下三个阶段。

合作与依存阶段。城市群的发展源于相邻城市及区域之间的合作和依存关系。合作和依存关系使得城市及区域不断扩张，周边的人口和产业被不断吸纳，城市和区域之间相互融合，形成连片发展的趋势。该阶段为城市群的雏形阶段，合作和依存关系导致各城市和区域内部产业等形成一定的同质化。

竞争与合作阶段。随着城市群的发展，城市群内部各城市及区域之间的竞争加剧，城市群进入竞争与合作阶段。该阶段，由于产业等同质化导致城市群内各城市及区域之间为了吸引更多的人口、产业等资源而相互竞争。与此同时，城市及区域之间还需协作改善交通等基础设施，合作吸引更多的资源。

整合与发展阶段。最后城市群逐渐成熟，城市群内部各城市与区域之间竞争减少，整合不同领域的资源，合作更加密切，形成更加高效的城市集群。

城市群发育最直观的变化体现在空间范围的演变上，单个城市最终会演变为多个城市高效连接、有机结合的城市集群。陈伟和修春亮（2021）凝练了城市群发育的基本判断条件：良好的资源环境综合承载能力、大都市区与多个城市系统、地理空间上的邻近性与紧凑性、发达和完善的基础设施网络、深入协调的功能分工与经济联系、相对一致的社会网络和文化认同。方创琳等（2011）对城市群空间拓展的过程进行了总结，即城市群将会沿着城市—都市区—都市圈—城市群（大都市圈）—大都市带（都市连绵区）的时空演进主线，经历四次拓展放大的过程，每一次空间范围的扩展结果都将使城市群拥有更强的辐射带动能力。

三、城市群的识别与划分标准

城市群是一个十分复杂、开放的巨系统，因概念认识、界定标准设定、分析单元选用、识别方法选择等的不同，目前并未形成统一的识别标准（陈守强和黄金川，2015）。已有研究中，对于城市群的识别大致可分为基于属性和基于网络的识别方法（张艺帅等，2020）。属性识别法是根据特定区域内城镇集聚特征等，运用人口规模、经济总量、城市化水平、城市密度等指标识别城市群。例如，方创琳等（2018）总结了120年来国内外城市群、都市连绵区的判断标准，结合中国城市群发展特征，从城市数量、人口规模、城镇化水平、人均GDP、经济密度、城市交通、非农产业值比率、城市首位度、经济外向度、文化认同度等方面提出了城市群空间范围识别的十大定量标准。网络识别法重在测度城市群内部各城市之间以及内部城市与外部城市的联系强度，运用人口流动、信息交流、产业联系等指标来识别城市群。例如，张艺帅等（2020）综合考虑网络中心度、网络关联度、地理邻近性、城市个体数量、人口城镇化率、人均GDP、常住人口等网络类指标和属性类指标制定了城市群的识别标准。

城市群的划分通常是多项指标的综合考量，较常使用的指标包括人口规模、经济规模、核心城市规模、经济外向度、综合发育度、战略地位、网络中心度、网络关联度等。通过上述指标可将城市群划分为超大城市群、特大城市群、大城市群、中等城市群和小城市群。其中，超大城市群是在国家和全球城市体系中具有顶级战略地位、巨大人口规模、巨大经济总量、巨大核心城市、很高经济外向度与综合发育程度的城市群（唐立娜等，2023）。超大城市群地域广阔、人口众多、经济发达，是全国乃至全球的经济增长极，在社会、经济、文化、环境中有着至关重要的作用。中国满足上述特征的城市群有东部的京津冀城市群、长江三角洲城市群和粤港澳大湾区城市群（唐立娜等，2023），三个超大城市群的人口规模、经济总量、核心城市规模、经济外向度、综合发育度、战略地位、网络中心度、网络关联度等均显著高于其他城市群。

目前，全球公认的六大城市群有美国东北部城市群、北美五大湖城市群、日本东海岸城市群、欧洲西北部城市群、英国城市群和中国长江三角洲城市群（朱诚等，2017）。国外的超大城市群发展较早，经过 100 多年的漫长发展，城市群整体已较为成熟、协调，所面临的生态环境压力小。相比之下，中国的城市群发育时间短，社会经济与生态环境之间的矛盾突出，未来要重点关注生态环境的治理与保护，保持社会经济与生态环境的平衡协调，促进城市群高质量发展。

第二节 中国城市群及东部超大城市群的战略地位

一、中国城市群空间分布格局

中国长期以来十分重视城市群的发展。早在 2006 年，在颁布的《中华人民共和国国民经济和社会发展第十一个五年规划纲要》中就提出要合理发展城镇化空间格局，以城市群为主体形态推进城镇化。2014 年颁布的《国家新型城镇化规划纲要（2014～2020）》提出将城市群作为新型城镇化的主体形态。2021 年，《中华人民共和国国民经济和社会发展第十四个五年规划和 2035 年远景目标纲要》指出，我国城市群将形成"两横三纵"的战略格局，即以陆桥通道、沿长江通道为两条横轴，以沿海、京哈京广、包昆和西部陆海新通道为三条纵轴，以轴线上城市群和节点城市为依托、其他城镇化地区为重要组成部分的城镇化战略格局，包括优化提升京津冀、长江三角洲、珠江三角洲、成渝、长江中游等五大城市群，发展壮大山东半岛、粤闽浙沿海、中原、关中平原、北部湾等五大城市群，培育发展哈长、辽中南、山西中部、黔中、滇中、呼包鄂榆、兰州–西宁、宁夏沿黄、天山北坡等九大城市群（图 1-1）。

目前，中国东部最具代表性的超大城市群包括京津冀城市群、长江三角洲城市群和粤港澳大湾区城市群。近年来，包括 2011 年颁布的"十二五"规划纲要、2016 年颁布的"十三五"规划纲要、2021 年颁布的"十四五"规划纲要等在内的多个发展规划多次提到将三个超大城市群打造成世界级城市群，加快推动京津冀协同发展，积极稳妥推进粤港澳大湾区建设，提升长江三角洲一体化发展水平，三个超大城市群的发展不断推进。

二、中国城市群建设的战略地位

城市群建设在国家和区域发展中具有重要战略地位。通过优化区域空间布局、推动经

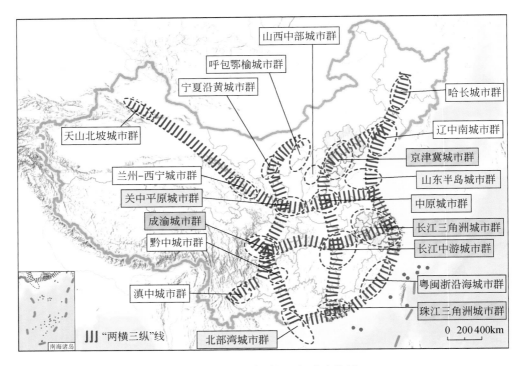

图 1-1　中国城市群的空间分布格局

济社会发展、提高国际竞争力等，城市群建设为国家的可持续发展提供了有力支撑。

（1）城市群是促进区域协同发展、推动新型城镇化的主要区域。城市群建设有助于优化区域资源配置、促进区域产业结构升级、提高城市间的协同效应，从而达到整体发展的目标。城市群建设能够推动城乡融合发展，引导人口有序流动，优化城市人口结构，提高城镇化质量。

（2）城市群是推动国家经济增长、提升国际竞争力的核心载体。城市群的形成可提高生产效率、产业集聚、市场扩展和创新能力，进而推动经济增长。城市群建设有助于形成区域品牌，吸引国际投资，推动对外经济合作，提高国家整体竞争力。

（3）城市群是优化空间、实现可持续发展的关键场所。城市群建设有助于优化城市布局，合理分配城市功能，提高城市资源利用效率，减轻大城市发展压力。城市群建设有利于推动绿色发展、节约资源、保护生态环境，实现城市可持续发展。

超大城市群的人口规模、经济总量、综合实力在全球均具有重要影响力。超大城市群是世界经济重心大转移的主要承载地，是国家新型城镇化的主体区，也是国家社会经济发展的最大贡献者（方创琳等，2018）。京津冀、长江三角洲和粤港澳大湾区三个超大城市群以全国5.05%的陆地国土面积，承载了全国25.05%的人口，贡献了近40%的GDP，是我国经济增长的核心引擎，也是我国参与全球竞争的重要载体。同时，高强度的人类活动给这三个超大城市群的生态环境带来了巨大压力，严重影响了城市群的可持续发展（唐立娜等，2023）。

第三节   中国东部超大城市群概况

一、京津冀城市群

（一）空间范围与自然环境

依据中共中央、国务院于 2015 年印发的《京津冀协同发展规划纲要》，京津冀城市群包括北京、天津以及河北的保定、唐山、廊坊、石家庄、秦皇岛、张家口、承德、沧州、衡水、邢台、邯郸，共 13 座地级以上城市（图 1-2），土地面积 21.68 万 km²，占全国陆地国土面积的 2.26%。

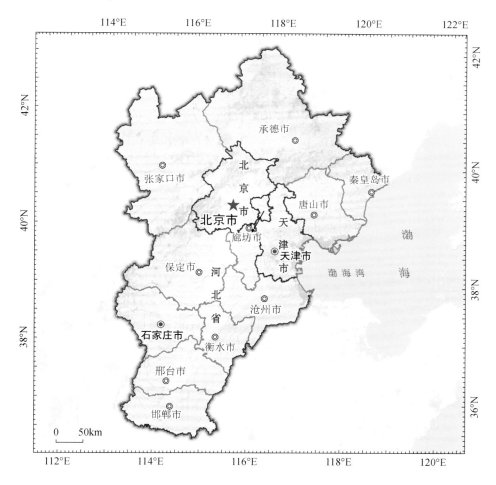

图 1-2   京津冀城市群空间范围图

京津冀城市群地处华北平原北部，北靠燕山山脉、西倚太行山、东临渤海湾，整体地势"西北高、东南低"，呈阶梯下降趋势，地貌由西北向东南依次为坝上高原、燕山–太行山山地、华北平原、沿渤海海岸多滩涂和湿地，整体以平原地貌为主（王志一等，2022），地跨 113°27′E～119°50′E，36°05′N～42°40′N。

京津冀城市群属暖温带大陆性季风型气候，四季分明，春季寒冷干燥多风，夏季炎热多雨，秋季晴朗凉爽，冬季寒冷干燥。年平均气温约 16℃，年降水量 484.5mm（周伟奇和钱雨果，2017），年降水量季节及区域差异显著，降水主要集中在 7～8 月，呈现出由西部内陆向东部沿海逐渐递增的空间格局（张达等，2015）。

京津冀城市群的水环境主要由海河水系和滦河水系组成，其中海河水系的年径流量较大。该区域天然湖泊不多，河流中下游多浅盆式洼淀，最大为白洋淀。

（二）发展定位

根据 2015 年印发的《京津冀协同发展规划纲要》，京津冀城市群的功能定位为"以首都为核心的世界级城市群、区域整体协同发展改革引领区、全国创新驱动经济增长新引擎、生态修复环境改善示范区"。其中，北京是中国的"政治中心、文化中心、国际交往中心及科技创新中心"，天津是"全国先进制造研发基地、北方国际航运核心区、金融创新运营示范区、改革开放先行区"，河北是"全国现代商贸物流重要基地、产业转型升级试验区、新型城镇化与城乡统筹示范区、京津冀生态环境支撑区"。

（三）发展现状

根据第七次全国人口普查数据，京津冀城市群 2020 年的常住人口为 1.10 亿，约占全国的 7.65%。人口密度为 504 人/km²，远高于全国的人口密度（150 人/km²），约为全国的 3.36 倍。2000～2020 年，京津冀城市群的人口增长率达到 22.49%，人口增速约为全国的 1.74 倍，人口增加主要集中在北京、廊坊、天津、石家庄等城市，人口增长率分别为 61.34%、42.54%、40.79%、21.58%。

改革开放以来，在北京和天津主要经济增长极的带动下，京津冀城市群的经济迅速腾飞。据各省市的统计年鉴，2000～2020 年，京津冀城市群的经济总量增长了 7.70 倍，2020 年的地区生产总值达到 8.65 万亿元，约占全国的 8.33%。从各城市的经济贡献力角度，京津冀城市群的主要经济中心为北京（GDP 占比 41.73%）、天津（GDP 占比 16.28%）、唐山（GDP 占比 8.33%）以及石家庄（GDP 占比 6.86%）。其中，2020 年北京的 GDP 贡献率相比 2000 年提高了 8.78%。随着城市的发展，居民对服务业（第三产业）的需求日益增长，三大产业的 GDP 占比也不断变化。20 年间，第三产业占比总体呈持续增长，且在 2015 年之后超过了第二产业，在 2020 年占比达到 50% 以上。第二产业占比在 2005 年略有升高，之后持续降低，由 2005 年的近 50% 降至 2020 年的 33.80%。第一产业占比最少，且持续降低（图 1-3）。

城市建成区扩张方面，2000～2020 年，京津冀城市群 13 个城市中除保定和承德以外所有城市市辖区的建成区占比均持续提高，其中，北京和天津的市辖区建成区占比远高于河北各城市，且有扩大的趋势：2000 年北京和天津的市辖区建成区占比分别是石家庄的

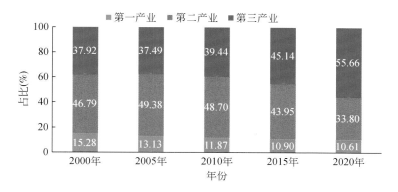

图 1-3　2000～2020 年京津冀城市群三产业占比

3.71 倍和 4.05 倍，2020 年则分别为 4.07 倍和 4.39 倍。河北承德和张家口两市的市辖区建成区占比在 2000～2020 年一直较低（图 1-4）：2000 年两市的市辖区建成区占比分别为 0.09% 和 0.19%，2020 年分别为 0.20% 和 0.27%。

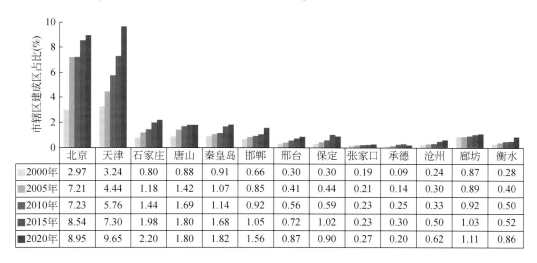

	北京	天津	石家庄	唐山	秦皇岛	邯郸	邢台	保定	张家口	承德	沧州	廊坊	衡水
2000年	2.97	3.24	0.80	0.88	0.91	0.66	0.30	0.30	0.19	0.09	0.24	0.87	0.28
2005年	7.21	4.44	1.18	1.42	1.07	0.85	0.41	0.44	0.21	0.14	0.30	0.89	0.40
2010年	7.23	5.76	1.44	1.69	1.14	0.92	0.56	0.59	0.23	0.25	0.33	0.92	0.50
2015年	8.54	7.30	1.98	1.80	1.68	1.05	0.72	1.02	0.23	0.30	0.50	1.03	0.52
2020年	8.95	9.65	2.20	1.80	1.82	1.56	0.87	0.90	0.27	0.20	0.62	1.11	0.86

图 1-4　2000～2020 年京津冀城市群市辖区建成区占比

城市建成区扩张强度方面，北京 20 年间城市建成区扩张强度呈波动式减弱，其中，2000～2005 年的扩张强度最强，达到 0.85；2005～2010 年市辖区建成区仅从 1182km² 增加到 1186km²，扩张强度几乎为零；2010～2015 年城市建成区扩张强度略有提升，为 0.26；2015～2020 年扩张强度又有所减弱，下降至 0.08。天津 20 年间的城市建成区扩张强度呈持续增强趋势，2000～2005 年扩张强度仅为 0.24，2015～2020 年扩张强度达到最大，为 0.47。北京和天津两市 20 年间的城市平均扩张强度相近，分别为 0.30 和 0.32。河北所有城市建成区的扩张强度均不高，且保定和承德两市 2015～2020 年的市辖区建成区面积略微减少，城市建成区扩张强度分别为 -0.03 和 -0.02（图 1-5）。

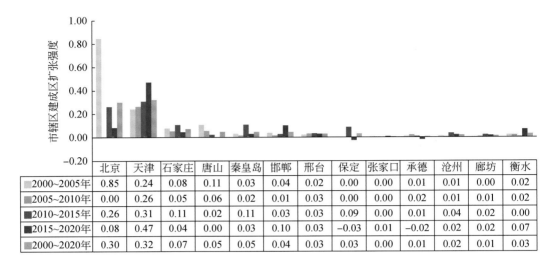

图 1-5　2000～2020 年京津冀城市群市辖区建成区扩张强度

（四）体系演变特征

根据城市位序-规模法则，京津冀城市群的 13 座城市 2000～2020 年城市人口和 GDP 的位序-规模变化如图 1-6 所示。城市常住人口层面：齐普夫指数 q 在 20 年间波动上升，从 0.82 上升到 0.84；大城市的发育仍旧有较大空间，城市群整体趋向于大、中、小城市协调发展。GDP 方面：齐普夫指数 q 呈现出先下降再回升的态势；2000～2010 年，q 首先从 0.93 剧烈下降到 0.67，大城市相比中、小城市，其 GDP 规模优势趋于减弱；而 2010～2020 年，q 呈现出回升的态势，从 0.67 上升至 0.81，城市群经济趋向于大、中、小城市

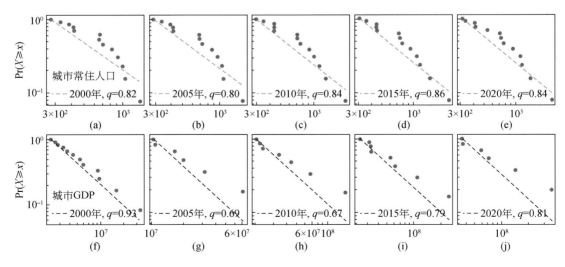

图 1-6　京津冀城市群基于城市常住人口和 GDP 的位序-规模特征

注：Pr（$X \geq x$）为累积概率分布。下同

协调发展，同时距离理论的均衡态势仍旧有较大提升空间。综合城市常住人口和城市 GDP 可以发现，京津冀城市群内的人口规模发育和城市经济发展呈现出不同的体系演化路径，人口规模方面趋于单向的均衡化演进，而经济发展则呈现出反复而又回归上升的过程。总体而言，无论是城市人口还是城市 GDP，京津冀城市群内的主要大城市距离理论上的最佳态势仍旧有不少的发展空间，特别是城市 GDP。

二、长江三角洲城市群

（一）空间范围与自然环境

依据国家发展和改革委员会、住房和城乡建设部于 2016 年发布的《长江三角洲城市群发展规划》，长江三角洲城市群共有 26 座地级以上城市，包括上海，江苏的南京、无锡、常州、苏州、南通、盐城、扬州、镇江、泰州 9 市，浙江的杭州、宁波、嘉兴、湖州、绍兴、金华、舟山、台州 8 市，安徽的合肥、芜湖、马鞍山、铜陵、安庆、滁州、池州、宣城 8 市（图 1-7）。长江三角洲城市群土地面积 21.17 万 km²，约占全国陆地国土面积的 2.21%。

长江三角洲城市群地处长江下游的江海交会之地，位于西太平洋边缘的中纬度地带，地跨 115°45′E ~ 122°48′E，28°10′N ~ 34°30′N，主要为长江入海之前的冲积平原。城市群濒临黄海与东海，沿江、沿海港口众多，具有良好的自然地理条件。

长江三角洲城市群属亚热带季风气候，四季特征鲜明，年均温度 15 ~ 16℃，雨热同期，热量充足，降水充沛，年均降水量为 1000 ~ 1400mm，降水集中在夏季，且夏季易受西太平洋副热带高压控制，从而导致极端高温天气出现。长江三角洲城市群河网密度较高，每平方千米河网长度达 4.8 ~ 6.7km，具有河网稠密、湖泊众多，水资源呈南多北少、平原区外来水丰富等特点（周伟奇和钱雨果，2017）。

（二）发展定位

长江三角洲城市群是中国最具经济活力、开放程度最高、创新能力最强、吸纳外来人口最多的区域之一，是"一带一路"与长江经济带的重要交会地带，在国家现代建设大局和全方位开放格局中具有举足轻重的战略地位。长江三角洲城市群是我国发展速度最快、经济总量规模最大、社会发展水平最高的城市群，其人口规模和经济总量皆为三个超大城市群之最，也是中国现代城市发育最早、城市化水平最高、城市体系最完备的地区之一，更是中国最早被纳入世界级城市群的城市群。

2016 年 6 月发布的《长江三角洲城市群发展规划》，明确了以上海、江苏、浙江和安徽为核心，打造世界级城市群的目标。其发展定位为：建成我国最具经济活力的资源配置中心、具有全球影响力的科技创新高地、全球重要的现代服务业和先进制造业中心、亚太地区重要国际门户、全国新一轮改革开放排头兵、美丽中国建设示范区。未来建成亚太地区重要的国际门户，全球重要的现代服务业和先进制造业基地，中国率先发展的世界级特大城市群。

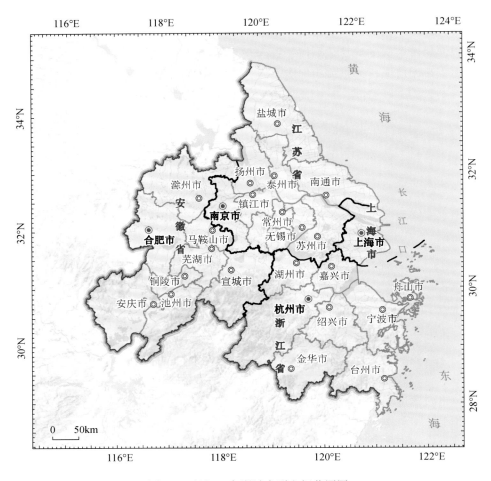

图 1-7　长江三角洲城市群空间范围图

（三）发展现状

　　根据第七次全国人口普查数据，2020 年长江三角洲城市群常住人口为 1.65 亿，占全国人口的 11.43%，人口密度为 779 人/km²，约为全国的 5.19 倍。2000~2020 年，长江三角洲城市群人口增长率达 35.71%，人口增速约为全国的 3.12 倍，人口的增加主要集中在合肥、铜陵、苏州、马鞍山、杭州，人口增长率分别为 109.74%、91.57%、87.69%、80.46%、73.52%。

　　2000~2020 年，长江三角洲城市群经济总量增长了 10.06 倍，2020 年地区生产总值为 20.51 万亿元，占全国的 19.74%。从各城市的经济贡献力来看，长江三角洲城市群的主要经济中心为上海（GDP 占比 18.87%）、苏州（GDP 占比 9.83%）、杭州（GDP 占比 7.85%）及南京（GDP 占比 7.22%）。其中，2020 年上海对长江三角洲城市群的 GDP 贡献率相比 2000 年降低了 7.07%，而苏州、杭州、南京 GDP 的贡献率均有提高（2000 年贡献率分别为 8.31%、7.52%、5.79%）。2000~2020 年长江三角洲城市群第三产业占比持续增加，从 2000 年的 35.98% 增加至 2020 年的 51.53%。第二产业占比在 2000~2010 年呈上升趋势，2010~2020 年呈下降趋势（图 1-8），但第二产业占比仍在 40% 以上。第一产业占比最低且持续下降，从 2000 年的 13.68% 下降到 2020 年的 4.89%。

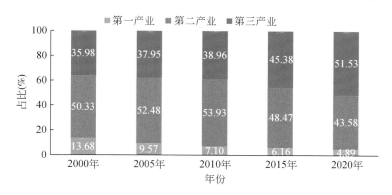

图 1-8 2000~2020 年长江三角洲城市群三产业占比

城市建成区扩张方面，2000~2020 年长江三角洲城市群市辖区建成区占比保持持续增长趋势，其中，上海、南京两市市辖区建成区占比最高，无锡、常州、苏州及舟山等市相对较高，安徽的安庆、滁州、池州、宣城及浙江的金华等市的市辖区建成区占比较低，均不超过 1%（图 1-9）。

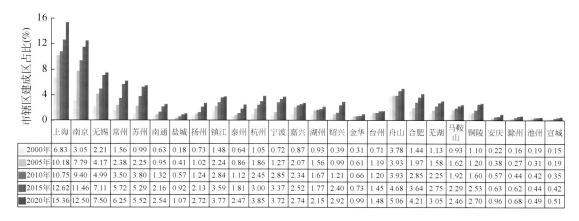

	上海	南京	无锡	常州	苏州	南通	盐城	扬州	镇江	泰州	杭州	宁波	嘉兴	湖州	绍兴	金华	台州	舟山	合肥	芜湖	马鞍山	铜陵	安庆	滁州	池州	宣城
2000年	6.83	3.05	2.21	1.56	0.99	0.63	0.18	0.73	1.48	0.64	1.05	0.72	0.87	0.93	0.39	0.31	0.71	3.78	1.44	1.13	0.93	1.10	0.22	0.16	0.19	0.15
2005年	10.18	7.79	4.17	2.38	2.25	0.95	0.41	1.02	2.24	0.86	1.86	1.27	2.07	1.56	0.99	0.61	1.19	3.93	1.97	1.58	1.62	1.20	0.38	0.27	0.31	0.19
2010年	10.75	9.40	4.99	3.50	3.80	1.32	0.57	1.24	2.84	1.12	2.45	2.85	2.34	1.67	1.21	0.66	1.20	3.93	2.85	2.25	1.92	1.60	0.57	0.44	0.42	0.35
2015年	12.62	11.46	7.11	5.72	5.29	2.16	0.92	2.13	3.59	1.81	3.00	3.37	2.52	1.77	2.40	0.73	1.45	4.68	3.64	2.75	2.29	2.53	0.63	0.62	0.44	0.42
2020年	15.36	12.50	7.50	6.25	5.52	2.54	1.07	2.72	3.77	2.47	3.85	3.72	2.74	2.15	2.92	0.99	1.48	5.06	4.21	3.05	2.46	2.70	0.96	0.68	0.49	0.51

图 1-9 2000~2020 年长江三角洲城市群市辖区建成区占比

城市建成区扩张强度方面，20 年间，该地区 26 座城市的扩张强度表现出一定的波动性，南京、上海两市的扩张强度分别达到 0.47 和 0.43，无锡、苏州和常州的扩张强度分别为 0.26、0.23 和 0.23，安徽 8 座城市扩张强度均较小。2000~2005 年，市辖区建成区扩张强度最大的城市为南京（0.95），其次是上海、无锡、苏州等市。2005~2010 年上海和南京的扩张强度明显降低，但南京在 26 座城市中仍保持高位，其次是苏州，扩张强度为 0.31。2010~2015 年上海、南京、无锡、常州等市扩张强度又有所提升。2015~2020

年，上海扩张强度进一步加强，但南京、无锡、常州、苏州等市则明显下降（图1-10）。

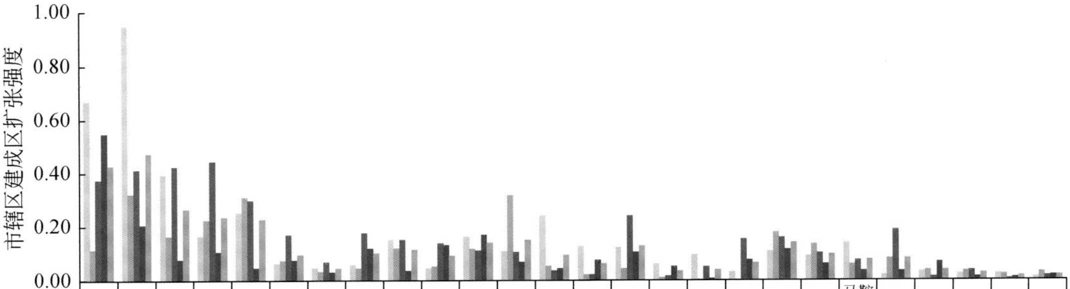

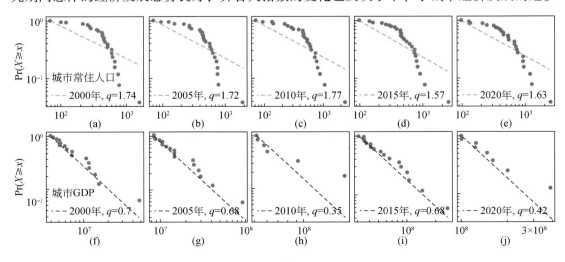

	上海	南京	无锡	常州	苏州	南通	盐城	扬州	镇江	泰州	杭州	宁波	嘉兴	湖州	绍兴	金华	台州	舟山	合肥	芜湖	马鞍山	铜陵	安庆	滁州	池州	宣城
2000~2005年	0.67	0.95	0.39	0.16	0.25	0.06	0.05	0.06	0.15	0.04	0.16	0.11	0.24	0.13	0.12	0.06	0.10	0.03	0.11	0.09	0.14	0.02	0.03	0.02	0.02	0.01
2005~2010年	0.11	0.32	0.16	0.22	0.31	0.07	0.03	0.05	0.12	0.05	0.12	0.32	0.05	0.02	0.04	0.01	0.00	0.00	0.18	0.13	0.06	0.08	0.04	0.03	0.02	0.03
2010~2015年	0.37	0.41	0.42	0.44	0.30	0.17	0.07	0.18	0.15	0.14	0.11	0.10	0.10	0.02	0.24	0.01	0.05	0.15	0.16	0.10	0.07	0.19	0.01	0.04	0.00	0.01
2015~2020年	0.55	0.21	0.08	0.11	0.05	0.08	0.01	0.12	0.04	0.13	0.17	0.07	0.04	0.08	0.08	0.01	0.05	0.01	0.08	0.11	0.06	0.03	0.03	0.07	0.01	0.02
2000~2020年	0.43	0.47	0.26	0.23	0.23	0.10	0.04	0.10	0.11	0.09	0.14	0.15	0.09	0.06	0.13	0.03	0.04	0.06	0.14	0.10	0.08	0.08	0.04	0.03	0.01	0.02

图1-10　2000～2020年长江三角洲城市群市辖区建成区扩张强度

（四）体系演变特征

根据城市位序−规模法则，长江三角洲城市群的 26 座城市 2000～2020 年城市人口和 GDP 的位序−规模变化如图 1-11 所示。城市常住人口层面：齐普夫指数 q 在 20 年间呈波动下降趋势，从 1.74 下降到 1.63；大城市较为发育，而城市群内的中、小城市则发育不足，人口规模较小，不过城市群整体仍趋向于大、中、小城市的人口规模协调发展。GDP 方面：齐普夫指数 q 呈快速下降的态势；齐普夫指数从 2000 年的 0.7 剧烈下降到 2020 年的 0.42，大城市相比中、小城市，其 GDP 的规模优势越发减弱，由于区内的大城市在研究期间总体的经济发展态势良好，齐普夫指数的变化也反映了中、小城市经济发展的逐步

图1-11　长江三角洲城市群基于城市常住人口和 GDP 的位序−规模特征

增强，及其与大城市之间差距的缩小；不过，在 GDP 层面，长江三角洲城市群 20 年间的整体演化是远离于大、中、小城市协调发展状态的。综合城市常住人口和城市 GDP 可以发现，长江三角洲城市群内的人口规模发育和城市经济发展呈现出不同的演化方向，人口趋于大、中、小城市协调，而 GDP 则向大、中、小城市的差距减小演化。

三、粤港澳大湾区城市群

（一）空间范围与自然环境

依据中共中央、国务院于 2019 年印发的《粤港澳大湾区发展规划纲要》，粤港澳大湾区城市群由 11 座城市组成，包括 2 个特别行政区和 9 市（图 1-12），分别为香港特别行政区、澳门特别行政区和广东的广州、深圳、珠海、佛山、惠州、东莞、中山、江门、肇庆。粤港澳大湾区城市群土地面积 5.60 万 km²，占全国陆地国土面积的 0.58%。

粤港澳大湾区城市群地处我国沿海开放前沿，位于珠江三角洲，以泛珠江三角洲区域为广阔的发展腹地，地跨 111°21′E ~ 115°26′E，21°33′N ~ 24°24′N，以平原地貌为主，包含部分山地、丘陵及台地等地貌。

粤港澳大湾区城市群属于亚热带季风气候，四季温暖，年平均气温在 22℃ 左右，最冷月平均气温为 12 ~ 13℃，最热月平均气温约为 28℃，全年实际有霜日在 3 天以下。年降水量 1600 ~ 2000mm，降水集中在夏季，4 ~ 9 月降水量占全年降水量的 80% 以上。夏季、秋季台风频繁，7 ~ 9 月多台风、多暴雨。粤港澳大湾区城市群水资源总量丰沛，但时空分配不均，港澳地区淡水资源匮乏，主要依靠内地供水（肖荣波等，2017）。

粤港澳大湾区城市群是与旧金山湾区、纽约湾区、东京湾区齐名的四个全球著名湾区之一，是连接中国与全球的重要门户区域，也是"一带一路"的核心节点区域。该区域地形平坦、温暖湿润、水源充足、海岸线长、水深条件好。

（二）发展定位

2019 年印发的《粤港澳大湾区发展规划纲要》提出，"推动区域经济协同发展，为港澳发展注入新动能，为全国推进供给侧结构性改革、实施创新驱动发展战略、构建开放型经济新体制提供支撑，建设富有活力和国际竞争力的一流湾区和世界级城市群，打造高质量发展的典范"，由此明确了粤港澳大湾区城市群的发展目标。建设粤港澳大湾区城市群是推动时代形成全面开放新格局的新尝试，也是推动"一国两制"事业发展的新实践。粤港澳大湾区城市群是我国开放程度最高、经济活力最强的城市群之一，在国家发展大局中具有重要战略地位。

2015 年 3 月，《推动共建丝绸之路经济带和 21 世纪海上丝绸之路的愿景与行动》提出，充分发挥深圳前海、广州南沙、珠海横琴、福建平潭等开放合作区作用，深化与港澳台合作，打造粤港澳大湾区城市群，成为"一带一路"的排头兵和主力军，粤港澳大湾区城市群的概念由此提出。2016 年，"十三五"规划纲要明确提出"支持港澳在泛珠三角区域合作中发挥重要作用，推动粤港澳大湾区和跨省区重大合作平台建设"。2016 年 3 月，

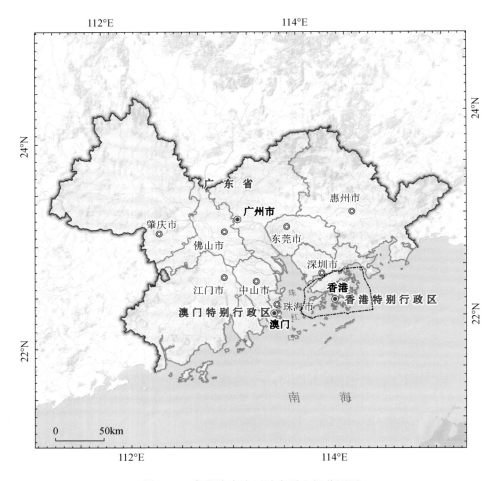

图 1-12　粤港澳大湾区城市群空间范围图

国务院印发《关于深化泛珠三角区域合作的指导意见》，明确要求广州、深圳携手港澳，共同打造粤港澳大湾区城市群，建设世界级城市群。2017年，第十二届全国人民代表大会第五次会议上，国务院政府工作报告明确提出"要推动内地与港澳深化合作，研究制定粤港澳大湾区城市群发展规划，发挥港澳独特优势，提升在国家经济发展和对外开放中的地位与功能"。至此，粤港澳大湾区城市群从区域概念正式上升为国家决策（吴国增和林奎，2021）。

（三）发展现状

粤港澳大湾区城市群常住人口呈不断集聚态势，2000~2020年，常住人口呈逐渐增长趋势，人口增长率高达72.07%，人口增速约为全国的6.30倍，其中，深圳、珠海、广州、惠州、中山等城市人口增加最明显，人口增长率分别为150.54%、97.47%、87.86%、87.90%、86.94%。2020年城市群人口为8621万，占全国人口比例的5.97%，人口密度高达 1536 人/km²，约为全国平均人口密度的 10.24 倍。粤港澳大湾区城市群人口密度较高，主要是由于澳门特别行政区人多地少，人口密度高达 20 739 人/km²，深圳和香港人口密度也较高，分别为 8793 人/km² 和 6765 人/km²，远远高于国内其他一线城市人口密度（如：北京 1334 人/km²、上海 3922 人/km²）。

根据 2021 年《中国城市统计年鉴》，2020 年粤港澳大湾区城市群地区生产总值为 11.51 万亿元，占全国的 11.07%。各城市经济贡献力方面，粤港澳大湾区城市群的主要经济中心为深圳（GDP 占比 24.04%）、广州（GDP 占比 21.74%）、香港（GDP 占比 20.75%）。经过 20 年的发展，粤港澳大湾区城市群已由 2000 年的香港绝对领先（香港 GDP 占比 61.28%、广州与深圳分别贡献 10.75%、9.43%）到 2020 年的三强鼎立，可见广深经济发展效果显著。粤港澳大湾区城市群是三个超大城市群中第三产业占比最高的城市群，且 2000~2020 年，第三产业占比持续升高：2000 年第三产业占比为 47.64%，2005 年超过 50%，到 2020 年达到 58.61%。第二产业占比略低于京津冀城市群和长江三角洲城市群，且呈下降趋势，由 2000 年的 43.53% 降到 2020 年的 37.17%。第一产业占比在三个超大城市群中最低，2000 年仅为 7.82%，到 2015 年降低到 3.19%，2020 年略微上升，但也仅占 3.62%（图 1-13）。

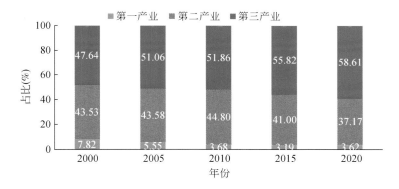

图 1-13 2000~2020 年粤港澳大湾区城市群三产业占比

尽管粤港澳大湾区城市群的面积小、人口少，但人均 GDP 高，2020 年粤港澳大湾区城市群人均 GDP 为 13.32 万元，高于京津冀城市群和长江三角洲城市群。粤港澳大湾区城市群是珠江三角洲城市群的"扩展版"，更具明显的发展优势和重要的战略地位。

城市建成区扩张方面，2000~2020 年，粤港澳大湾区城市群的 10 座城市（澳门数据缺乏）的市辖区建成区占比均持续提高，市辖区建成区面积持续扩大。其中，深圳、东莞两市城市化进程较迅猛，市辖区建成区占比由 2000 年的 7.00% 和 6.04% 迅速增长到 2020 年的 47.77% 和 48.74%。香港特别行政区本身城市化起点较高，20 年间保持着持续稳定的增长态势。广州发展也较快，到 2020 年市辖区建成区占比与香港接近（图 1-14）。

城市建成区扩张强度方面，各城市扩张强度呈现出一定的波动。2000~2020 年扩张强度最高的城市为东莞、深圳，之后是广州、中山和珠海。广州的扩张强度呈波动下降趋势，2000~2005 年的扩张强度最大（0.84），2015~2020 年扩张强度最小（0.24）；深圳

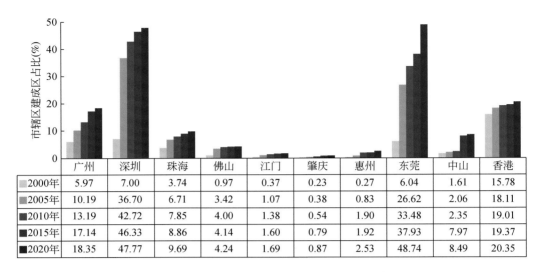

图 1-14　粤港澳大湾区城市群 2000~2020 年市辖区建成区占比

的扩张强度持续下降，由 2000~2005 年的 5.94 下降到 2015~2020 年的 0.29；东莞的扩张强度在 2000~2005 年最大（4.12），2005~2015 年持续下降，2015~2020 年后又进一步提升（图 1-15）。

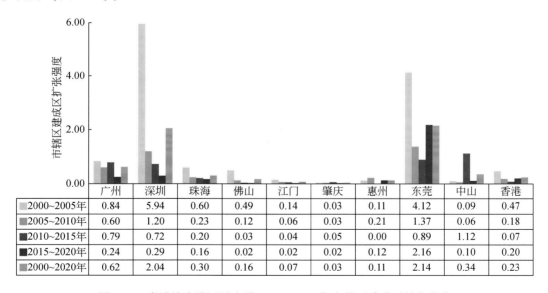

图 1-15　粤港澳大湾区城市群 2000~2020 年市辖区建成区扩张强度

（四）体系演变特征

根据城市位序–规模法则，粤港澳大湾区城市群的 11 座城市 2000~2020 年城市人口和 GDP 的位序–规模变化如图 1-16 所示。城市常住人口层面：齐普夫指数 q 20 年间在稳定中呈轻微上升，从 2.07 增长到 2.12；城市群内的大城市过于发育，城市群内的中、小城市则发育不足，城市群人口规模距离大、中、小城市协调仍旧有较大差距。GDP 方面：齐普夫指数 q 在反复波动中出现稍许上升；2000～2015 年 q 先从 1.26 下降到 0.97，大、中、小城市的经济发展十分接近于协调状态；然而，2015～2020 年，q 又快速上升到 1.37，大城市的经济发展较强，而中、小城市的发展势头减弱。综合城市常住人口和城市 GDP 可以发现，粤港澳大湾区城市群内的人口规模和城市经济发展处于不同的态势与演化路径。人口规模方面，大城市的极化效应显著，城市群内的首位和大城市聚集了大量人口，而中、小城市人口规模较小；经济发展方面，虽然大城市整体同样具有相对较多的优势，但不同规模城市间的 GDP 差异仍旧维持在一定的范围内，中、小城市的经济发展需要更多的关注。

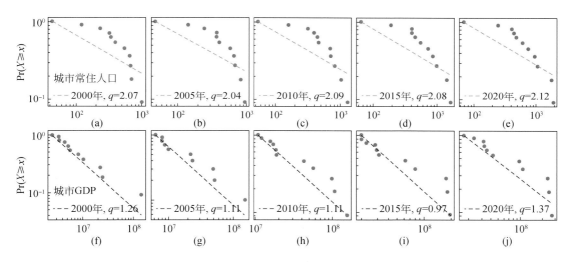

图 1-16 粤港澳大湾区城市群基于城市常住人口和 GDP 的位序–规模特征

参 考 文 献

陈守强，黄金川．2015. 城市群空间发育范围识别方法综述．地理科学进展，34（03）：313-320.

陈伟，修春亮．2021. 新时期城市群理论内涵的再认知．地理科学进展，40（05）：848-857.

方创琳．2014. 中国城市群研究取得的重要进展与未来发展方向．地理学报，69（08）：1130-1144.

方创琳，姚士谋，刘盛和．2011. 中国城市群发展报告 2010．北京：科学出版社．

方创琳，王振波，马海涛．2018. 中国城市群形成发育规律的理论认知与地理学贡献．地理学报，73（04）：651-665.

唐立娜，蓝婷，邢晓旭，等．2023. 中国东部超大城市群生态环境建设成效与发展对策．中国科学院院刊，38（03）：394-406.

王志一，郭学飞，余洋，等．2022. 多重指标体系下的京津冀城市群地质环境质量综合评价．测绘通报，（01）：89-95，104.

吴国增，林奎．2021. 粤港澳大湾区绿色发展环境策略研究．北京：中国环境出版集团．

肖荣波，李智山，吴志峰，等．2017. 珠三角区域城市化过程及其生态环境效应．北京：科学出版社．

姚士谋．1992. 中国的城市群．合肥：中国科学技术大学出版社．

姚士谋，陈振光，朱英明．2006. 中国城市群．合肥：中国科学技术大学出版社．

张达，何春阳，邬建国，等．2015. 京津冀地区可持续发展的主要资源和环境限制性要素评价：基于景观可持续科学概念框架．地球科学进展，30（10）：1151-1161.

张艺帅，赵民，程遥．2020. 我国城市群的识别、分类及其内部组织特征解析：基于"网络联系"和"地域属性"的新视角．城市规划学刊，258（04）：18-27.

周伟奇，钱雨果．2017. 中国典型区域城市化过程及其生态环境效应．北京：科学出版社．

朱诚，姜逢清，吴立，等．2017. 对全球变化背景下长三角地区城镇化发展科学问题的思考．地理学报，72（04）：633-645.

第二章 | 京津冀城市群生态环境

京津冀城市群是以首都北京为核心的超大城市群，其发展一直受到党和国家的高度重视。改革开放以来，快速城镇化带来严重的生态环境胁迫，成为京津冀城市群协同发展面临的挑战。

党的十八大以来，京津冀城市群的生态质量、环境质量明显向好，资源能源利用效率显著提高，生态环境治理能力持续增强。其中，森林覆盖率增加了0.93%，植被生物量增加了6.02%，自然保护区面积增加了2.84%；$PM_{2.5}$年均浓度下降了53.15%，城市群基本消除劣V类水体，集中式饮水水源地水质实现100%达标；单位GDP的水耗、能耗分别下降了42.89%和30.37%；单位GDP的化学需氧量（COD）排放量、工业烟（粉）尘排放量、NO_x排放量和CO_2排放量降幅分别达46.67%、89.91%、72.83%和52.49%；城市污水处理率达到97.82%，城镇生活垃圾基本实现100%无害化处理，建成区绿化覆盖率达到42.97%[1]。

在京津冀城市群，中国科学院相关科研团队自主研发了大气环境预报预警和决策支持一体化平台、柴油车尾气催化净化技术、京津冀城市群区域生态安全协同会诊技术与决策支持系统，为空气质量精准预报、柴油车尾气排放标准升级、城市群生态安全保障提供了有力的科技支撑，为京津冀城市群生态环境保护工作做出了积极贡献。

第一节 生态质量及变化

一、生态系统格局

（一）生态系统组成与变化

2000年、2015年和2020年京津冀城市群生态系统分布如图2-1所示，面积构成及变化如表2-1所示。2000年，京津冀城市群生态系统类型按照面积从大到小进行排序：农田>森林>灌丛>草地>城镇>湿地>其他。2015年和2020年，城镇用地面积上升到第四位。与2000~2015年相比，2015~2020年，城镇用地、灌丛和其他类型面积增加速度明显变缓；农田和森林面积缩减幅度显著降低；湿地面积由缩减转为扩大；草地面积由扩大转为略有缩减。

---

① 报告指标体系与数据来源、指标含义与计算方法见附录。

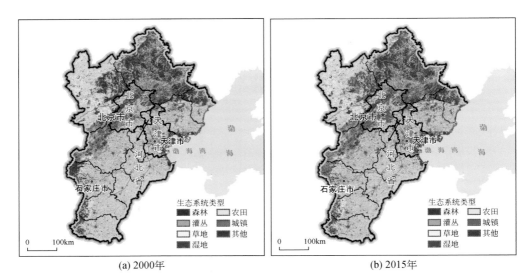

(a) 2000年   (b) 2015年

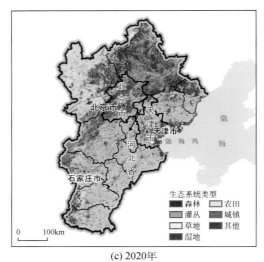

(c) 2020年

图 2-1 京津冀城市群生态系统分布

表 2-1 京津冀城市群生态系统面积构成及变化

生态系统类型	2000 年		2015 年		2020 年		2000~2015 年变化		2015~2020 年变化	
	面积（km²）	占比（%）	面积（km²）	占比（%）	面积（km²）	占比（%）	面积（km²）	占比（%）	面积（km²）	占比（%）
森林	43 099.84	19.86	42 015.84	19.38	41 950.8	19.35	-1 084.00	-2.52	-65.04	-0.15
灌丛	25 474.00	11.75	27 381.84	12.63	27 598.64	12.73	1 907.84	7.49	216.80	0.79
草地	19 555.36	9.02	20 032.32	9.24	19 988.96	9.22	476.96	2.44	-43.36	-0.22

续表

生态系统类型	2000 年		2015 年		2020 年		2000~2015 年变化		2015~2020 年变化	
	面积（km²）	占比（%）	面积（km²）	占比（%）	面积（km²）	占比（%）	面积（km²）	占比（%）	面积（km²）	占比（%）
湿地	6 395.60	2.95	5 723.52	2.64	5 831.92	2.69	-672.08	-10.51	108.4	1.89
农田	103 543.68	47.78	94 915.04	43.78	94 308.00	43.50	-8 628.64	-8.33	-607.04	-0.64
城镇	18 189.52	8.39	25 625.76	11.82	25 994.32	11.99	7 436.24	40.88	368.56	1.44
其他	542.00	0.25	1 105.68	0.51	1 127.36	0.52	563.68	104.00	21.68	1.96

（二）城镇用地扩张及格局变化

城镇用地变化包括城镇用地扩张和城镇用地缩减，本报告仅分析城镇用地扩张。城镇用地扩张就是新增城镇用地对农田、湿地、草地和森林等其他生态系统类型的占用。2000~2015 年，京津冀城市群新增城镇用地面积为 8400.43km²。其中，83.78% 来自农田，6.62% 和 4.78% 来自湿地和草地，2.19% 和 2.01% 来自灌丛和森林，0.62% 来自其他生态系统类型。2015~2020 年，京津冀城市群新增城镇用地面积为 6404.51km²。其中，79.95% 来自农田，7.57% 和 4.46% 来自湿地和森林，3.82% 和 3.64% 来自草地和灌丛，0.56% 来自其他生态系统类型（图 2-2，表 2-2）。

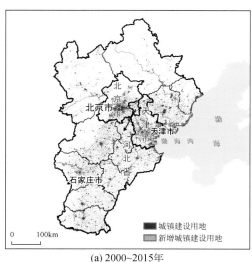
(a) 2000~2015 年

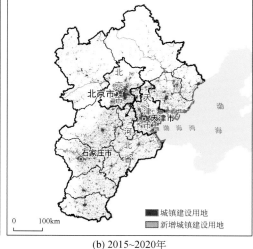
(b) 2015~2020 年

图 2-2 京津冀城市群城镇用地扩张

表 2-2　京津冀城市群新增城镇用地来源及面积占比

排序	2000～2015 年新增城镇用地			2015～2020 年新增城镇用地		
	来自	面积（km²）	占比（%）	来自	面积（km²）	占比（%）
1	农田	7038.24	83.78	农田	5120.62	79.95
2	湿地	556.00	6.62	湿地	484.63	7.57
3	草地	401.11	4.78	森林	285.83	4.46
4	灌丛	183.82	2.19	草地	244.35	3.82
5	森林	169.16	2.01	灌丛	233.18	3.64
6	其他	52.10	0.62	其他	35.90	0.56

采用典型景观格局指数来表征城镇用地格局变化特征，景观破碎化指数（FN）能够反映景观被分割的破碎程度（刘晶等，2012）。2000 年、2015 年和 2020 年京津冀城市群城镇用地破碎化指数分别为 0.216、0.224 和 0.097，表明 2000～2015 年城镇用地破碎化程度增加，2015～2020 年城镇用地破碎化程度降低，说明 2015～2020 年城镇用地扩张模式更加集约化了。

二、生态系统质量

（一）森林覆盖率

2020 年，京津冀城市群的森林覆盖率为 24.60%，森林用地主要分布在北部 [图 2-3（a）]。各市的森林覆盖率具体见图 2-3（b）。承德作为区域重要的水源涵养地，2020 年的森林覆盖率为 61.10%，为区内最高。北京境内有大面积的山区（面积占比 61.40%），因此也有较高的森林覆盖率（48.74%），仅次于承德。

2000～2020 年，京津冀城市群的森林覆盖率呈增加趋势，2000 年为 21.88%，2012 年为 23.67%，2020 年增加至 24.60%。森林覆盖率年增加量前三位的城市依次为承德、张家口和石家庄，三者的森林覆盖率年均增长幅度分别为 0.37%、0.21% 和 0.15%。党的十八大以来，京津冀城市群的整体森林覆盖率逐年稳步提升，从 2012 年的 23.67% 增加至 2020 年的 24.60%，年增幅为 0.12%，城市群各城市森林覆盖率的变异系数出现上升趋势，表明不同城市间的差异小幅增加。

（二）植被生物量

2020 年，京津冀城市群的植被净初级生产力（net primary production，NPP）为 361.86gC/（m²·a）[克碳/（米²·年）]，NPP 呈现出北高南低的空间分布特征 [图 2-4（a）]。城市群各市的 NPP 为 246.05～471.94gC/（m²·a），其中，承德的 NPP 最高，以山地地形为主的秦皇岛和张家口的 NPP 分别是 405.11gC/（m²·a）和 385.43gC/（m²·a），然后依次为北京、保定和石家庄 [图 2-4（b）]。

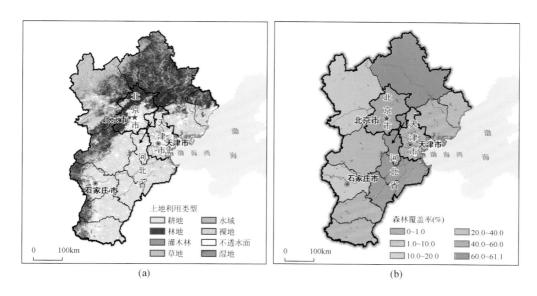

图 2-3 京津冀城市群 2020 年土地利用类型（a）和各市森林覆盖率（b）

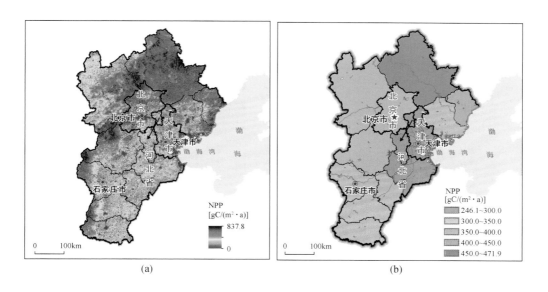

图 2-4 京津冀城市群 2020 年植被净初级生产力（NPP）的空间分布（a）和分市统计（b）

2012 年以来，京津冀城市群的平均 NPP 呈现逐步增加趋势，从 341.30gC/（m² · a）增加至 2020 年的 361.86gC/（m² · a）。具体到各市，邢台、石家庄、张家口和衡水的年增幅最大，年增加量分别为 5.52gC/（m² · a）、5.10gC/（m² · a）、4.79gC/（m² · a）和 4.64gC/（m² · a）。北京和天津在这段时期的年增量分别是 2.69gC/（m² · a）和 0.72gC/（m² · a）。此外，城市群 NPP 的变异系数呈下降趋势，表明城市间的差异有所降低。

（三）自然保护区面积

根据生态环境部 2019 年发布的信息，京津冀城市群内共有各级自然保护区 76 个，总面积为 9438.32km²，其中国家级自然保护区 18 个，省级自然保护区 43 个，县市级自然保护区 15 个。76 个自然保护区涉及森林生态类、草原草甸类、内陆湿地类、野生动物类等类别。总体来说，森林生态类自然保护区数量最多（42 个），所占面积比例也最大，达到57.98%。内陆湿地类自然保护区数量为 10 个，面积比例为 15.59%。草原草甸类自然保护区数量为 4 个，面积比例为 8.45%。

2019 年京津冀城市群内的自然保护区面积较 2012 年有所增加，面积共增加了260.41km²（2.84%），其中，北京自然保护区数量不变，面积增加 8.15km²；天津新增 2个自然保护区，面积合计增加 24.95km²；河北省新增 3 个自然保护区，面积合计增加 227.31km²。

三、生态系统服务

（一）固碳服务与变化

京津冀城市群固碳服务空间分异明显，固碳服务较高的区域主要集中在北部和西部山区。固碳服务增加的区域主要分布在东北部和西南部的绝大部分地区。2000～2015 年京津冀城市群固碳总量提高了 59.33%，2015～2020 年提高了 14.03%，固碳服务整体呈明显上升趋势（图 2-5）。

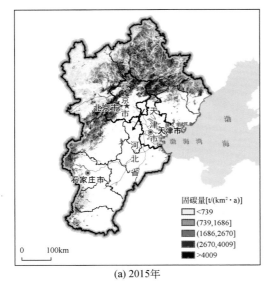
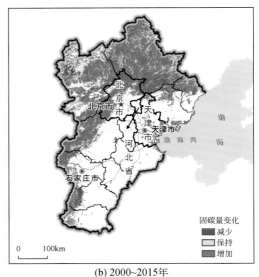

固碳量[t/(km²·a)]
<739
(739,1686]
(1686,2670]
(2670,4009]
>4009

固碳量变化
减少
保持
增加

(a) 2015年　　　　　　　　　　　　(b) 2000～2015年

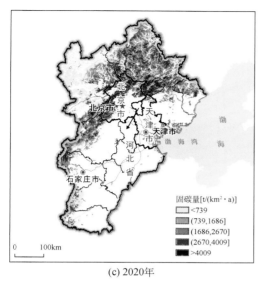

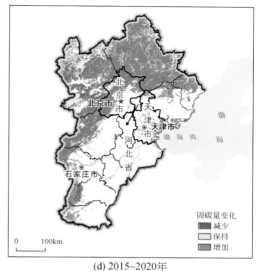

(c) 2020年

(d) 2015~2020年

图 2-5　京津冀城市群固碳服务与变化

（二）水源涵养服务与变化

京津冀城市群水源涵养服务主要集中在北部和西部山区，环渤海湾地区单位面积水源涵养量最高。2000～2015 年京津冀城市群水源涵养总量增加了 25.47%，2015～2020 年增加了 5.21%，水源涵养服务整体呈明显上升趋势（图 2-6）。

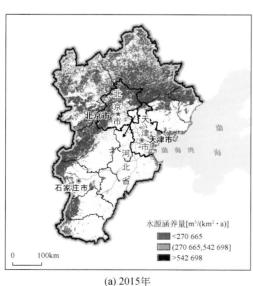

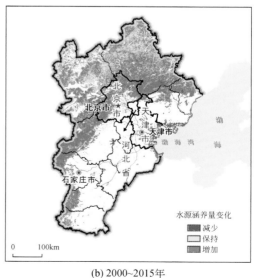

(a) 2015年

(b) 2000~2015年

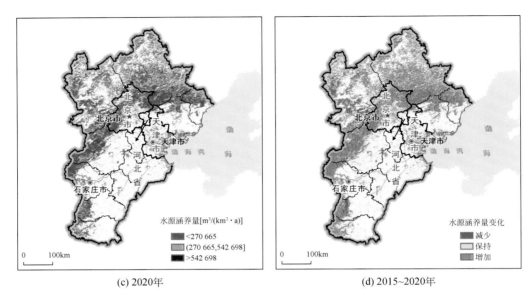

(c) 2020年   (d) 2015~2020年

图 2-6　京津冀城市群水源涵养服务与变化

（三）土壤保持服务与变化

京津冀城市群土壤保持服务最强的区域主要分布在太行山脉东麓和燕山山脉及其以北的地区。2000～2015 年京津冀城市群土壤保持总量增加了 1.05%，2015～2020 年增加了 0.21%，土壤保持服务增强的区域分布较为分散（图 2-7）。

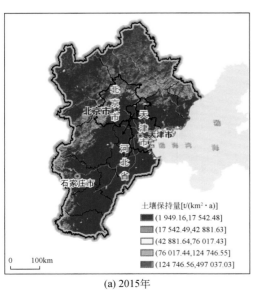

(a) 2015年

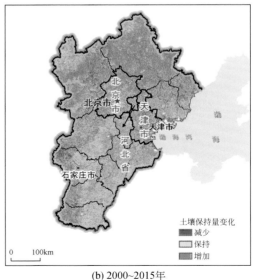

(b) 2000~2015年

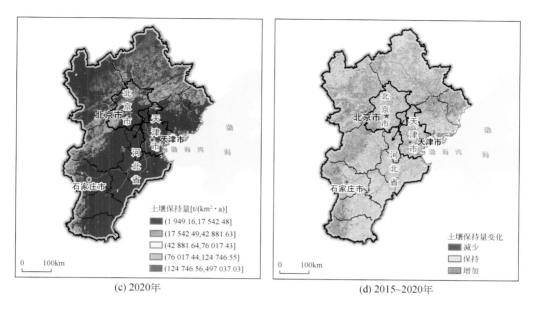

(c) 2020年 （d) 2015~2020年

图 2-7 京津冀城市群土壤保持服务与变化

（四）物种栖息地分布与变化

京津冀城市群物种栖息地主要分布在西部和北部山地。其中，森林和灌丛生境主要交错分布在西部和北部地区，西北部主要为草地生境，中部和东部主要为湿地生境。2000~2015 年京津冀城市群物种栖息地面积整体扩大了 0.91%，2015~2020 年扩大了 0.19%（图 2-8）。

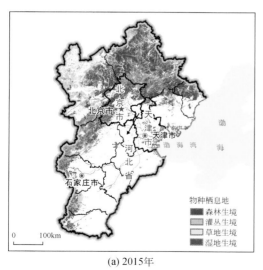

(a) 2015年

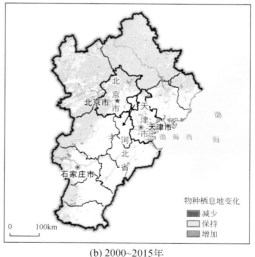

(b) 2000~2015年

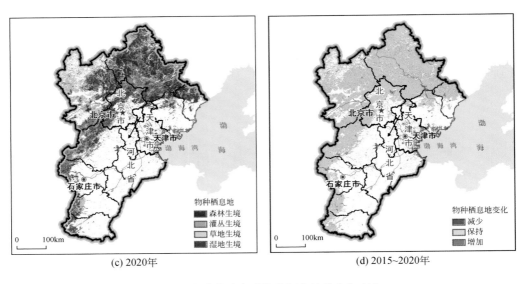

图 2-8 京津冀城市群物种栖息地分布与变化

第二节　环境质量及变化

一、大气环境

（一）PM$_{2.5}$浓度

PM$_{2.5}$（空气动力学当量直径≤2.5μm的颗粒物）浓度数据源于中国大气成分近实时追踪数据集（Tracking Air Pollution in China，TAP）（Xiao et al.，2022；Geng et al.，2021；Xiao et al.，2021a；Xiao et al.，2021b）。研究发现，2020 年，京津冀城市群栅格尺度 PM$_{2.5}$年均浓度的最小值为 15.16μg/m^3，最大值为 70.01μg/m^3，平均值为 39.10μg/m^3。城市尺度 PM$_{2.5}$年均浓度的最小值为 24.11μg/m^3，最大值为 54.76μg/m^3。在空间分布上，PM$_{2.5}$浓度呈北低南高、西低东高的特征，城市群西北部已经基本达到我国环境空气污染物 PM$_{2.5}$浓度限值的二级标准（下文简称国家二级标准）（35μg/m^3）（图 2-9）。城市尺度的统计结果显示：北京、秦皇岛、张家口和承德等市的 PM$_{2.5}$年均浓度低于京津冀城市群均值（39.10μg/m^3），其中张家口和承德两市的 PM$_{2.5}$年均浓度同时也低于全国均值（33.10μg/m^3），北京、秦皇岛、张家口、承德四个城市的 PM$_{2.5}$年均浓度小于 35μg/m^3，均已达到国家二级标准（图 2-10）。

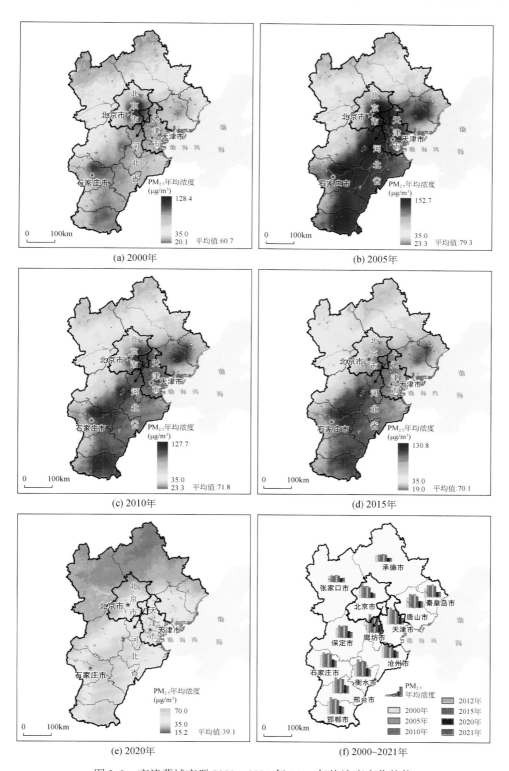

图 2-9　京津冀城市群 2000～2021 年 PM$_{2.5}$ 年均浓度变化趋势

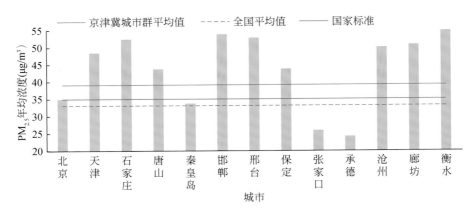

图 2-10　京津冀城市群各城市 2020 年 PM$_{2.5}$年均浓度

2000～2020 年，京津冀城市群 PM$_{2.5}$年均浓度先升高后持续降低。其中，2000～2005 年，PM$_{2.5}$年均浓度升高了 30.56%；2005～2020 年，PM$_{2.5}$年均浓度持续迅速降低了 50.67%。2000～2015 年，各城市的 PM$_{2.5}$年均浓度均未达到国家二级标准；2020 年随着各城市 PM$_{2.5}$年均浓度的明显降低，已有北京、秦皇岛、张家口、承德四个城市达到国家二级标准。从空间分布看，PM$_{2.5}$年均浓度始终呈现北低南高的格局。20 年间，京津冀城市群所有城市的 PM$_{2.5}$年均浓度都降低了 30% 以上，其中北京变化幅度最大，降低了 54%，其次是秦皇岛和廊坊，两市均降低了 40%（图 2-10）。

党的十八大以来，京津冀城市群的 PM$_{2.5}$年均浓度持续迅速降低，从 2012 年的 75.02μg/m^3 下降至 2021 年的 35.15μg/m^3，降幅达 53.15%。城市群内所有城市的 PM$_{2.5}$年均浓度均下降 40% 以上，其中北京、天津、廊坊分别下降 59.19%、59.84% 和 58.67%。此外，各城市间 PM$_{2.5}$年均浓度的变异系数从 2012 年的 0.22 下降到 2021 年的 0.19，区域大气污染治理协同性提升。联合国环境规划署高度评价北京大气污染治理成效，认为其创造了特大城市大气污染治理的"北京奇迹"（中国环境报，2022），为发展中国家城市大气污染治理提供了值得借鉴的经验。随着京津冀协同战略的实施，区域城市间 PM$_{2.5}$治理的协同能力有望进一步提升。

（二）空气质量优良天数比例

2020 年，京津冀城市群各城市空气质量优良天数比例为 69.58%，最小值为 56.01%（石家庄），最大值为 89.34%（张家口）。北京、秦皇岛、张家口、承德的空气质量优良天数比例超过京津冀城市群的平均值；张家口和承德的空气质量优良天数比例均高于全国平均值；北京和天津两个直辖市的空气质量优良天数比例相差较大，北京为 75.40%，在城市群中位列第四，天津为 60%（图 2-11）。在空间分布上，空气质量优良天数比例较高的城市集中分布在京津冀城市群的北部区域，南部区域城市的空气质量优良天数比例则相对较低（图 2-12），这与 PM$_{2.5}$浓度分布情况较为相似，表明 PM$_{2.5}$是影响京津冀城市群空气质量的重要污染物。

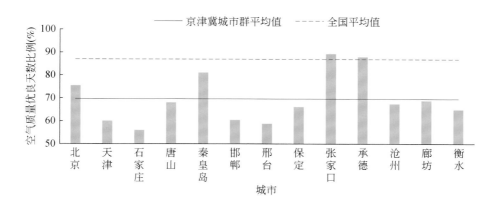

图 2-11 京津冀城市群各城市 2020 年空气质量优良天数比例

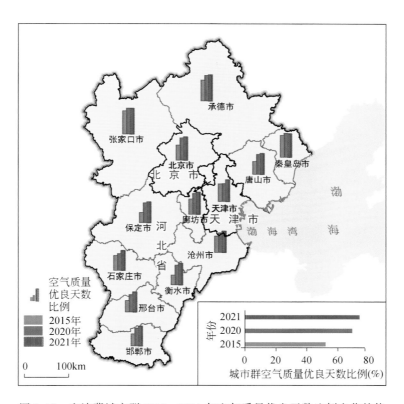

图 2-12 京津冀城市群 2015～2021 年空气质量优良天数比例变化趋势

2012 年前中国使用空气污染指数（air pollution index，API）来衡量空气质量，2012 年后基于更为严格的《环境空气质量标准》（GB 3095—2012），各城市陆续使用空气质量指数（air quality index，AQI）来衡量空气质量。2015～2021 年，在更严格的空气污染治理措施下，京津冀城市群的空气质量优良天数比例呈上升趋势（图 2-12）。2015 年的空气质量优良天数比例达到 52.47%，2020 年上升至 69.58%，2021 年达到 74.14%，城市群空气质量明显改善。在空间分布上，同一时期，京津冀城市群北部的空气质量优良天数比例普遍高于南部城市。各城市间空气质量优良天数比例的变异系数出现较大幅度的下降，反映出京津冀城市群区域大气协同治理能力增强。

二、地表水环境

（一）地表水水质优良比例

2020 年，京津冀城市群各城市的地表水水质优良（Ⅲ类及以上）比例范围为23.53% ~ 100%，平均值为 62.96%。不同城市地表水水质优良比例差异较大，张家口地表水水质优良比例达到 100%。重点城市中，北京的地表水水质优良比例为 63.80%，天津的地表水水质优良比例为 55.00%（图 2-13）。

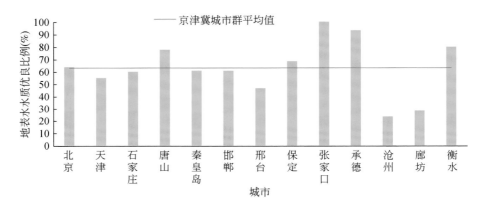

图 2-13　2020 年京津冀城市群地表水水质优良（Ⅲ类及以上）比例

2005 ~ 2020 年，京津冀城市群地表水水质优良（Ⅲ类及以上）比例总体呈上升趋势，2005 年地表水水质优良比例为 22.00%，2010 年为 37.94%，2015 年达到 42.70%，2020年上升至 62.96%，地表水环境质量逐步提升。各城市的地表水水质优良比例变化特征不同，秦皇岛、天津、保定地表水水质优良比例先减小后增加，其余各城市地表水水质均持续好转。时间尺度上，大部分城市 2015 ~ 2020 年地表水水质优良比例增加程度高于 2010 ~ 2015 年，表明这一时期水质保护和治理有了显著成效。

党的十八大以来，京津冀城市群地表水水质优良（Ⅲ类及以上）比例持续上升，2012年为 43.00%，2021 年上升至 67.83%。各城市间地表水水质优良比例的变异系数下降趋势明显，区域水环境治理的协同性日益增强。在重点城市方面，北京的地表水水质优良（Ⅲ类及以上）比例一直高于城市群平均水平（图 2-14）。

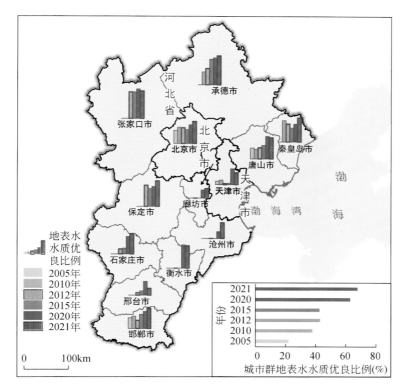

图 2-14　2005～2021 年京津冀城市群地表水水质优良比例

（二）地表水劣 V 类水体比例

2020 年，京津冀城市群地表水劣 V 类水体比例基本为零。2005～2020 年，京津冀城市群水质状况趋向好转，劣 V 类水体基本消除。在重点城市方面，北京的地表水劣 V 类水体比例在 2015～2020 年迅速下降，2020 年相比 2000 年下降了 25.50%，相比 2015 年下降了 42.10%；天津的地表水劣 V 类水体比例在 2005～2020 年持续下降至零；石家庄的地表水劣 V 类水体比例在 2012 年为 66.70%，随后持续迅速下降，至 2020 年已降为零。

2012 年以来，京津冀城市群地表水劣 V 类水体比例不断降低，从 2012 年的 34.63%下降到 2021 年的 0.67%，表明党的十八大以来京津冀城市群水体治理成效显著（图 2-15）。

（三）集中式饮水水源地水质达标率

2020 年，京津冀城市群集中式饮水水源地水质达标率为 100%。2000～2020 年，城市群内所有城市的集中式饮水水源地水质达标率均呈持续增长趋势。在重点城市方面，北京 2000 年的集中式饮水水源地水质达标率为 66.10%，2005 年上升到 98.70%，2010 年达到 100%，并持续维持在 100%的高水平；天津和石家庄自有统计数据以来一直保持着 100%

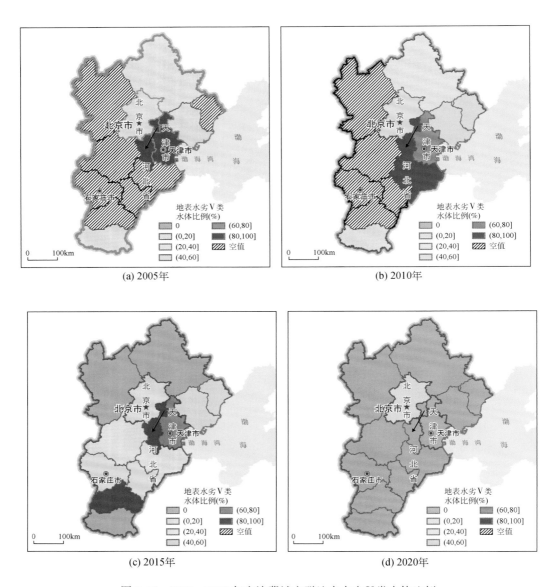

(a) 2005年　(b) 2010年

(c) 2015年　(d) 2020年

图 2-15　2005～2020 年京津冀城市群地表水劣Ⅴ类水体比例

的高水平。京津冀城市群的集中式饮水水源地得到有效的保护和维持。

　　2020 年以来，京津冀城市群集中式饮水水源地水质持续保持 100% 达标率，高于全国平均水平（图 2-16）。

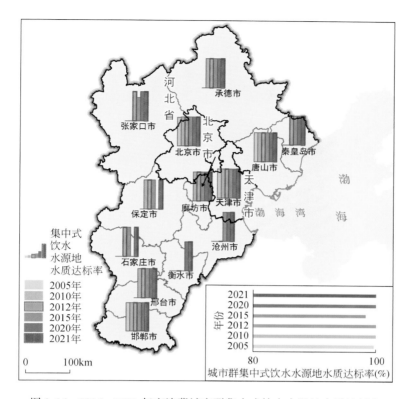

图 2-16 2005~2021 年京津冀城市群集中式饮水水源地水质达标率

第三节 资源能源利用效率及变化

一、水资源利用效率

2020 年，京津冀城市群总用水量 251.19 亿 m³，单位 GDP 水耗 29.03m³/万元，总体水资源利用效率高于全国平均水平。13 个城市中，大部分城市的单位 GDP 水耗低于全国平均值。重点城市中，北京和天津的水资源利用效率具有明显的带动作用，两市的单位 GDP 水耗分别低至 11.25m³/万元和 19.75m³/万元，显著地拉高了城市群的总体水资源利用效率。北京在 GDP 超过京津冀城市群其他城市数倍的情况下，仍然将用水量控制在与其他城市近乎相当的水平。石家庄的单位 GDP 水耗接近全国平均水平。单位 GDP 水耗高于全国平均值的 3 个城市中，保定的 GDP 处于京津冀城市群中等水平，用水量有进一步下降的空间；邢台和衡水的用水量处于京津冀城市群中等水平，水资源利用效率有提升空间（图 2-17）。

2000~2020 年，京津冀城市群的水资源利用效率持续提高，单位 GDP 水耗下降 89.51%。其中，2010 年前，京津冀城市群水资源利用效率的提高源于城市群总用水量的

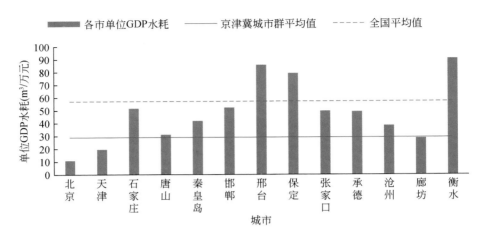

图 2-17　京津冀城市群 2020 年各城市单位 GDP 水耗

下降和 GDP 的稳步上升，2010 年后则主要源于 GDP 的提高。北京的水资源利用效率变化在京津冀城市群中显示出引领作用，2020 年单位 GDP 水耗比 2000 年和 2010 年分别下降 90.88％ 和 52.19％，降幅均高于京津冀城市群平均水平（图 2-18）。

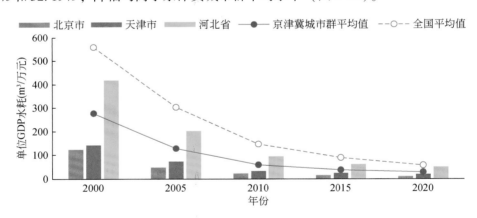

图 2-18　京津冀城市群水资源利用效率变化历程

　　京津冀城市群 2021 年用水量为 255 亿 m³，单位 GDP 水耗为 26.46m³/万元，比 2012 年下降 19.87m³/万元，降幅达 42.89％，反映出党的十八大以来京津冀城市群水资源利用效率显著提升。

二、能源利用效率

　　2020 年，京津冀城市群能源总消费量 4.76 亿 tce（吨标准煤当量），单位 GDP 能耗 0.55tce/万元，总体能源利用效率略低于全国平均水平。规模以上工业企业能源消费量 3.06 亿 tce，单位 GDP 能耗 0.35tce/万元。北京的能源利用效率优势显著，其能源消费总量在京津冀城市群中属于中等水平，产出的 GDP 超过其他城市数倍。天津和石家庄的能源利用效率接近平均水平，其中天津 GDP 明显高于河北其他城市，其能源消费量亦高于京津冀城市群中很多城市（图 2-19）。

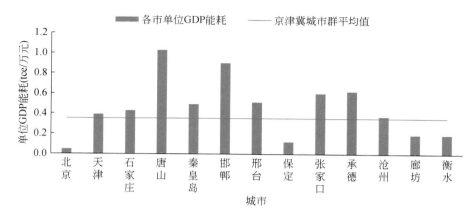

图 2-19　京津冀城市群 2020 年各城市单位 GDP 能耗

注：仅统计规模以上工业企业能源消费数据

2000～2020 年，京津冀城市群的能源利用效率持续提高，2020 年单位 GDP 能耗比 2000 年下降 69.79%，比 2010 年下降 41.57%（图 2-20）。北京的能源利用效率变化在京津冀城市群中显示出引领作用，2020 年单位 GDP 能耗比 2000 年下降 85.18%，比 2010 年下降 59.70%，降幅均高于京津冀城市群平均水平，且其能源利用效率始终显著高于其他城市，具有明显的带动作用。

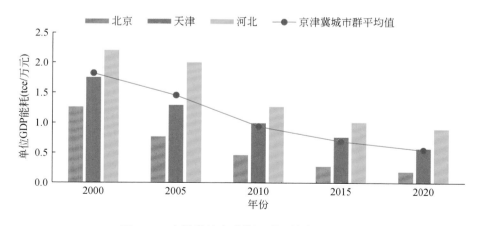

图 2-20　京津冀城市群能源利用效率变化历程

京津冀城市群 2020 年单位 GDP 能耗比 2012 年下降 0.24tce/万元，降幅达 30.37%，北京、天津、河北 2020 年单位 GDP 能耗均比 2012 年有所下降，反映了党的十八大以来京津冀城市群能源利用效率的显著提升。

三、环境经济协同效率

环境经济协同效率反映了环境污染物排放量控制与经济发展之间的协同程度，采用单位 GDP 化学需氧量（COD）排放量、单位 GDP 氮氧化物（NO_x）排放量、单位 GDP 烟（粉）尘排放量及单位 GDP 二氧化碳（CO_2）排放量四项指标来表征。2020 年，京津冀城市群废水中的 COD 排放量为 148.41 万 t，废气中的工业源 NO_x 排放量为 34.00 万 t，单位 GDP 的 COD 和工业源 NO_x 排放量分别为 17.15t/亿元和 3.93t/亿元，两项污染物排放量控制与经济发展的协同效率高于全国平均水平。京津冀城市群中，多数城市的经济发展与 COD 排放量控制的协同效率显著高于全国平均水平（图 2-21）。2019 年，京津冀城市群 CO_2 排放量 1.91 亿 t，工业废气中的烟（粉）尘排放量为 44.77 万 t，单位 GDP 的 CO_2 和工业烟（粉）尘排放量分别为 2208t/亿元（图 2-22）和 5.17t/亿元（图 2-23）。工业源 NO_x 和工业烟（粉）尘的环境经济协同效率在各市的分布特征相似（图 2-23，图 2-24）。

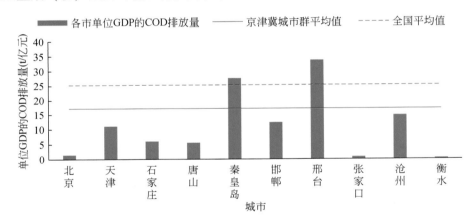

图 2-21　京津冀城市群 2020 年单位 GDP 的 COD 排放量

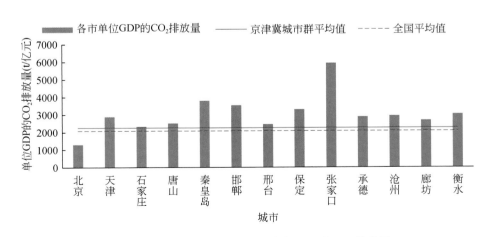

图 2-22　京津冀城市群 2019 年单位 GDP 的 CO_2 排放量

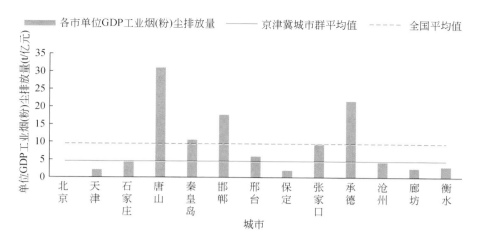

图 2-23　京津冀城市群 2019 年单位 GDP 工业烟（粉）尘排放量

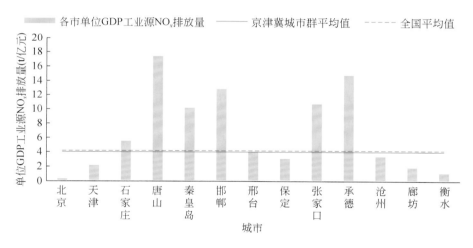

图 2-24　京津冀城市群 2020 年单位 GDP 工业源 NO_x 排放量

重点城市中，北京 COD、CO_2、工业烟（粉）尘和工业源 NO_x 四项污染物排放量控制与经济发展的协同效率高，单位 GDP 的污染物排放均显著低于京津冀城市群平均水平和全国平均水平，其环境经济协同效率在京津冀城市群中具有明显的领先优势。天津 COD、工业烟（粉）尘和工业源 NO_x 三项污染物排放量控制与经济发展的协同效率亦高于京津冀城市群平均水平和全国平均水平。北京和天津显著地带动提升了京津冀城市群总体的环境经济协同效率。石家庄 COD 排放量控制与经济发展的协同效率显著高于京津冀城市群平均水平，对城市群环境经济协同效率的提高具有一定的贡献。

2000～2020 年，京津冀城市群 COD 排放量控制与经济发展的协同效率呈上升趋势，2020 年单位 GDP 的 COD 排放量比 2000 年下降 84.08%，降幅与全国平均水平相当。重点城市中，北京、天津、石家庄 2000～2020 年单位 GDP 的 COD 排放量总体呈下降趋势。北京单位 GDP 的 COD 排放量始终明显低于京津冀城市群的平均水平，同时，北京、天津、石家庄单位 GDP 的 COD 排放量总体降幅大于京津冀城市群平均降幅，表明重点城市对京津冀城市群环境经济协同效率的提高具有显著的带动作用（图 2-25）。

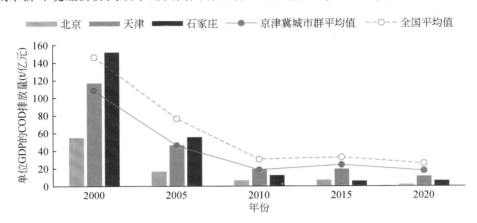

图 2-25　京津冀城市群单位 GDP 的 COD 排放量变化历程

2000～2019 年，京津冀城市群 CO_2 排放量控制与经济发展的协同效率持续提高，2019 年单位 GDP 的 CO_2 排放量比 2000 年下降 62.90%，比 2010 年下降 38.77%。京津冀城市群单位 GDP 的 CO_2 排放量在 2015 年之前低于全国平均水平，到 2019 年超过全国平均水平。重点城市中，北京、天津、石家庄 2000～2019 年 CO_2 排放量控制与经济发展的协同效率均呈持续提高趋势。北京单位 GDP 的 CO_2 排放量始终明显低于京津冀城市群平均水平，带动了京津冀城市群环境经济协同效率的提高（图 2-26）。

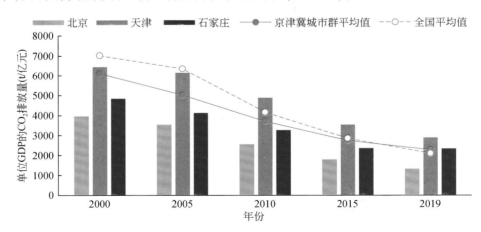

图 2-26　京津冀城市群单位 GDP 的 CO_2 排放量变化历程

2000～2019 年，京津冀城市群工业废气中的烟（粉）尘排放量控制与经济发展的协同效率总体呈上升趋势。京津冀城市群 2019 年单位 GDP 工业烟（粉）尘排放量比 2000

年和 2010 年分别下降 97.04% 和 69.78%，降幅略高于全国平均水平。重点城市中，北京和天津 2000～2019 年工业烟（粉）尘排放量控制与经济发展的协同效率均呈持续提高趋势，两市的单位 GDP 工业烟（粉）尘排放量始终明显低于京津冀城市群总体水平，对城市群工业烟（粉）尘的环境经济协同效率提高起到显著的带动作用。石家庄的单位 GDP 工业烟（粉）尘排放量总体呈现下降趋势，降幅明显，对京津冀城市群工业烟（粉）尘排放量控制与经济发展协同效率的提高具有重要贡献（图 2-27）。

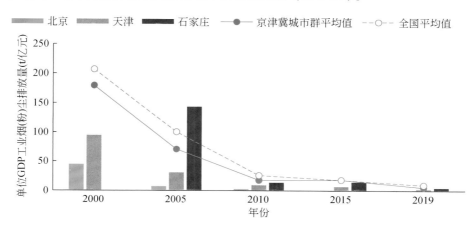

图 2-27 京津冀城市群单位 GDP 工业烟（粉）尘排放量变化历程

2011～2020 年，京津冀城市群 NO_x 排放量控制与经济发展协同效率呈逐年提高趋势，2020 年单位 GDP 的 NO_x 排放量比 2011 年和 2015 年分别下降 77.63% 和 56.95%，降幅与全国平均水平相近。北京和天津单位 GDP 的 NO_x 排放量在 2011～2020 年始终显著低于京津冀城市群平均水平，对城市群 NO_x 排放量控制与经济发展协同效率的提高具有明显带动作用（图 2-28）。

图 2-28 京津冀城市群单位 GDP 的 NO_x 排放量变化历程

京津冀城市群 2020 年单位 GDP 的 COD 和 NO_x 排放量相比 2012 年的降幅分别达到

46.67%和72.83%；2019年单位GDP的CO_2排放量和工业烟（粉）尘排放量与2012年相比的降幅分别为52.49%和89.91%，反映了党的十八大以来京津冀城市群环境与经济发展协同程度的显著提高。

第四节　生态环境治理能力建设

一、基础设施

（一）城市生态基础设施

报告从建成区绿化覆盖率的角度来分析城市生态基础设施的建设情况。2020年，京津冀城市群建成区绿化覆盖率范围为37.59%~48.96%，均值为42.97%，略高于全国平均水平（42.06%）。北京、邯郸、保定、承德、沧州、廊坊6市的建成区绿化覆盖率高于城市群均值（42.97%）；北京、石家庄、唐山、邯郸、保定、承德、沧州、廊坊、衡水9市的建成区绿化覆盖率同时也高于全国均值（42.06%）；北京、石家庄、唐山、秦皇岛、邯郸、保定、张家口、承德、沧州、廊坊、衡水11市达到《国家森林城市评价指标》中40%的城区绿化覆盖率标准（图2-29）。

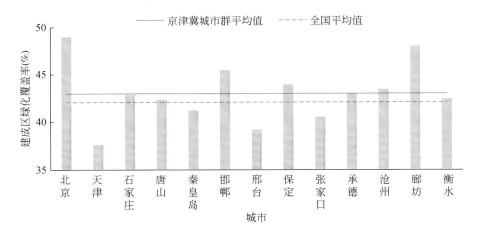

图2-29　京津冀城市群2020年建成区绿化覆盖率

2000~2020年，京津冀城市群建成区绿化覆盖率呈上升趋势，2000年均值为29.28%，2020年上升至42.97%。在空间上，京津冀城市群建成区绿化覆盖率的高值由点向面扩展。重点城市的建成区绿化覆盖率方面，北京、天津和石家庄由2000年的42.30%、25.00%和32.30%分别上升至2020年的48.96%、37.59%和42.85%（图2-30）。

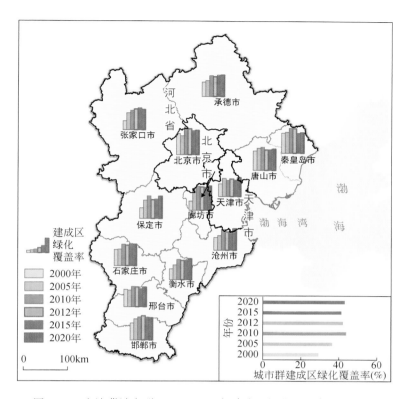

图 2-30　京津冀城市群 2000～2020 年建成区绿化覆盖率变化趋势

2012 年来，京津冀城市群建成区绿化覆盖率基本保持稳定，2012 年为 42.04%，超过全国平均水平（39.59%），2020 年增加至 42.97%，超过全国平均水平（42.06%），城市群城市生态基础设施在全国处于领先地位。在重点城市方面，北京的建成区绿化覆盖率一直高于城市群均值，发挥着引领作用。

（二）水环境基础设施

2020 年，京津冀城市群污水处理厂集中处理率为 94.76%～99.92%，平均值为 97.82%，高于全国平均水平（95.78%），各城市污水处理率均保持在 94% 以上。石家庄、唐山、邯郸、邢台、承德、沧州、衡水 7 市的污水处理厂集中处理率超过城市群平均值（97.82%）；石家庄、唐山、秦皇岛、邯郸、邢台、保定、张家口、承德、沧州、廊坊、衡水 11 市的污水处理厂集中处理率同时也超过全国均值（95.78%）（图 2-31）。

2006～2020 年，京津冀城市群污水处理厂集中处理率持续提高，2006 年的平均处理率为 66.79%，2010 年迅速提升至 86.24%，2015 年达到 92.37%，2020 年高达 97.82%。城市群南部城市的污水处理厂集中处理率略高于北部城市。在重点城市的污水处理厂集中处理率方面，北京由 2006 年的 72.17% 增加到 2020 年的 94.76%；天津由 2006 年的 53.53% 增加到 2020 年的 95.54%；石家庄由 2006 年的 71.09% 增加到 2020 年的 99.30%（图 2-32）。

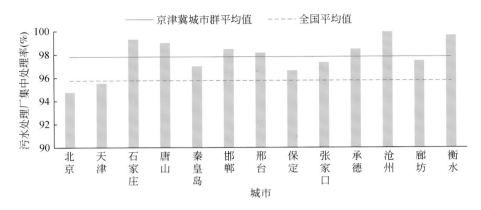

图 2-31 京津冀城市群各城市 2020 年污水处理厂集中处理率

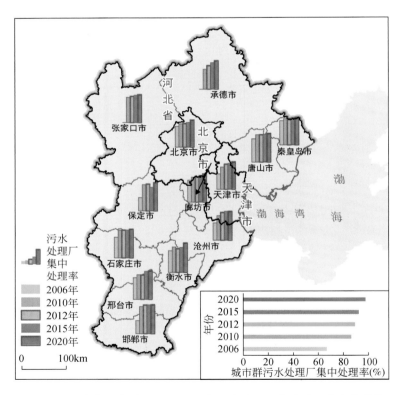

图 2-32 京津冀城市群 2006～2020 年污水处理厂集中处理率变化趋势

    2012 年以来，京津冀城市群的污水处理厂集中处理率持续提高，2012 年为 89.42%，超过全国平均水平（82.49%），2020 年达到 97.82%，领先全国平均水平（95.78%）。总体而言，京津冀城市群的水环境基础设施水平位于全国前列。

（三）固体废物

2020 年，京津冀城市群城镇生活垃圾无害化处理率为 99.98% ~ 100%，高于全国平均值（99.70%），城市群整体城镇生活垃圾无害化处理水平较高。除承德外，城市群内其他城市均实现了城镇生活垃圾完全无害化处理。

2005 ~ 2020 年，京津冀城市群城镇生活垃圾无害化处理率呈波动上升态势，2005 年的平均处理率为 90.06%，2020 年基本达到 100%。城市群南部城市的城镇生活垃圾无害化处理率略大于北部城市。重点城市的城镇生活垃圾无害化处理率方面，北京由 2005 年的 81.20% 上升至 2020 年的 100%；天津由 2005 年的 80.29% 波动式上升至 2020 年的 100%；石家庄 2005 年已达 100%（图 2-33）。

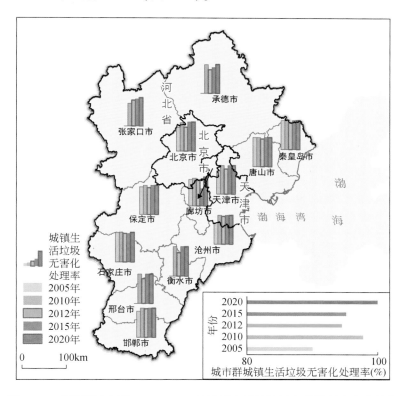

图 2-33　京津冀城市群 2005 ~ 2020 年城镇生活垃圾无害化处理率变化趋势

2012 年以来，京津冀城市群城镇生活垃圾无害化处理率持续上升，2012 年为 94.54%，超过全国平均水平（91.73%），2020 年基本达到 100%，基本实现生活垃圾完全无害化处理，超过全国平均水平（99.70%），城镇生活垃圾无害化处理能力在全国处于领先地位。重点城市方面，北京、天津、石家庄的城镇生活垃圾无害化处理率长期高于城市群平均值，在城市群内发挥着带头作用。

二、治理机制

生态环境保护是推进京津冀协同发展的重点领域之一。为共同解决区域重大生态环境问题，持续改善区域生态环境质量，京津冀城市群实施了一系列措施提升生态环境治理能力，推动区域生态环境保护协同发展不断深入。

（一）区域生态环境保护协同工作机制

为响应《京津冀协同发展规划纲要》中"加强生态环境保护和治理"的要求，2015年国家发展和改革委员会发布了《京津冀协同发展生态环境保护规划》，京津冀三地环保部门正式签署了《京津冀区域环境保护率先突破合作框架协议》，将大气、水、土壤污染作为治理重点，由三地联合立法、统一规划、统一标准、统一监测、协同治污、联防联控，进一步实现了三地的环保一体化。2020年3月通过的《河北省生态环境保护条例》在地方性法规中增加了生态环境协同保护部分，确立京津冀三地在区域污染治理和生态环境保护工作中采取定期协商、联防联动、信息共享的协作机制。

（二）区域污染联防联控能力

在深化大气污染联防联控方面，2018年国家成立京津冀及周边地区大气污染防治领导小组，统筹推进区域大气污染治理重点工作。以改善区域空气质量为核心目标，三省市联合编制《京津冀及周边地区深化大气污染控制中长期规划》，每年联合实施大气污染治理年度方案、秋冬季大气污染综合治理攻坚行动，协同开展治污减排，区域大气环境质量逐步改善。京津冀不断推进流域水污染协同治理，落实京津冀河湖长制协调联动机制，建立健全跨界河湖生态保护联动机制和水环境污染联合处置机制，加强海河流域上下游和环渤海城市环保协作。《重点流域水污染防治规划（2016～2020年）》和《潮河流域生态环境保护综合规划（2019～2025年)》的实施，推进了京津冀地区水污染防治网格化、精细化管理。

在推动危险废物联防联控联治方面，京冀晋蒙四省（区、市）生态环境部门签订《华北地区危险废物联防联控联治合作协议》，在建立危险废物跨省转移"白名单"合作机制、推动危险废物处置设施共建共享等方面开展深入合作。京津冀建立了环境执法联动机制，加大对重点地区、重点行业、重点领域的执法监管，共同排查、处置跨区域、跨流域的环境污染问题和违法案件。

2019年新修订的《天津市生态环境保护条例》以专章推进区域污染协同防治，明确与北京、河北及周边地区建立污染防治联动协作机制，定期协商区域污染防治重大事项，开展生态环境保护联合检查、联动执法，共同做好区域污染治理和生态环境保护工作。为深入推进京津冀生态环境联建联防联治工作，2022年制定了京津冀生态环境联建联防联治工作机制，成立了由三地生态环境部门厅（局）长担任组长的工作协调小组，统筹推进京津冀生态环境联建联防联治工作。每年召开工作会议，研究年度重点工作，共同解决跨区域生态环境问题。

（三）区域生态环境法规标准协同

京津冀城市群按照《京津冀协同发展规划纲要》要求积极推动京津冀环保标准一体化。2017年三省市联合发布首个京津冀区域环境保护标准《建筑涂料与胶粘剂挥发性有机化合物含量限值标准》，对建筑类涂料与胶粘剂生产、销售、使用进行全过程管控，减少挥发性有机物排放。2020年京津冀协同出台《机动车和非道路移动机械排放污染防治条例》。条例在三地同步实施，实现京津冀三地超标排放车辆数据信息共享，货车一处超标三地受限，这是京津冀三地在生态环境地方立法上的首次协同。生态环境保护协同立法、协同执行，为加强京津冀生态环境保护工作提供了强有力的法治保障。

三、监测监管能力

（一）生态环境监测监控能力

"十四五"时期，生态环境质量改善进入了由量变到质变的关键时期，生态环境监测面临新的挑战。京津冀三省市均提出要构建完善陆海统筹、天地一体、上下协同、信息共享的生态环境监测网络，实现生态状况、环境质量、污染源监测全覆盖，完善生态环境监测技术体系，全面提高生态环境监测自动化、智能化、信息化水平。三地分别就提升生态环境监测监控能力提出了具体要求。

《北京市"十四五"时期生态环境保护规划》强调要构建完善生态质量监测网络。按照"一站多点"的布局模式，建设覆盖森林、湿地、河湖水库、农田等典型生态系统的地面生态监测网络。研究制定重要生态空间监管技术规范，探索推进无人机、激光雷达、区块链、人工智能等新技术应用，实现无人机监测、遥感监测和地面监测的有效衔接。《北京市关于构建现代环境治理体系的实施方案》明确应重点提升对挥发性有机物、温室气体、地下水、水生态、辐射、噪声、生物多样性等的监测能力。加强区块链、人工智能等技术的应用，强化大气等环境质量的预报预警、评价评估和数据分析。

2021年天津印发《关于构建现代环境治理体系的实施意见》，将落实生态环境监测制度作为完善环境治理监管体系的四项任务之一。《天津市生态环境保护"十四五"规划》明确要提升生态环境监测能力，建立健全基于现代感知技术和大数据技术的生态环境监测网络。

《河北省生态环境保护"十四五"规划》将提升生态环境监测监管能力作为筑牢京津冀生态安全屏障的四项任务之一。规划提出要构建科学精准的生态环境监测评估体系，统一规划建设高质量生态环境智慧感知监测网络，优化省级环境质量监测站点设置，补齐省级$PM_{2.5}$和O_3协同监测，二噁英、持久性有机物排放监测，危废鉴定及遥感解译等短板。

（二）生态环境执法能力

京津冀城市群在"十四五"规划中均明确将创新环境执法监管模式。充分利用在线监控、卫星遥感、无人机等高效监测侦查手段，建立健全非现场监管执法体系，发挥大数据、人工智能等技术在生态环境执法中的作用。建设"互联网+监管"系统，应用热点网格、在线监控系统、移动执法系统，提高执法效能。建立统一规范的生态环境综合执法体系，加强执法机构规范化建设和基层执法队伍建设，加快补齐海洋环境、应对气候变化、农业农村、生态监管等领域执法能力短板。全面推行"双随机、一公开"执法监管模式，即在监管过程中随机抽取检查对象，随机选派执法检查人员，抽查情况及查处结果及时向社会公开。

2016年6月，京津冀三地生态环境部门发布了《2021~2022年京津冀生态环境联合联动执法工作方案》，明确大气、水、固体废物（危险废物）［简称固废（危废）］、移动源及交界处环境违法投诉举报等五项重点执法联动内容。《北京市"十四五"时期生态环境保护规划》提出要加强区域生态环境执法联动。深化京津冀环境执法联动机制，推进定期会商、联动执法、联合检查等工作制度，联合打击跨区域环境违法行为。深入推进环境执法联动机制下沉，提高相邻市（区）县联动执法频次和效率，推动解决跨界地区突出的生态环境问题。

（三）生态环境信息化能力

《北京市关于构建现代环境治理体系的实施方案》提出将提高科技化、信息化水平。建立机动车和非道路移动机械排放污染防治数据信息传输系统、动态共享数据库，建设移动源在线监控平台。推进物联网、云计算、5G等技术在生态环境质量监测评估、污染物及温室气体排放控制等领域的综合集成、示范应用。

《天津市生态环境保护"十四五"规划》明确将推动数字技术赋能生态环境治理。开展生态环境数据综合分析及智慧化应用，强化数据分析能力，探索构建生态环境质量预测预警、污染溯源追因、环境容量分析、减排潜力评价、措施效果评估等算法模型。持续完善生态环境信息一张图和固定污染源统一数据库，提升网络安全、信息安全防护水平。

《河北省生态环境保护"十四五"规划》提出将建立智慧高效的生态环境信息化管理体系。加强生态环境数据资源规划和数据共享开放，实现数据跨行业、跨部门横向整合，省、市、县三级贯通深化大数据创新应用。持续完善生态环境信息一张图和固定污染源统一数据库。加快建设生态环境综合管理信息化平台。

（四）环境应急处置能力

为切实防范和遏制突发环境事件，减少跨区域污染纠纷事件的发生，京津冀不断完善应急工作联动机制，提升环境污染突发事件的应急管理能力。2016年京津冀三地率先统一了空气重污染应急预警分级标准，修订了重污染天气应急预案。三地生态环境部门建立重污染天气应急机制，定期开展预警会商，联合应对重污染天气。

2014年京津冀三地即已签订《京津冀水污染突发事件联防联控机制合作协议》，明确了组织协调、联合预防、信息共享、联合监测、应急联动等事宜。京津冀三地生态环境部门采取轮值方式开展联防联控工作，联合编制了首个跨区域突发环境事件应急预案。每年制定三地突发水污染事件联防联控年度工作方案，联合开展跨省环境风险隐患排查、突发环境事件应急演练等工作。2021年三地联合签订了《跨省流域上下游突发水污染事件联防联控框架协议》，三地突发环境事件联防联控工作进一步深化，为跨界突发环境事件的妥善处置奠定了坚实基础。

四、亮点工程——"煤改气"工程

"煤改气"工程是为应对空气污染，由中央牵头、各级政府配合实施的一项重大民生工程。通过天然气等清洁能源的推广，降低散煤的使用量，从而有效遏制大气环境污染。2013 年，国务院出台《大气污染防治行动计划》，提出加快"煤改气"工程建设。为改善区域大气环境质量，2017 年京津冀及周边"2+26"城市的"煤改气"工程加速推进。

截至 2018 年底，北京完成"煤改气"村庄 138 个，基本实现平原地区"无煤化"。2019 年底天津居民取暖散煤基本清零（除山区外）。河北作为"煤改气"规模最大的省份，2019 年完成"煤改气"377 万户，超额完成 85%。截至 2020 年底，河北全省已基本实现平原地区散煤清零（李慧等，2021）。根据《2021 中国生态环境状况公报》，2021年，京津冀及周边地区"2+26"城市优良天数比例平均为 67.2%，较 2017 年上升36.31%；PM$_{2.5}$ 平均浓度比 2017 年下降 36.76%。"煤改气"工程极大地改善了京津冀及周边地区的空气污染程度。

专栏：中央生态环境保护督察及其对京津冀生态环境治理的指导推动作用

中央生态环境保护督察主要督察省级党委和政府贯彻落实党中央、国务院环境保护重大决策部署情况，解决和处理突出环境问题、改善环境质量情况，以及落实环境保护党政同责和一岗双责、严格责任追究等方面的情况。

2019 年《中央生态环境保护督察工作规定》施行，通过督察工作的实施，对生态环境违法行为形成强大震慑，推动一批影响重大、久拖不决的难题得到破解，切实解决了一批群众身边的突出生态环境问题。

例如，2017 年中央生态环境保护督察指出"天津河道生态流量严重不足，活水少、污水多""水环境形势不容乐观"等问题。天津以督察整改为契机，深化"控源、治污、扩容、严管"四大措施，累计完成工程项目 6700 余个。天津用三年对全市污水处理厂实施提标改造，每年约 10 亿 t 城镇污水由劣 V 类转变为 IV 类或 V 类。2017 年天津 12 条入海河流水质全部为劣 V 类，到 2021 年已总体达到 IV 类标准，全市水环境质量发生质的转变。2021 年，天津海河（河北区段）入选生态环境部第一批美丽河湖提名案例（生态环境部，2022）。

第五节　大气环境监测预报关键技术

大气环境监测预报是支撑空气质量改善的关键技术。2013 年，国务院发布《大气污染防治行动计划》，自此我国大气环境监测预报技术研发与应用走上快车道。中国科学院大气物理研究所等相关科研团队研发了我国跨行政区空–天–地一体化的联网观测网络及大气环境预报预警和决策支持一体化平台，实现了中国区域气溶胶物理、化学与光学特征的首次综合监测，以及未来 7 天空气质量精准预报和 3 个月趋势预测，为《大气污染防治行动计划》和《打赢蓝天保卫战三年行动计划》提供了重要科学支撑。该平台以自主研发的大气环境预报技术为核心，预报内容从 2012 年的 SO_2、NO_2 和 PM_{10} 三要素，扩展为包括 $PM_{2.5}$、CO 和 O_3 等的六要素，预报时效从 1～2 天延伸到 7 天，预报范围从个别城市试点预报，升级为"国家-区域-省-地市"预报，预报准确率超 90%，并在北京亚太经济合作组织（APEC）会议、2015 年"9.3"阅兵等重大活动中起到了重要的科技支撑作用。

一、大气环境要素演变与污染成因分析

（一）建成并完善了京津冀超大城市群空-天-地一体化大气环境监测预警网

2007 年，在华北地区建立了大气环境监测网络（11 个站点），2008 年奥运会期间将观测站点扩展到 18 个，至 2011 年，京津冀区域观测站点达 26 个并成功实现了各站点同步联网观测，涵盖两省两市，覆盖京津冀 25 万 km^2 面积。监测网利用以无线通信技术为主的多平台集成通信系统，实现了地基联网监测数据的实时传输，完成了监测网络数据的实时质量控制和可视化。使用 160 台（套）仪器，实时获取了 2007～2017 年 O_3、NO_2、NO、SO_2、CO、AOD（气溶胶光学厚度）、$PM_{2.5}$ 和 PM_{10} 等大气污染物时空分布资料。同步利用离线膜采样技术，建立了 10 个颗粒物 9 级粒径采样站点和污染物干湿沉降通量观测站，详细分析了不同粒径颗粒物的质量浓度、化学组分演变特征及其沉降量和沉降速率。监测网为保障 2008 年北京"绿色奥运"、2014 年"APEC 蓝"、2015 年"阅兵蓝"等重大活动顺利举办的环保要求，以及北京空气质量长期达标提供了科技支撑（图 2-34）。

2012 年开始，此网络从华北推广到全国，形成了国家/区域尺度的大气环境观测网络。监测网络数据被用作《大气污染防治行动计划》中期和终期评估的第三方比对资料，为印证评估《大气污染防治行动计划》的实施做出了重要贡献。该观测网络已经成为服务空气质量改善、评估气候变化成因的关键组成部分，未来将立足于监测网络，提出超级站大气环境监测规范，服务于我国"十四五"期间的各项科学研究任务，并提供政策管理支撑。

（二）构建我国高分辨率大气污染再分析数据集

依托国家重大科技基础设施建设项目"地球系统数值模拟装置"，利用我国自主研发的嵌套网格空气质量预报模式（NAQPMS）和大气化学同化系统（ChemDAS）同化了超过 1000 个地面空气质量监测站点数据，构建了我国首个五项大气常规污染物（$PM_{2.5}$、PM_{10}、SO_2、CO 和 NO_2）高分辨率（15km，逐小时）再分析数据集（CAQRA）。根据交叉验证、独立数据验证及与国内外同类数据比较，CAQRA 很好地表征了 2013～2020 年我国地面空气污染物的时空变化特征，显著提高了对我国不同污染物浓度变化趋势的认识（Kong et al.，2021）。

数据集已在科学数据银行 ScienceDB 数据库公开共享，下载量超过 110 万次，填补了我国高时空分辨率大气污染网格化数据集的空缺，为全面了解我国大气污染管控以来京津

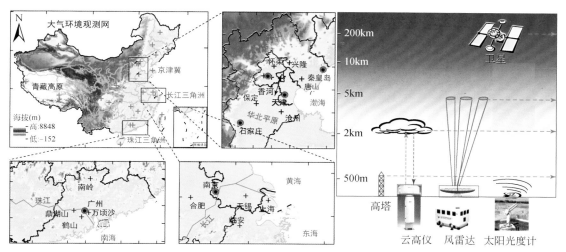

图 2-34　北京及周边区域空–天–地一体化大气环境监测预警网

冀地区不同污染物浓度变化的时空分布特征提供了基础数据支撑。

（三）大气污染物的历史演变特征及污染成因分析

图 2-35 展示了利用再分析数据集绘制的 2013～2020 年京津冀地区五项大气常规污染物年平均浓度的空间分布特征，揭示了京津冀地区大气污染物变化趋势。随着《大气污染防治行动计划》和《打赢蓝天保卫战三年行动计划》的先后实施，京津冀地区颗粒物浓度呈现逐年下降的趋势，空气质量较 2013 年有明显改善。具体来看，在《大气污染防治行动计划》实施期间，北京 $PM_{2.5}$ 全域平均浓度由（69.8±19.0）$\mu g/m^3$（一倍标准差）下降至（46.3±9.5）$\mu g/m^3$，下降了 23.5$\mu g/m^3$。《打赢蓝天保卫战三年行动计划》实施后，到 2020 年北京 $PM_{2.5}$ 全域平均浓度进一步下降至（34.3±4.7）$\mu g/m^3$。天津、河北的 $PM_{2.5}$ 浓度呈现出相似的变化趋势，2013～2017 年天津、河北的 $PM_{2.5}$ 全域平均浓度分别由（90.7±6.0）$\mu g/m^3$、（74.2±36.6）$\mu g/m^3$ 下降至（58.4±3.7）$\mu g/m^3$ 和（49.0±19.1）$\mu g/m^3$，到 2020 年进一步下降至（45.0±3.4）$\mu g/m^3$ 和（38.2±11.1）$\mu g/m^3$。

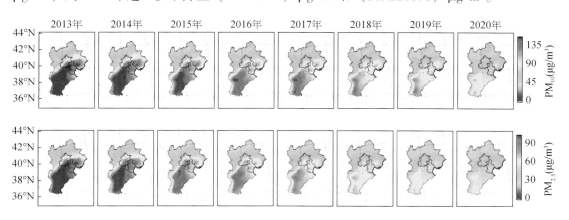

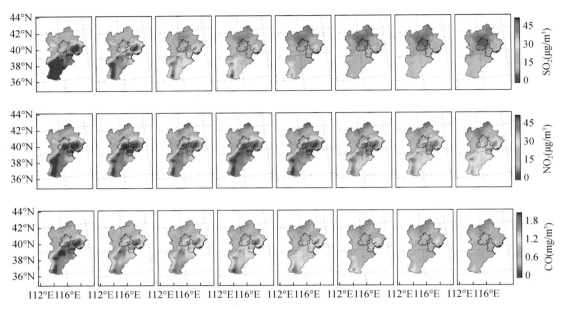

图 2-35　2013～2020 年京津冀地区 PM₂.₅、PM₁₀、SO₂、NO₂ 和 CO 年平均浓度空间分布

PM_{10} 浓度呈现出与 $PM_{2.5}$ 相似的空间分布和时间变化特征。2013～2017 年，北京、天津及河北的 PM_{10} 全域平均浓度分别由（96.8±29.8）μg/m³、（134.9±13.5）μg/m³ 和（119.4±68.1）μg/m³ 下降至（70.4±18.0）、（93.4±5.3）μg/m³ 和（80.4±35.7）μg/m³，到 2020 年，进一步下降至（49.0±10.0）μg/m³、（66.5±2.9）μg/m³ 和（59.3±21.1）μg/m³。

SO_2、CO 和 NO_2 浓度同样呈现出显著下降趋势。2013～2017 年，北京、天津和河北 SO_2 全域平均浓度分别由（23.3±7.8）μg/m³、（43.5±6.9）μg/m³ 和（37.3±22.1）μg/m³ 下降至（8.9±2.0）μg/m³、（15.8±2.3）μg/m³ 和（15.8±7.4）μg/m³，到 2020 年，进一步下降至（5.9±1.2）μg/m³、（9.3±1.4）μg/m³ 和（9.9±2.8）μg/m³。CO 浓度变化趋势与 SO_2 类似，2013～2017 年，北京、天津和河北 CO 全域平均浓度分别由（1.1±0.36）μg/m³、（1.7±0.16）μg/m³ 和（1.2±0.60）μg/m³ 下降至（0.75±0.22）μg/m³、（1.2±0.11）μg/m³ 和（0.86±0.38）μg/m³，到 2020 年进一步下降至（0.53±0.11）μg/m³、（0.78±0.07）μg/m³ 和（0.60±0.20）μg/m³。

2013～2017 年，京津冀地区 NO_2 浓度下降幅度低于 $PM_{2.5}$ 和 PM_{10}。具体来看，除北京 NO_2 全域平均浓度从（34.5±12.9）μg/m³ 下降至（30.1±11.5）μg/m³ 以外，天津和河北 NO_2 全域平均浓度仅从（45.9±4.6）μg/m³、（31.8±16.1）μg/m³ 下降至（45.4±3.7）μg/m³ 和（28.7±14.5）μg/m³。2018 年以后，京津冀 NO_2 浓度出现明显下降趋势，2020 年北京、天津和河北 NO_2 全域平均浓度分别下降至（20.2±7.6）μg/m³、（33.9±3.3）μg/m³ 和（21.6±10.0）μg/m³，主要原因在于《打赢蓝天保卫战三年行动计划》实施期间对交通源的管控增强，尤其是对高 NO_x 排放的柴油车采取了严格的控制措施，使京津冀地区 NO$_x$ 排放呈现下降趋势。

在上述地面大气化学成分观测的基础上，利用云高仪建立了激光雷达观测网，经过长达 5 年的软硬件调试和反复演算，建立了反演混合层高度的新算法。通过对京津冀区域大气混合层高度和颗粒物反向散射演变进行实时监测，发现地处华北平原北部的北京地区大气污染形成初期主要受偏南区域污染物输送影响，污染物传输高度往往在 500～1000m。污染过程一旦形成，混合层高度就会迅速降低至 500m 以内，造成污染物高度压缩而浓度迅速升高。高湿造成的吸湿增长和非均相化学过程促发二次粒子爆发式增长使污染进一步加剧（图 2-36）。此时，区域输送对混合层内污染变化已经失去了直接影响，但局地污染源（如机动车）的排放则难以扩散，使得混合层内污染持续加强。

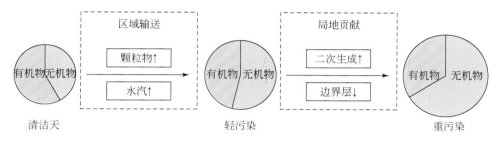

图 2-36　区域重霾污染形成气象影响机制示意图

根据此项研究成果，对国家和北京市相关环保部门提出了如下建议：在重霾污染过程来临的前 2～3 天提前预警，对区域固定源，特别是高架源进行提前消减和管控，一旦污染过程形成，要进一步限制本地污染源排放，才可能使污染峰值得到有效遏制。这一研究成果和建议在重污染天气红色预警中发挥了重要作用。

我国自 20 世纪 70 年代开始，为防治酸雨和光化学污染，相继提出了控制 SO$_2$、NO$_x$ 的减排措施。近年来在大气霾污染频发的背景下，研究发现硫酸盐、硝酸盐、铵盐、有机物等是高浓度细颗粒物的主要成分，但对这些成分前体物的控制方向一直不明确。

对北京城市的大气颗粒物组分进行观测，研究表明随着霾污染的发展，硫酸铵和硝酸铵的占比快速上升，尤其是硝酸铵的上升速度最快。气态污染物（SO$_2$ 和 NO$_x$）向颗粒态的协同转化是强霾污染"爆发性"和"持续性"的关键内部促发因子，且高浓度 NO$_x$ 的存在可以激发 SO$_2$ 向硫酸盐快速转化，这一发现促进了"NO$_x$ 中心说"这一科学假说的萌发，为大气霾污染协同减排措施的制定提供了重要线索。后续研究中，烟雾箱模拟和数值模式验证均证实了这一假说，并将其上升为科学理论，在国内外产生重要影响。利用北京及周边区域 10 个站点的 NH$_3$ 浓度网格化测量，获取了区域 NH$_3$ 的浓度水平和变化规律，发现了 NH$_3$ 对重污染形成的重要影响，确定了化石燃料燃烧是重污染期间铵盐的主要来源，而不是传统认知的农牧业源。这一创新性发现对城市严重大气复合污染形成关键源的判定起到了重要作用。以此创新性发现为基础，提出了北京以活性氮（NO$_x$ 和 NH$_3$）为主的大气污染控制新建议，揭示出 PM$_{2.5}$ 和 O$_3$ 的协同控制才能实现北京及全国重点区域空气质量长期达标这一核心问题（图 2-37）。

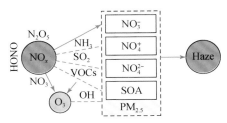

图 2-37　活性氮在重霾污染中的核心作用示意图
注：HONO，气态亚硝酸；Haze，霾；SOA，二次有机气溶胶

二、空气质量预报模式和决策支持平台

（一）空气质量预报模式

空气质量数值模式是欧美区域空气质量改善重大行动计划的三大核心支撑技术之一。模式研制涉及气象、数学、物理、化学、生态和计算机等诸多学科，是一个复杂的系统工程。我国大气污染时空范围大、来源构成复杂，直接引进国外模式难以准确表征我国独特的复合型污染。上述问题的解决需要突破模式研制瓶颈，解决以下关键科学技术问题：①如何突破我国大规模、多尺度的空气质量数值模拟技术，实现对重污染的精确模拟？②如何突破大气化学资料同化技术，提高预报预警准确率？③如何突破大气二次污染物（$PM_{2.5}$ 和 O_3）的精准溯源及承载力评估技术，科学评估跨界传输量，并支撑精准调控？

针对以上关键问题，研发了集多污染类型和多尺度于一体的嵌套网格空气质量预报模式（NAQPMS），模式框架见图 2-38。模式形成了全球、区域、城市群与城市复合污染（沙尘、酸沉降、PM_{10}、$PM_{2.5}$、O_3、核泄漏、大气汞等）全尺度嵌套耦合精准预报体系。科研团队与中国环境监测总站等开展业务化应用技术研究，实现了与国家-区域-省-地市四级空气质量预报业务的无缝衔接，在京津冀地区开展了广泛应用。

嵌套网格空气质量预报模式（NAQPMS）的主要构成与关键技术包括：①动力框架和参数化方案。包括适合我国特点的起沙机制、边界层高度反演新算法、污染与气象双向反馈技术、双向嵌套技术，实现了全尺度（全球-区域-城市群-城市）高时空分辨率（空间分辨率3km，时间分辨率1小时，预报时效7天）的空气质量预报。②多元同化反演技术。包括模式不确定性分析新方法和动态优化浓度场、跨物种同化、污染源反演，以及多污染物协同约束同化方案，形成了国际领先的大气化学资料同化系统，源清单不确定性下降30%～40%，重污染预报误差下降30%。③精细溯源追踪。包括二次污染物（$PM_{2.5}$ 和 O_3）模式溯源追踪新技术、大气环境容量和承载力模式新算法、重污染应急调控模式计算方法，形成了空气污染多地区、多行业溯源实时追踪和动态调控系统，解决了跨界输送量评估难题（Ye et al.，2021）。

（二）决策支持平台

决策支持平台在国家环境空气质量监测预警中心、京津冀城市群、长江三角洲城市群

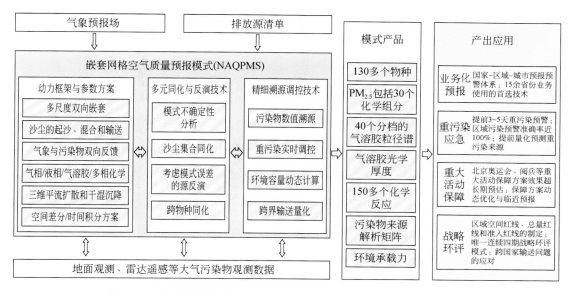

图 2-38 自主研发嵌套网格空气质量预报模式 NAQPMS 的技术框架

和粤港澳大湾区城市群区域中心及全国 16 个省份投入业务运行，占已开展空气质量数值预报预警业务省份的 60%，其中 14 个省份是首次开展数值预报预警业务。该平台支撑了北京奥运会、上海世博会、广州亚运会、南京青奥会、北京 APEC 峰会、2015 年 "9.3" 阅兵和 2017 年度 G20 峰会等重大活动的空气质量保障工作。在 2015 年 "9.3" 阅兵期间，平台预测出 9 月 3 日白天北京处于 $PM_{2.5}$ 浓度高值间的谷区，污染峰值推后或污染系统前移数小时均可能造成极大影响。在 2016 年 12 月 16～21 日我国首次区域红色预警期间，平台提前 3～7 天预报出东部 16～21 日重污染的形成过程、影响范围及持续时间（图 2-39），以及红、橙色预警应急措施对空气质量改善的影响，成为我国首次采取大范围空气质量应急措施（京津冀等城市群中共 23 个城市红色预警，9 个城市橙色预警）的决策依据，被原环境保护部大气环境管理司评价为 "我国统一发布包括红色预警在内的空气重污染预警、开展联防联控、部署应急措施发挥了关键支撑作用，显著减少了重污染的影响范围、消减了污染物浓度峰值、缩短了污染时长"（图 2-40）。

国家环境空气质量监测预警中心长期业务运行表明，预报平台对京津冀城市群区域空气重污染过程预报的准确率超过 90%，对区域重污染程度预报的准确率近 80%。

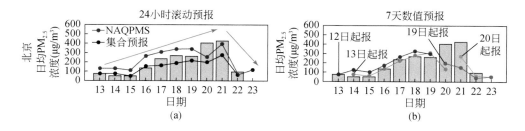

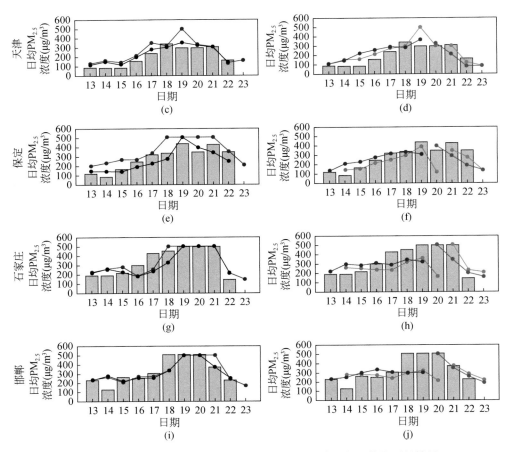

图 2-39　2016 年 12 月 16~21 日，我国首次区域红色预警的预报结果

注：柱状图．观测结果；折线图．不同预报结果

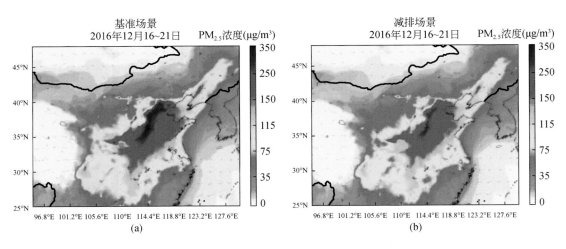

图 2-40　基于基准情景（未控制，a）和开展红色预警（b）后 PM$_{2.5}$ 浓度分布

第六节 大气污染防治技术与对策

在我国大气污染防治取得显著成绩的同时，保障空气质量持续改善仍然是一场持久战。$PM_{2.5}$、O_3 和 NO_x 等已成为我国城市群大气污染防治需要重点关注的污染物，其协同控制已经成为一个新挑战。中国科学院生态环境研究中心相关科研团队从污染物协同变化的规律出发，解析了 $PM_{2.5}$ 和 O_3 的相互作用及其内在化学机制，阐明了 $PM_{2.5}$、O_3 和 NO_x 浓度的响应关系，揭示了不同前体物控制情形下的空气质量改善规律，提出了协同控制 $PM_{2.5}$ 和 O_3 的对策及对关键前体物 NO_x 的控制建议，为京津冀区域空气质量的进一步改善提供了重要的科技支撑。

一、$PM_{2.5}$、O_3 协同控制与 NO_x 减排

研究初步揭示了 $PM_{2.5}$ 和 O_3 之间复杂的耦合关系。$PM_{2.5}$ 和 O_3 双高的复合污染条件下，存在影响辐射通量、氧化驱动、自由基猝灭等相互作用。大数据分析结果表明，在我国大部分地区特别是 $PM_{2.5}$ 浓度较高的京津冀地区，$PM_{2.5}$ 和 O_3 的时间变化趋势（如小时平均浓度和年平均浓度）为负相关，呈现出明显的此消彼长的"跷跷板"效应（Chu et al.，2020）。只有当 $PM_{2.5}$ 浓度接近达标时，$PM_{2.5}$ 和 O_3 的浓度变化才会倾向于正相关，如图 2-41 所示。因此，将 $PM_{2.5}$ 浓度降至阈值（如 $50\mu g/m^3$）以下，进而通过精准减排打破 $PM_{2.5}$ 和 O_3 之间的"跷跷板"效应，是实现 $PM_{2.5}$ 和 O_3 协同控制的先决条件（Chu et al.，2020）。进一步降低 $PM_{2.5}$ 浓度仍是我国北方地区尤其是京津冀地区大气污染控制的首要目标。

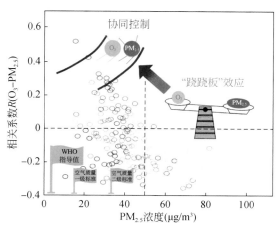

图 2-41 $PM_{2.5}$ 和 O_3 之间的相关性及二者实现协同控制的必要条件

注：圆圈数据点表示 2013~2018 年我国不同城市的 $PM_{2.5}$ 浓度以及 $PM_{2.5}$ 和 O_3 之间的相关系数。$PM_{2.5}$ 浓度较高时（如 $>50\mu g/m^3$），$PM_{2.5}$ 和 O_3 呈现明显负相关；$PM_{2.5}$ 浓度较低（如 $<50\mu g/m^3$）时，$PM_{2.5}$ 和 O_3 可能出现正相关，所以可能在这些城市实现 $PM_{2.5}$ 和 O_3 协同控制。$PM_{2.5}$ 和 O_3 相关系数计算方法及数据来源详见前期研究（Chu et al.，2020）

研究确定了 NO_x 是 $PM_{2.5}$ 浓度进一步下降的关键前体物。现阶段我国大气中 SO_2 浓度已经大幅下降，但 NO_x 浓度仍有较大下降空间。根据《中国大气臭氧污染防治蓝皮书（2020年）》，2013～2019 年，我国 74 个重点城市 $PM_{2.5}$ 和 SO_2 浓度分别下降了 47% 和 75%，而 NO_2 浓度仅下降 23%，下降比例明显低于其他污染物。NO_x 成为 $PM_{2.5}$ 污染进一步改善的重要限制因素。一方面，NO_x 在大气中转化为硝酸盐，观测数据表明硝酸盐逐步成为很多城市 $PM_{2.5}$ 中浓度最高的单一组分；另一方面，研究发现城市地区高浓度 NO_x 还是提高非均相和液相反应中氧化能力的重要因素（Cheng et al.，2016；He et al.，2014；Liu et al.，2012），是 $PM_{2.5}$ 爆发增长的重要驱动力。

根据对中国环境监测总站全国空气质量大数据的分析，在 SO_2 大幅减排之后，现阶段无论是全国平均还是京津冀区域，$PM_{2.5}$ 对 NO_2 的敏感性都远高于 SO_2（图 2-42）。也就是说，消减单位浓度 NO_2 带来的 $PM_{2.5}$ 下降幅度远大于 SO_2（Chu et al.，2020）。2020 年初，突如其来的新冠（新型冠状病毒感染）疫情期间的空气质量变化为这一分析结果提供了实证。由于交通管控，新冠疫情期间我国大气 NO_2 浓度显著下降，在 SO_2 和 CO 下降不显著的情况下，全国范围内 $PM_{2.5}$ 污染相对 2019 年同期显著改善，并且 $PM_{2.5}$ 浓度下降的时空分布特征和 NO_2 高度一致（Chu et al.，2021b），有力证明了 NO_x 减排对消减 $PM_{2.5}$ 的有效性。

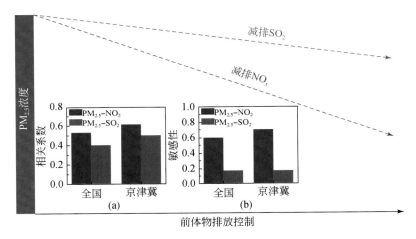

图 2-42　中国及京津冀区域的前体物减排和 $PM_{2.5}$ 改善情景分析

（a）$PM_{2.5}$ 与 NO_2 和 SO_2 的相关性（2013～2018 年）；（b）$PM_{2.5}$ 对 NO_2 和 SO_2 的敏感性（2013～2018 年），

即 $PM_{2.5}$ 浓度在 NO_2 和 SO_2 浓度变化 $1\mu g/m^3$ 时的增加量或减少量

研究发现，NO_x 深度减排是在降低 $PM_{2.5}$ 浓度的同时实现 O_3 污染协同控制的可行手段。O_3 生成和其关键前体物 NO_x 及挥发性有机物（VOCs）的排放之间具有非常强的非线性关系。从区域尺度上来看，O_3 生成主要由 NO_x 控制，同时，短期内大幅消减 VOCs 难以实现，大幅消减 NO_x 是降低 O_3 浓度有效的、也更为现实的手段。2020 年初，在我国新冠疫情管控最严时期，部分地区 NO_2 浓度同比下降接近或超过 70%，在这种高比例消减的条件下，$PM_{2.5}$ 浓度大幅下降，同时 O_3 浓度的上升趋势出现了拐点（Chu et al.，2021a）。这一发现为大幅消减 NO_x 是协同控制 $PM_{2.5}$ 和 O_3 的有效手段提供了实证。这一结论也被模型结果支持。例如，针对京津冀区域的数值模拟结果表明，减排超过 60% 的 NO_x 能同时保证 $PM_{2.5}$ 和 O_3 控制的有效性（Xing et al.，2018）。

二、NO_x 深度减排的可行性和政策建议

NO_x 来源明确，主要来自固定燃烧源和机动车内燃机排放，因此 NO_x 减排与碳达峰和碳减排目标高度一致。煤电行业已经普及氨选择性催化还原 NO_x（NH_3-SCR）技术，烟气 NO_x 实现超低排放（Dai et al.，2019）。但是，NH_3-SCR 技术在非电行业（钢铁、有色金属、水泥、玻璃、陶瓷等）烟气净化应用中存在低温催化活性不足、硫中毒等瓶颈问题，需要研发新型低温 SCR 技术和其他适应性技术。非电行业 NO_x 仍具有很大减排潜力。我国已实施全球最为严格的机动车排放标准，但我国机动车保有量大、标准升级快，导致低排放标准车辆占比高，NO_x 减排潜力显著。2019 年，柴油车排放的 NO_x 约占我国排放总量的 30%，消减其排放是打赢蓝天保卫战、建设"美丽中国"的重要内容。

与此同时，我国在控制机动车排放 NO_x 方面取得了长足进步（Liu and Tan，2020），有力支撑了排放标准的升级与 NO_x 减排。在柴油车 NO_x 减排方面，发现了氨选择性催化还原 NO_x（NH_3-SCR）催化剂双位点紧密耦合的普适性规律，指导了钒基催化剂的国产化与生产，突破了高效富铝 Cu 基小孔分子筛 NH_3-SCR 催化剂快速合成与量产技术，打破了国外专利技术壁垒；研发的满足国四、国五、国六排放法规的尿素选择性催化还原 NO_x（尿素-SCR）后处理集成系统在京津冀等区域实现超过 200 万台（套）的应用，NO_x 减排 120 万 t/a。研究成果也应用于在用柴油车排放治理，完成了超过 6000 辆在用车的改造，支撑了柴油货车污染治理攻坚战行动计划实施与打赢蓝天保卫战。相关成果获 2014 年国家科技进步奖二等奖、2019 年国家自然科学奖二等奖，入选国家"十三五"科技创新成就展。

然而，在实际道路监测中，部分安装了尿素-SCR 净化装置的柴油车 NO_x 仍存在超标排放现象。一方面，车载诊断（OBD）系统存在人为屏蔽的现象。当然，随着在线监控技术的应用，这一违法现象正在不断减少。另一方面，一些柴油车（如公交车和垃圾车）经常低速运行，尿素-SCR 净化效果难以保证。开发具备宽温度窗口的尿素-SCR 技术可以解决这个问题。最后，为了降低运行费用，还存在添加尿素溶液（通常称为 AdBlue）不合规的现象，造成尾气中尿素浓度过低和杂质过多等问题，导致 NO_x 排放超标。此外，国内发动机控制系统、高压共轨燃油系统的技术发展相对落后，一定程度影响了我国柴油车国六排放标准的实施和下一阶段排放标准的制定。由于上述原因，NO_x 实际减排效果不如其他污染物理想，还有非常大的改善空间。而且，我国要力争在 2030 年前实现碳达峰，2060 年前实现碳中和，必须对能源结构进行重大调整，这将有望从根本上解决 NO_x 排放问题。例如，随着我国以可再生能源为动力来源的电能驱动机动车使用数量的快速增加，交通行业的 NO_x 和 VOC 排放将显著降低（Erickson et al.，2020）。

钢铁、建材等行业是我国重要基础产业，同时也是高耗能、高排放的行业，随着电力行业污染减排空间逐渐压缩，钢铁、建材等非电行业成为我国大气污染防治的重中之重。非电行业工业烟气具有污染种类杂、排烟温度低、多污染物浓度差异大等特点，传统电力行业成熟 NH_3-SCR 脱硝技术在移植应用时，存在装备难以匹配、脱硝催化剂失活、非常

规污染物协同效果差等问题。在"全过程控制"和"末端治理前移"的思路下，中国科学院过程工程研究所相关科研团队研发了基于源头–过程减排的多工序、多污染物全过程超低排放技术。基于高炉炉料结构优化的硫硝减排技术，首次实现80%以上球团配比，吨铁 SO_2、NO_x 分别减排52%、26%；烧结烟气循环减量节能减排技术，在吨矿烟气量减排21.5%、吨矿固体燃料消耗降低10.8%的同时，实现产量提升3.2%~6.2%。"反应分区–功能分层"的活性炭法多污染物协同控制技术与低氮燃烧技术结合，脱硝效率达到80%以上，出口烟气中 NO_x 浓度降低至 $60mg/m^3$ 以下，优于国家超低排放限值。此外，"臭氧梯级氧化硫硝协同吸收""SCR脱硝耦合半干法脱硫"等超低排放技术示范工程运行效果良好，同时应用于烧结/球团、焦炉烟气净化，颗粒物、SO_2、NO_x 均可达到各工序烟气超低排放要求。多项关键技术入选生态环境部2018年和2021年《国家先进污染防治技术目录（大气污染防治、噪声与振动控制领域）》、国家发展和改革委员会《产业结构调整指导目录（2019年本）》、2020年《钢铁企业超低排放改造技术指南》鼓励技术、《钢铁工业超低排放改造工程技术案例汇编》（2019年）等鼓励技术目录等。累计推广应用百余套示范工程，环境、经济和社会效益显著。相关成果获得2020年国家科技进步奖二等奖，2021年生态环境部环境保护科学技术一等奖等。

钢铁行业超低排放改造时，NO_x 的高效治理是技术路线选择的关键。以烧结、焦化工序为例，典型的超低排放技术路线主要包括选择性催化还原（SCR）脱硝、活性炭同时脱硫脱硝、氧化脱硝，要求脱硝效率在85%以上。在追求高效率的同时，带来"废旧催化剂处置量增加、氨逃逸、臭氧逃逸"等二次污染风险；此外还需要设置热风炉大量消耗高炉煤气来对烟气补热，以满足SCR催化剂运行温度要求，因此亟须对现有 NO_x 超低排放技术进行深化研究，包括CO-SCR脱硝技术、CO催化氧化耦合SCR脱硝技术等。此外，京津冀开展的钢铁行业 NO_x 超低排放改造大多针对烧结、球团和焦化烟气治理，对上述工序以外的高炉/焦炉煤气净化、短流程炼钢污染物净化、高炉热风炉和轧钢热处理炉烟气净化等方面技术积累较弱。

基于 NO_x 深度减排对协同控制 $PM_{2.5}$ 和 O_3 的有效性及 NO_x 的减排潜力，提出了以下政策建议。

（1）加快非电行业高效 NO_x 排放控制技术研发：一是研发契合窑炉温度分布特性的嵌入式脱硝技术，降低煤/气/电等能源输入，从而实现 NO_x 深度净化与 CO_2 协同减排。二是针对钢铁等长流程多工序行业，优化产业结构，研发短流程清洁冶炼、炉料结构优化等技术，通过全流程全局优化，实现氮–碳协同减排。

（2）制定重点行业超低排放限值，加强评估与监管：一是针对不同非电行业烟气排放特征，加快制定建材等行业超低排放限值及 NO_x 排放源的最佳控制技术指南。二是结合我国经济发展和能源消耗趋势，对我国未来 NO_x 排放进行总量及行业分布预测，科学评估我国各行业 NO_x 减排潜力及环境效应。

（3）推进柴油机清洁化关键技术研发，加强车油路联合管控：一是尽快启动我国柴油车、非道路柴油机、船舶下一阶段排放标准制定，推进技术升级，进一步降低柴油机污染物排放；同时制定实施更严格的清洁油品、添加剂及润滑油标准，确保清洁柴油机的高效稳定运行。二是加强柴油车排放远程在线诊断、遥感和便携排放监测技术的研发，建立数字化、智能化移动源监管系统，实现远程排放监控-执法-维修的闭环管控。长远来看，应大力发展基于绿氢的碳中和燃料合成、利用及柴油机替代技术，实现碳污协同减排。

第七节　生态安全格局保障关键技术

党的十八大首次把"美丽中国"作为生态文明建设的宏伟目标，"构建国土生态安全格局"成为生态文明建设的重要内容之一。生态安全是涉及自然、社会、经济及不同空间尺度协同的区域性复杂问题。中国科学院生态环境研究中心相关科研团队针对"京津冀区域生态安全保障"这一重要主题，构建了超大城市群生态安全格局辨识与优化方案，提出了超大城市群生态功能单元的差异化监管技术体系，研发了面向关键生物栖息地保护的湿地生态修复技术，并以典型湿地公园建设为例进行了示范应用，形成了京津冀超大城市群生态安全保障关键技术体系。

一、生态安全格局辨识优化和差异化监管

（一）京津冀城市群生态安全格局优化对策

针对京津冀城市群的景观格局演变特征，识别了当前京津冀超大城市群生态源地的服务盲区（图2-43），提出了优化生态安全格局的理论与技术框架。研究结果表明，1984～

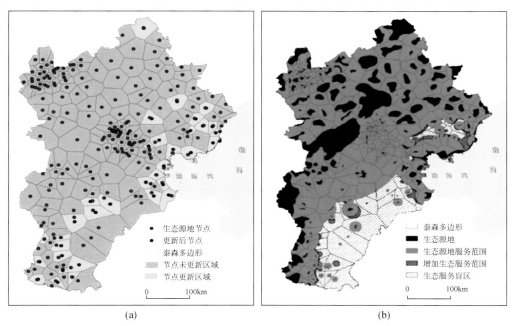

图 2-43　京津冀城市群生态源地服务盲区识别

2020 年，京津冀城市群建设用地不断增加，水域、湿地和耕地先减少后增加，而林草呈先增加后减少的趋势。从景观稳定性分布来看，总体上，地类斑块相对完整，边界清晰的区域景观稳定性相对更高。

对《京津冀协同发展规划纲要》（2015 年）中的生态红线区、自然保护区、水源涵养区、大型生态用地及土地利用数据（林地、草地和湿地）进行综合分析，分别统计了三种生态廊道（考虑生态服务、考虑人类干扰、综合考虑生态服务和人类干扰）的长度以及它们与生态红线和现有廊道的重合长度。基于上述研究结果，对生态源地和生态廊道面临的生态安全问题进一步进行分析，对生态源地节点盲区、生态服务盲区进行了识别，为京津冀城市群生态安全格局构建提供了科学支撑。

基于生态系统服务–生态风险–生态调控的评价结果，构建了评估与优化京津冀超大城市群生态安全格局的技术框架（图 2-44），分析了京津冀城市群生态安全格局时空分布特征。结果表明，京津冀城市群生态安全关键区面积为 8.0 万 km^2，占京津冀城市群陆地总面积的 36.49%，其中一级关键区面积最大，为 4.3 万 km^2；修复区面积为 4.8 万 km^2，占京津冀城市群陆地总面积的 22.14%，其中二级修复区面积最大；重建区面积为 1.4 万 km^2，占京津冀城市群陆地总面积的 6.46%，其中一级重建区面积最大，占京津冀城市群陆地总面积的 4.60%。

（二）京津冀生态功能单元的差异化监管建议

针对京津冀城市群不同地区生态功能的差异性，提出了基于生态功能单元的生态监管技术，实现差异化、实时迭代的网格划分和监管对策与技术体系。

多等级生态网格主要依据土地的自然特征、社会特征及生态特征划分，是城市差异化监管的基本单元（表 2-3）。生态评价一方面为网格划分提供参考，另一方面为差异化的生态监管提供依据。差异化的生态监管策略主要基于生态监管网格的自然属性、社会属性和生态属性来确定其监测方式与管理策略。根据生态网格的监测结果，可以进一步修正多等级网格单元的边界及属性，实现实时自我迭代的网格划分和监管方案调整。

表 2-3 生态功能单元网格等级说明

等级	内容	划分依据	划分方法	属性
1	景观/生态系统类型	空间上连续的生态系统类型	景观/生态系统类型提取方法	景观类型、景观格局指数等
2	1+主体生态功能+区县行政边界	景观中生态功能和行政属性的异质性	生态功能区划，空间叠加	1+主体功能+区县属性+动态度
3	2（非城市）+小尺度生态功能+街道边界	主体生态功能区网格中生态功能等异质性	生态功能区划，空间叠加	2+小尺度生态功能+动态度+街道属性
	2（城市）+小尺度生态功能+社会功能+街道边界	主体生态功能区网格中生态功能和社会功能的异质性	生态功能区划，城市功能区划分，空间叠加	2+小尺度生态功能+小尺度社会功能+动态度+街道属性

基于京津冀超大城市群区域的自然要素、社会要素及生态功能特征，构建了三个等级

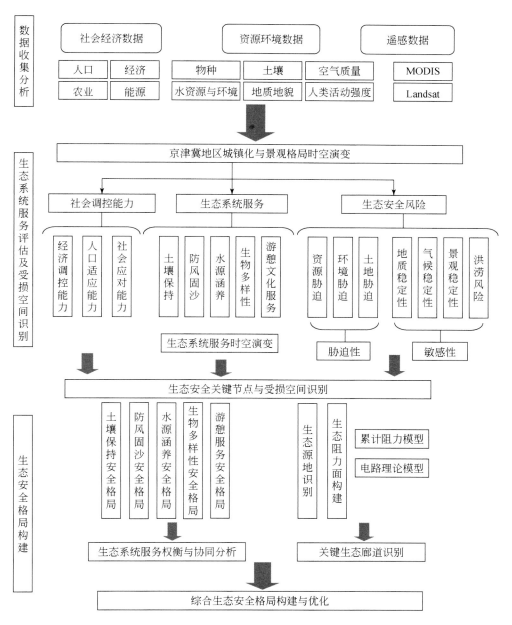

图 2-44　生态安全格局构建与优化研究技术框架

的生态监管网格（图 2-45）。第一级主要考虑自然本底特征；第二级在自然本底的基础上
融合了社会特征和生态功能特征；第三级根据城市区域和非城市区域网格内部的生态功能
异质性，划分了尺度更加精细的生态功能网（图 2-45、图 2-46）。具体来说，各等级网格
的划分依据、方法和基本属性均有所不同：第一级网格基于自然地理属性，将区域划分为
主要的景观类型。景观类型的划分参考景观生态学的斑块–廊道–基底理论，基于区域大尺

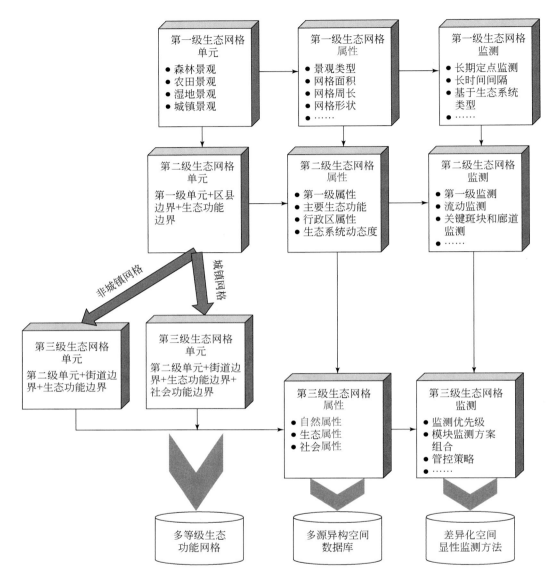

图 2-45　生态功能单元网格空间划分技术框架图

度基底类型特征划分主要的景观类型。例如，以人工表面为基底的城市景观，以耕地、水田等为基底的农田景观，以水体和水生植物为主体的湿地景观，以山体和林地为基底的森林景观等。第二级网格在第一级的基础上融入了生态功能和行政区边界，在自然本底的基础上进一步划分了不同的生态功能和行政属性。例如，一片连续的森林景观中，可能一部分生态功能是防风固沙，另一部分生态功能是水源涵养；一部分归行政区 A 负责管理，而另一部分归行政区 B 管理。第二级网格将大尺度的自然要素、社会要素及生态功能融合，明确了区域上宏观的自然–社会–生态属性。第三级网格，在第二级的基础上，考虑内部的景观构成、功能、服务等的空间异质性。第三级网格按照城市景观和非城市景观划分了更

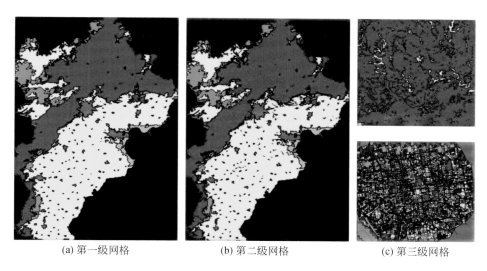

(a) 第一级网格　　　　　　　(b) 第二级网格　　　　　　　(c) 第三级网格

图 2-46　京津冀城市群生态功能单元网格空间划分结果（局部）

加精细的生态网格。对于非城市景观，主要划分更精细的生态功能，如森林景观内部可能存在居住区、工矿区；对于城市景观，不仅考虑小尺度的生态功能，也考虑城市内部的社会功能，如工业区、商业区、文教区等。在第三级网格中，将叠加更精细的行政管理单元，如街道、社区边界。由于城市景观的高度空间异质性，划分的生态网格也将更为精细。

通过对生态脆弱性、敏感性、生态系统服务供需关系的相关研究成果进行梳理，从生态系统差异化的指标体系库、敏感性/脆弱性/供需评价方法体系库、整合分析评价权重方法体系库三个方面构建生态监管通用技术体系，在不同视角下的应用研究中进一步结合不同应用目标完善与选择库中相应的具体框架和评估指标体系，形成针对性强的综合评价方法框架体系，体现具体应用目标的特殊性和需求差异（图 2-47）。

网格化生态监管技术最终整合为生态评价与监管决策支持平台。平台包含后台运算和前端显示两大部分，后台运算主要针对专业技术人员，前端显示决策管理。平台包括四个子系统，分别为基础数据子系统、多等级生态功能网格划分子系统、多等级生态功能网格评价子系统，以及多等级生态功能网格监管子系统。后面三个子系统分别对应多等级网格划分、评价及监管三个主要技术。

二、区域生态安全格局保障关键技术研发

针对京津冀地区生态安全格局现状，研发了面向关键生物栖息地保护的湿地生态修复技术，以及面向受损生态空间生态重建和生态服务提升技术。

研发了湿地要素提取和受损生态空间的遥感识别方法，构建了基于胁迫度与脆弱度的生态风险评估模型框架，完成了京津冀地区湿地演变对区域生态安全的影响评估。湿地保护与恢复工程在降低湿地生态风险方面发挥了重要作用，未来湿地的管护更应聚焦于湿地

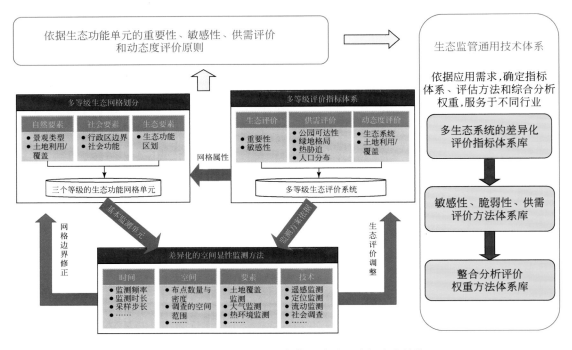

图 2-47 生态监管通用技术体系建设思路与内容结构

内部问题。构建了湿地空间优化配置模型,完成了京津冀地区湿地可优化等级划分,确定了湿地优化分级名录。根据湿地优化方案和京津冀湿地名录,识别出京津冀地区重点可优化湿地共55处,其中北京8处、河北24处、天津23处,为京津冀地区后续湿地生态修复工作提供了参考。

针对京津冀湿地生态安全格局问题,研发了五项湿地生态修复技术并进行应用与示范,为系统解决城市河流湿地生态修复问题提供了科学解决方案。研发了湿地空间优化配置与生态重构技术、基于基质改良–地形改造–水利重建的生境修复技术、鸟类生物链全过程修复技术、基于生态安全的人工–自然生境斑块的廊道连通技术等湿地生态修复技术,为系统性解决城市河流湿地相关问题提供了解决方案。

三、局地生态安全格局保障关键技术示范

局地尺度上,以北京房山区琉璃河湿地公园建设为示范,开展了生态安全保障的关键修复与功能提升技术的应用示范,生态修复效果显著。

核心示范区琉璃河湿地公园位于房山区琉璃河镇、大石河两堤之间,总占地面积528.60hm²,河道长10.60km。大石河为海河流域大清河水系北拒马河支流,北京境内流域面积1250km²。针对区域水资源短缺、水动力不足、水环境污染、生物栖息地受损等问题,集成示范了生态廊道连通、人工湿地、水生态系统构建、生态景观重建、生物栖息地构建等技术,具体示范技术如下。

生态廊道连通技术示范。主要包括结构连通、水文水力连通、功能连通。通过疏挖河道实现结构连通，疏挖总长度为10.60km。通过闸坝、泵站实现水文水力连通，在兴礼桥上游100m处新建气盾坝一座、循环泵站一座、水循环管线8.10km。研究制定了兼顾多目标要求的生态补水技术方案，采用再生水作为主要补水水源，从城关镇、窦店和韩村河镇再生水厂分别补水1.0万m³/d、1.5万m³/d和0.5万m³/d。通过植物生态设计，实现了生物栖息地、通道和生态屏障等生态功能。示范区建成后，结构连通度提高了30%；河道生态基流量、流速、换水周期都大幅提升，水文水力连通性提升；湿地景观连通性、湿地景观丰富度、水环境质量均获得显著提升。

人工湿地技术示范。针对京津冀地区低温条件下人工湿地处理效率低下和人工湿地堵塞的问题，研究在北方低温条件下适宜于不同水源水质的技术、设计工艺及设计参数等，通过填料优化、耐低温菌群筛选、抗寒植物筛选、改进运行方式等措施，确保湿地在低温条件下（15℃以下）出水水质（COD、氨氮和总磷）达标。

水生态系统构建技术示范。针对研究区水生态系统退化、生物多样性降低的问题，基于北方气候特点，遵循生态适应性、物种耐性、生态位、生物操控等生态学原理，不同阶段采用不同的动植物配置模式，包括先锋种配置模式、优势种主导模式、物种优化模式等，将人工调控与自然调控相结合，以确保食物链结构的平衡与完整，提升水体自净能力，达到水质净化、水生态系统健康的目标，强化生态修复、水质净化、生态景观技术的有机融合。

生态景观重建技术示范。主要从地形改造、植物配置、景观设施布设等方面入手，设计生态修复技术。其中，通过地形改造最大限度地保护原有河流、湿地、坑塘等水生态敏感区，构建"深潭浅滩"的基底形态。示范区植物配置以乡土植物为主，创造观赏价值较高、生态功能显著的植物群落。核心示范区内湿地景观设施布设包括亲水平台、生态木栈道、生态湿地岛等，展现了丰富多元的湿地环境。

生物栖息地构建技术示范。利用基质改良-地形改造-生物链全过程修复技术对原有生态环境进行适度修复，最终达到修复栖息地生境的目的。2021年2月以来，已有200多只天鹅、黑鹳、红隼等珍稀候鸟飞临琉璃河湿地公园觅食、栖息。通过以上水资源、水环境、水生态等技术的集成优化，保护和恢复了典型河流型湿地生态系统，建设成集水文调蓄、生物多样性保护、水质净化、科研宣教及休闲娱乐于一体的城市湿地公园，辐射带动了湿地公园周边产业发展。

参 考 文 献

李慧, 张睿宁, 徐金红. 2021. 中国"煤改气"面临的挑战及对策建议. 国际石油经济, 29（10）: 35-41.

刘晶, 刘学录, 侯莉敏. 2012. 祁连山东段山地景观格局变化及其生态脆弱性分析. 干旱区地理, 35（05）: 795-805.

生态环境部. 2022. 在发展中保护 在保护中发展: 中央生态环境保护督察成效（人民日报）. https:// baijiahao. baidu. com/s? id=1741017516487562614［2022-08-17］.

中国环境报. 2022. 以最严标准治理污染 用"两山"理念护好生态 绿水青山见证"北京奇迹" https:// article. xuexi. cn/articles/index. html? art _id=5789438644364615322&t=1653962057572&showmenu=false&study_ style _id=feeds _opaque&source=share&share _to=copylink&item _id=5789438644364615322&ref_read _id=

1e4bd154-4542-42f3-a4ab-f61dd58b6c43_1662812363521〔2022-08-10〕.

Cheng Y F, Zheng G J, Wei C, et al. 2016. Reactive nitrogen chemistry in aerosol water as a source of sulfate during haze events in China. Science Advances, 2 (12): e1601530.

Chu B W, Ma Q X, Liu J, et al. 2020. Air pollutant correlations in China: secondary air pollutant responses to NO$_x$ and SO$_2$ control. Environmental Science & Technology Letters, 7 (10): 695-700.

Chu B W, Ding Y, Gao X, et al. 2021a. Coordinated control of fine-particle and ozone pollution by the substantial reduction of nitrogen oxides. Engineering, 15: 13-16.

Chu B W, Zhang S P, Liu J, et al. 2021b. Significant concurrent decrease in PM$_{2.5}$ and NO$_2$ concentrations in China during COVID-19 epidemic. Journal of Environmental Sciences, 99: 346-353.

Dai H T, Ma D W, Zhu R B, et al. 2019. Impact of control measures on nitrogen oxides, sulfur dioxide and particulate matter emissions from coal-fired power plants in Anhui Province, China. Atmosphere, 10 (1): 35.

Erickson L E, Newmark G L, Higgins M J, et al. 2020. Nitrogen oxides and ozone in urban air: a review of 50 plus years of progress. Environmental Progress & Sustainable Energy, 39 (6): e13484.

Geng G N, Xiao Q Y, Liu S G, et al. 2021. Tracking air pollution in China: near real-time PM$_{2.5}$ retrievals from multisource data fusion. Environmental Science & Technology, 55 (17): 12106-12115.

He H, Wang Y S, Ma Q X, et al. 2014. Correction: corrigendum: mineral dust and NO$_x$ promote the conversion of SO$_2$ to sulfate in heavy pollution days. Scientific Reports, 4 (1): 6092.

Kong L, Tang X, Zhu J, et al. 2021. A 6-year-long (2013-2018) high-resolution air quality reanalysis dataset in China based on the assimilation of surface observations from CNEMC. Earth System Science Data, 13 (2): 529-570.

Liu C, Ma Q X, Liu Y C, et al. 2012. Synergistic reaction between SO$_2$ and NO$_2$ on mineral oxides: a potential formation pathway of sulfate aerosol. Physical Chemistry Chemical Physics, 14 (5): 1668-1676.

Liu Y, Tan J. 2020. Green traffic-oriented heavy-duty vehicle emission characteristics of China VI based on portable emission measurement systems. IEEE Access, 8: 106639-106647.

Xiao Q Y, Geng G N, Cheng J, et al. 2021a. Evaluation of gap-filling approaches in satellite-based daily PM$_{2.5}$ prediction models. Atmospheric Environment, 244: 117921.

Xiao Q Y, Zheng Y X, Geng G N, et al. 2021b. Separating emission and meteorological contribution to PM$_{2.5}$ trends over East China during 2000-2018. Atmospheric Chemistry and Physics Discussions, 2021: 1-32.

Xiao Q Y, Geng G N, Liu S G, et al. 2022. Spatiotemporal continuous estimates of daily 1-km PM$_{2.5}$ from 2000 to present under the Tracking Air Pollution in China (TAP) framework. Atmospheric Chemistry and Physics, 22 (19): 13229-13242.

Xing J, Ding D, Wang S X, et al. 2018. Quantification of the enhanced effectiveness of NO$_x$ control from simultaneous reductions of VOC and NH$_3$ for reducing air pollution in the Beijing-Tianjin-Hebei region, China. Atmospheric Chemistry and Physics, 18 (11): 7799-7814.

Ye Q, Li J, Chen X S, et al. 2021. High-resolution modeling of the distribution of surface air pollutants and their intercontinental transport by a global tropospheric atmospheric chemistry source-receptor model (GNAQPMS-SM). Geoscientific Model Development, 14 (12): 7573-7604.

第三章 ‖ 长江三角洲城市群生态环境

长江三角洲城市群是中国参与国际竞争的重要平台、经济社会发展的重要引擎、长江经济带的引领者，是中国城镇化基础最好的地区之一。与此同时，经济的高速发展也给区域生态环境质量和自然资源保护带来了重大压力。

党的十八大以来，长江三角洲城市群生态质量稳中有升，环境质量明显改善，资源能源利用效率显著提升，生态环境治理能力持续增强。其中，森林覆盖率基本保持稳定，植被生物量增加了 2.42%，自然保护区面积增加了 3.72%；$PM_{2.5}$ 年均浓度下降了 54.26%，城市劣 Ⅴ 类水体全面消除，集中式饮水水源地水质基本实现 100% 达标；单位 GDP 的水耗、能耗分别下降了 55.91% 和 39.02%；单位 GDP 的化学需氧量（COD）排放量、工业烟（粉）尘排放量和 CO_2 排放量降幅分别达到 66.05%、63.32% 和 59.31%；城市污水处理率达到 94.89%，城镇生活垃圾全面实现 100% 无害化处理，建成区绿化覆盖率达到 43.10%[①]。

在长江三角洲城市群，中国科学院相关科研团队研发了区域大气污染联防联治算法和平台、重要湖泊水环境一体化治理关键技术、城市污染场地土壤和地下水修复与开发利用关键技术、典型流域和村镇生态环境一体化治理关键技术，有效支撑了大气污染联防联治、流域源头截污，促进了长江三角洲城市群生态环境的一体化治理和绿色发展。

第一节 生态质量及变化

一、生态系统格局

（一）生态系统组成与变化

2000 年、2015 年和 2020 年长江三角洲城市群生态系统分布如图 3-1 所示，面积构成及变化如表 3-1 所示。2000 年，长江三角洲城市群生态系统类型按照面积从大到小进行排序：农田>森林>湿地>城镇>灌丛>草地>其他。2015 年和 2020 年，城镇用地面积上升到第三位。与 2000 ~ 2015 年相比，2015 ~ 2020 年，城镇用地面积增加速度继续提升；农田面积缩减速度有所增加；灌丛和草地面积缩减幅度明显降低；湿地和其他类型面积由缩减转为扩大；森林面积由扩大转为缩减。

---

① 报告指标体系与数据来源、指标含义与计算方法见附录。

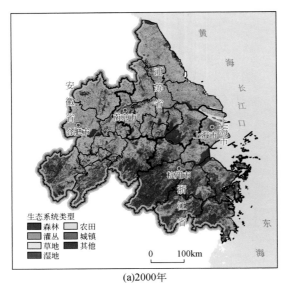

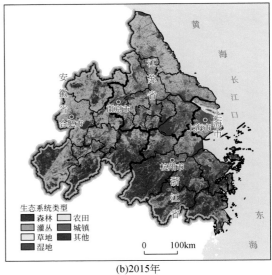

(a)2000年   (b)2015年

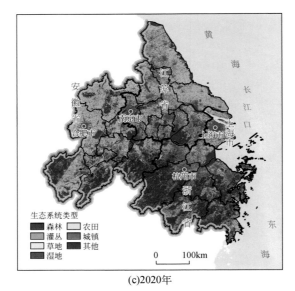

(c)2020年

图 3-1　长江三角洲城市群生态系统分布

表 3-1　长江三角洲城市群生态系统面积构成及变化

生态系统类型	2000 年		2015 年		2020 年		2000~2015 年变化		2015~2020 年变化	
	面积 （km²）	占比 （%）	面积 （km²）	占比 （%）	面积 （km²）	占比 （%）	面积 （km²）	占比 （%）	面积 （km²）	占比 （%）
森林	52 035.86	24.58	60 909.86	28.77	59 611.48	28.16	8 874.00	17.05	−1 298.38	−2.13
灌丛	4 720.91	2.23	2 441.17	1.15	2 429.14	1.15	−2 279.74	−48.29	−12.03	−0.49

续表

生态系统类型	2000 年		2015 年		2020 年		2000～2015 年变化		2015～2020 年变化	
	面积（km²）	占比（%）	面积（km²）	占比（%）	面积（km²）	占比（%）	面积（km²）	占比（%）	面积（km²）	占比（%）
草地	2 752.10	1.30	1 358.1	0.64	1 145.59	0.54	-1 394.00	-50.65	-212.51	-15.65
湿地	25 192.30	11.90	24 454.05	11.55	26 409.39	12.47	-738.25	-2.93	1 955.34	8.00
农田	105 977.00	50.06	92 443.94	43.67	87 112.33	41.15	-13 533.06	-12.77	-5 331.61	-5.77
城镇	20 831.28	9.84	30 007.79	14.18	34 877.04	16.48	9 176.51	44.05	4 869.25	16.23
其他	190.53	0.09	85.09	0.04	115.03	0.05	-105.44	-55.34	29.94	35.19

（二）城镇用地扩张及格局变化

长江三角洲城市群新增城镇用地主要来自对农田、湿地、草地和森林等其他生态系统类型的占用。2000～2015 年，长江三角洲城市群新增城镇用地面积为 23 821.64 km²。其中，84.74% 来自农田，9.93% 和 3.27% 来自湿地和森林，1.28% 和 0.68% 来自草地和灌丛，0.1% 来自其他生态系统。2015～2020 年，长江三角洲城市群新增城镇用地面积为 15 650.77 km²。其中，73.62% 来自农田，12.08% 和 11.09% 来自湿地和森林，1.66% 和 1.32% 来自草地和灌丛，0.13% 来自其他生态系统类型（图 3-2、表 3-2）。

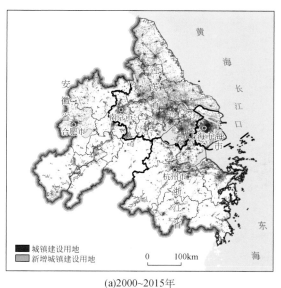 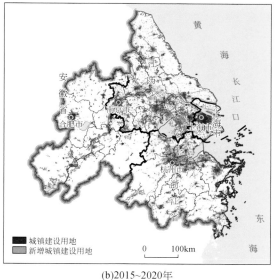

(a)2000～2015年 (b)2015～2020年

图 3-2　长江三角洲城市群城镇用地扩张

2000 年、2015 年和 2020 年长江三角洲城市群城镇用地破碎化指数分别为 0.080、0.149 和 0.134，表明 2000～2015 年城镇用地破碎化程度增加，2015～2020 年城镇用地破碎化程度降低，说明 2015～2020 年城镇用地扩张模式更加集约化了。

表 3-2　长江三角洲城市群新增城镇用地来源及面积占比

排序	2000～2015 年新增城镇用地			2015～2020 年新增城镇用地		
	来自	面积（km²）	占比（%）	来自	面积（km²）	占比（%）
1	农田	20 186.03	84.74	农田	11 521.67	73.62
2	湿地	2 365.59	9.93	湿地	1 891.16	12.08
3	森林	780.22	3.27	森林	1 750.56	11.19
4	草地	304.10	1.28	草地	260.37	1.66
5	灌丛	161.04	0.68	灌丛	206.40	1.32
6	其他	24.66	0.10	其他	20.61	0.13

二、生态系统质量

（一）森林覆盖率

2020 年，长江三角洲城市群的森林覆盖率为 27.92%，城市群的土地利用类型中耕地面积最大，其次为林地。林地主要分布于安徽西南部及浙江丘陵一带，包括安徽安庆、宣城以及浙江各市。耕地主要分布在江苏、安徽平原及浙江北部［图 3-3（a）］。由于林地分布不均，2020 年各市的森林覆盖率呈现出较大差异。城市群内有 6 个城市的森林覆盖率在 50% 以上，包括杭州、池州、金华、台州、宣城和绍兴［图 3-3（b）］。

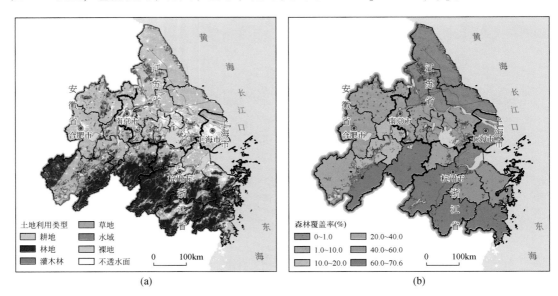

图 3-3　长江三角洲城市群 2020 年土地利用类型（a）和各市森林覆盖率（b）

2000～2020 年，长江三角洲城市群的土地利用变化特征突出表现为：城镇建设用地迅速扩张导致的不透水面占比迅速增加。党的十八大以来，在各项生态环境保护措施的影响下，城市群内的林地面积受城市扩张影响较小，森林覆盖率基本保持稳定。另外，城市群各城市森林覆盖率的变异系数小幅上升，不同城市间的差异有所加大。

（二）植被生物量

2020 年，长江三角洲城市群的植被净初级生产力（NPP）为 507.82gC/(m²·a)，城市群各市的 NPP 为 278.28～685.45gC/(m²·a)，其中，台州的 NPP 值最高，达到 685.45gC/(m²·a)。长江三角洲城市群的 NPP 空间分布大致按照与长江主航道距离由远到近而由大变小（图 3-4）。

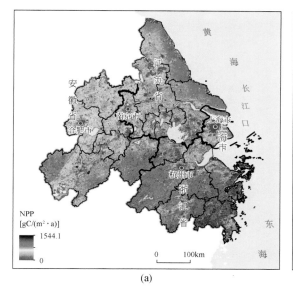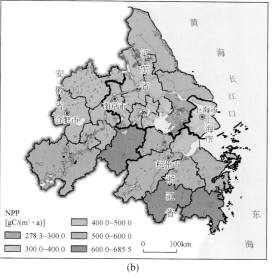

图 3-4　长江三角洲城市群 2020 年植被净初级生产力（NPP）的空间分布（a）和分市统计（b）

2000～2020 年，长江三角洲城市群的 NPP 呈现明显的增加趋势，城市群整体 NPP 从 2000 年的 444.35gC/(m²·a) 增加至 2020 年的 507.82gC/(m²·a)。城市群 26 个城市中有 21 个的 NPP 呈增加趋势，其中滁州 NPP 年增加量最高，为 5.33gC/(m²·a)，合肥和南京的 NPP 年增加量分别为 5.22gC/(m²·a) 和 3.49gC/(m²·a)。党的十八大以来，长江三角洲城市群的整体 NPP 从 495.82gC/(m²·a) 增加到 507.82gC/(m²·a)，出现了小幅的增加；城市群 NPP 的变异系数下降，城市间的差异逐渐降低。

（三）自然保护区面积

根据生态环境部 2019 年发布的信息，长江三角洲城市群四省（市）内共有各级自然保护区 77 个，总面积为 9173.91km²，其中国家级自然保护区 15 个，省级自然保护区 25 个，县市级自然保护区 37 个。这些自然保护区涉及 7 个类别，其中野生动物类自然保护区 21 个，是自然保护区分类中数量最多的类别，所占面积比例也最大，达到 52.31%。森林生态类自然保护区数量仅次于野生动物类，但所占面积比例较小，只有 9.11%。内陆湿地类自然保护区数量为 15 个，面积比例为 27.53%，其余按照面积比例由大到小排列依次是海洋海岸类（7.21%）、野生植物类（3.10%）、地质遗迹类（0.68%）、古生物遗迹类（0.043 6%）。

2019 年长江三角洲城市群的自然保护区面积较 2012 年呈增加趋势，面积增加了 329.42km²（3.72%），新增了 18 个自然保护区，其中包括 2 个国家级自然保护区、2 个省级自然保护区、1 个市级自然保护区和 13 个县级自然保护区。

三、生态系统服务

（一）固碳服务与变化

长江三角洲城市群单位面积固碳量较高的区域主要分布在南部地区。2000～2015 年长江三角洲城市群固碳总量增加了 61.14%，2015～2020 年增加了 8.22%，固碳服务整体呈明显上升趋势（图 3-5）。

（二）水源涵养服务与变化

长江三角洲城市群的水源涵养服务主要集中在南部，且整体而言呈现出从西南向东北递减的趋势。其中，西南部部分地区和太湖的水源涵养量最高。2000～2015 年长江三角洲城市群水源涵养总量增加了 12.08%，2015～2020 年增加了 5.14%，水源涵养服务增加区域占大部分地区，尤其是广大南部地区（图 3-6）。

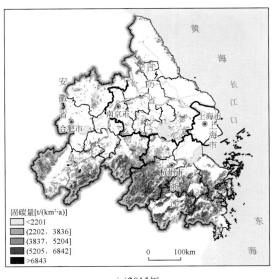

(a)2015年

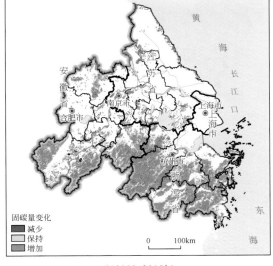

(b)2000~2015年

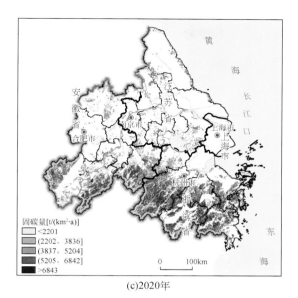

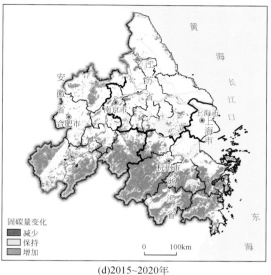

(c)2020年   (d)2015~2020年

图3-5　长江三角洲城市群固碳服务与变化

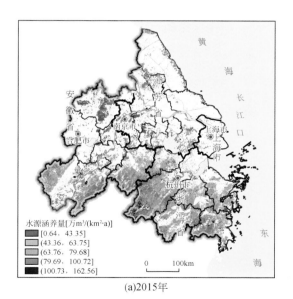

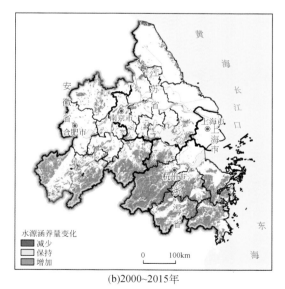

(a)2015年   (b)2000~2015年

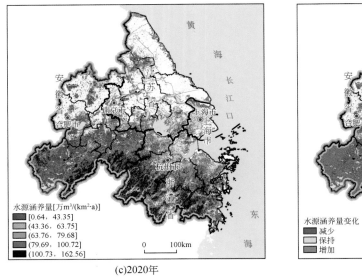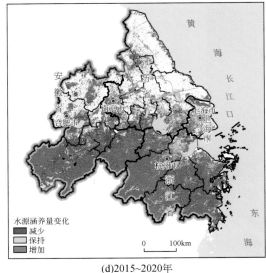

(c)2020年   (d)2015～2020年

图 3-6　长江三角洲城市群水源涵养服务与变化

（三）土壤保持服务与变化

长江三角洲城市群土壤保持服务最强的区域主要分布在西南部和南部部分地区。2000～2015 年长江三角洲城市群土壤保持总量增加了 0.48%，2015～2020 年增加了 0.04%，土壤保持服务增强和削弱区域交错分布，但以服务增强区域为主。其中，南部地区的土壤保持服务增强更为明显（图 3-7）。

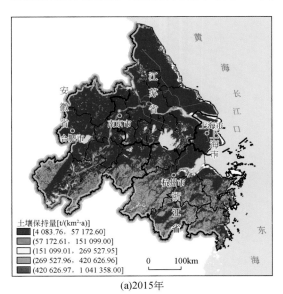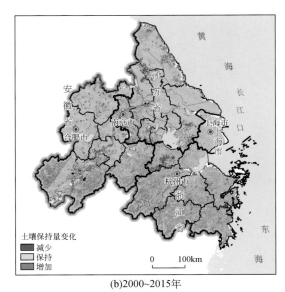

(a)2015年   (b)2000～2015年

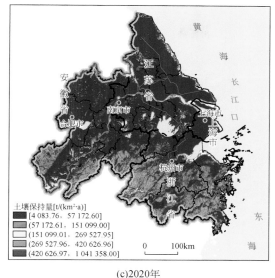
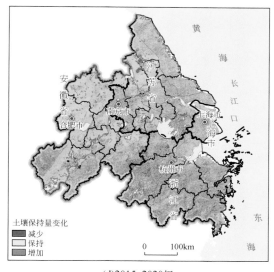

(c)2020年   (d)2015~2020年

图 3-7　长江三角洲城市群土壤保持服务与变化

第二节　环境质量及变化

一、大气环境

（一）PM$_{2.5}$年均浓度

2020 年，长江三角洲城市群栅格尺度 PM$_{2.5}$年均浓度的最小值为 6.85μg/m^3，最大值为 44.59μg/m^3，均值为 26.71μg/m^3，均值优于国家年均浓度（33.10μg/m^3）和国家二级标准浓度（35.00μg/m^3）；城市尺度 PM$_{2.5}$年均浓度的最小值为 15.35μg/m^3，最大值为 35.57μg/m^3（图 3-8）。在空间分布上，城市群 PM$_{2.5}$浓度呈北高南低的特征，太湖以北部分地区未能达到国家二级标准，太湖以南绝大部分区域达到国家二级标准（图 3-9）。城市尺度上，杭州、宁波、湖州、绍兴、金华、台州、舟山、安庆、池州、宣城等市的 PM$_{2.5}$年均浓度值低于城市群平均值（26.71μg/m^3），上海、苏州、南通、盐城、杭州、宁波、嘉兴、湖州、绍兴、金华、台州、舟山、芜湖、铜陵、安庆、池州、宣城等市的 PM$_{2.5}$年均浓度值低于全国平均值（33.10μg/m^3），除马鞍山、合肥、滁州 3 个城市外，长江三角洲城市群其余 23 个城市均已达到国家二级标准（图 3-8）。

2000 ~ 2020 年，长江三角洲城市群 PM$_{2.5}$年均浓度先上升后持续下降。2000 年为 47.36μg/m^3，2020 年降低至 26.71μg/m^3。从空间格局的变化看，城市群 PM$_{2.5}$年均浓度北高南低。20 年来，城市群所有城市的 PM$_{2.5}$年均浓度都降低了 30% 以上，其中，上海下降

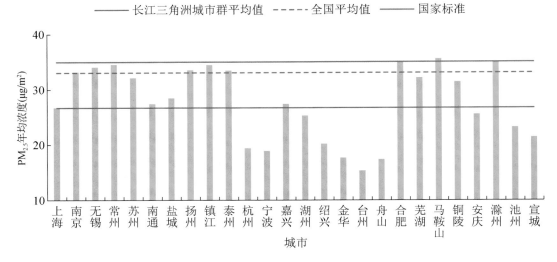

图 3-8　长江三角洲城市群各城市 2020 年 PM$_{2.5}$年均浓度

幅度最大，达 57% 左右，苏州、南通、嘉兴和南京分别下降了 55%、53%、51% 和 50%（图 3-9）。

　　党的十八大以来，长江三角洲城市群的 PM$_{2.5}$年均浓度持续迅速降低，2012 年为 57.24μg/m^3，2021 年下降至 26.18μg/m^3（低于全国均值 30μg/m^3），下降幅度达到 54.26%。城市群内所有城市的 PM$_{2.5}$年均浓度下降幅度均在 45% 以上，其中，南通、上海、苏州、宁波等市更是分别下降 65.04%、64.61%、60.30% 和 58.72%。PM$_{2.5}$年均浓度的变异系数从 0.25 小幅下降至 0.24，城市间的差异有所降低。

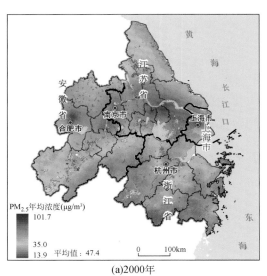

(a)2000年

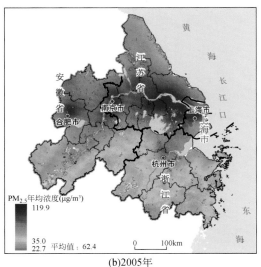

(b)2005年

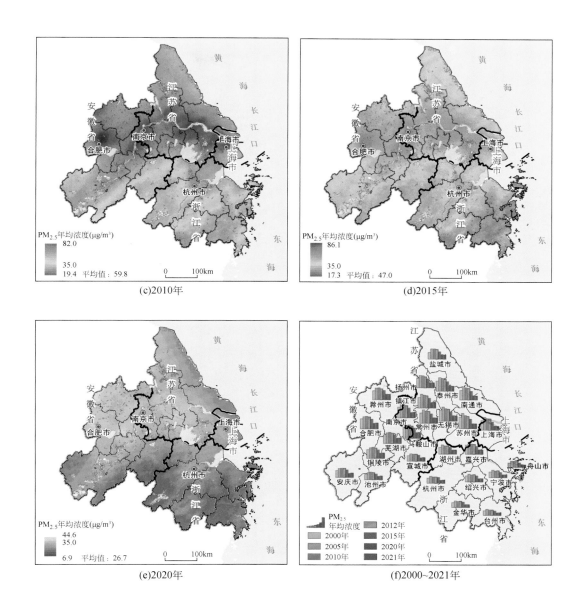

图 3-9　长江三角洲城市群 2000～2021 年 PM$_{2.5}$ 年均浓度变化趋势

（二）空气质量优良天数比例

2020 年，长江三角洲城市群空气质量优良天数比例平均值为 87.43%，高于全国平均水平（87.00%），城市群整体空气质量优良天数比例较高。南通、杭州、宁波、嘉兴、湖州、绍兴、金华、台州、舟山、芜湖、马鞍山、铜陵、安庆、池州、宣城等市均超过城市群平均值（87.43%）和全国平均值（87.00%）。重点城市上海空气质量优良天数比例为 87.20%，超过全国平均值；杭州和宁波分别为 91.30% 和 92.90%，高于长江三角洲城市群平均值和全国平均值（图3-10）。

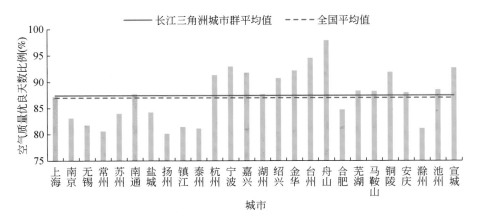

图3-10 长江三角洲城市群各城市2020年空气质量优良天数比例

2015～2021年，长江三角洲城市群的空气质量优良天数比例持续上升，2015年为73.02%，2020年增加至87.43%，2021年达到87.65%，高于全国平均水平（87.50%）。空间分布上，各时期浙江和安徽的空气质量优良天数比例都要高于江苏（图3-11）。重点城市方面，上海、南京、杭州、宁波、合肥等市2020年空气质量优良天数比例相比2015年分别上升26.30%、31.28%、37.71%、12.28%和21.17%；5个城市中，尽管宁波的上升比例最小，但其2015年和2020年的空气质量均最好，空气质量优良天数比例分别高达82.74%和92.90%。长江三角洲城市群空气质量明显改善，且保持在较高水平。此外，长江三角洲城市群空气质量优良天数比例的变异系数呈波动下降态势，表明大气环境质量的协同程度逐步提高。

二、地表水环境

（一）地表水水质优良比例

2020年，长江三角洲城市群各城市的地表水水质优良（Ⅲ类及以上）比例为53.33%～100%，均值高达90.75%。长江三角洲城市群地表水水质优良（Ⅲ类及以上）比例整体较高，除滁州（53.33%）和上海（74.10%）外，所有城市的地表水水质优良（Ⅲ类及以上）比例均达到80%以上；南京、镇江、泰州、湖州、绍兴、金华、芜湖、铜陵和池州等市地表水水质优良（Ⅲ类及以上）比例达到100%。长江三角洲城市群整体地表水水质状况较好（图3-12）。

长江三角洲城市群2005年地表水水质优良比例为46.70%，2020年达到90.75%。2010～2020年，城市群整体地表水水质优良比例持续稳定升高。其中，2010～2015年整体平稳上升，2015～2020整体迅猛上升。空间分布上，南部城市优良比例高于北部城市。重点城市方面，上海由2000年的6.80%增长到2020年的74.10%；南京由2015年的

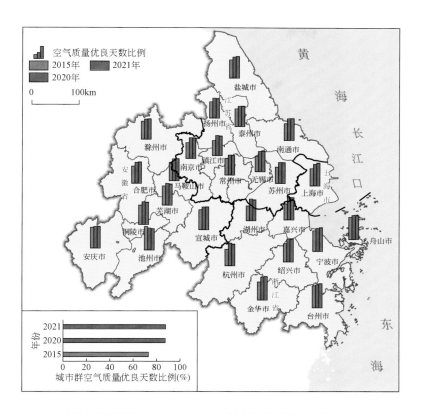

图 3-11 长江三角洲城市群 2015～2021 年空气质量优良天数比例变化趋势

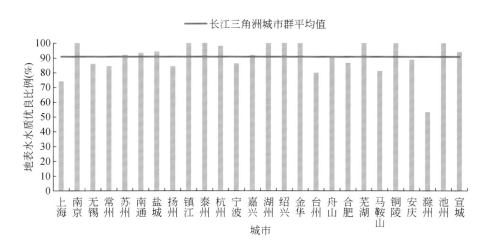

图 3-12 长江三角洲城市群 2020 年地表水水质优良（Ⅲ类及以上）比例

57.70%增长到2020年的100%；杭州由2010年的75%增长到2020年的98.10%；宁波由2005年的40.60%增长到2020年的86.30%（图3-13）。

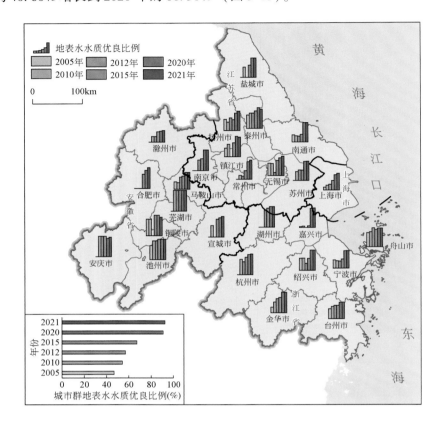

图3-13　长江三角洲城市群2005～2021年地表水水质优良比例

党的十八大以来，长江三角洲城市群的地表水水质优良（Ⅲ类及以上）比例持续上升，2012年为57.05%，低于全国平均水平（68.90%），2021年高达92.49%，高于全国平均值（87.00%）。城市群地表水水质优良比例的变异系数下降明显，区域水环境协同治理的成效显著。南京、杭州、合肥等重点城市在党的十八大以来地表水水质优良（Ⅲ类及以上）比例提升显著，到2021年地表水水质优良比例达到100%，城市群整体水体治理成效显著。

（二）地表水劣Ⅴ类水体比例

2020年，长江三角洲城市群地表水劣Ⅴ类水体实现全面清零。从时间进程上看，2005～2020年城市群地表水劣Ⅴ类水体比例呈逐年降低趋势。空间分布上，2010年和2015年，南方大部分城市的地表水劣Ⅴ类水体比例要低于北方城市。重点城市方面，上海呈波动式下降趋势，2000年为28.20%，2020年下降至零；南京2010年的劣Ⅴ类水体比例为25.00%，2020年下降至零；杭州在2005～2020年持续保持劣Ⅴ类水体比例为零；

宁波的劣 V 类水体比例 2000～2020 年持续下降，2020 年比 2000 年下降了 25 个百分点；合肥 2015 年的劣 V 类水体比例为 29.40%，2020 年下降至零。2015～2020 年，各城市劣 V 类水体比例下降迅速（图 3-14）。

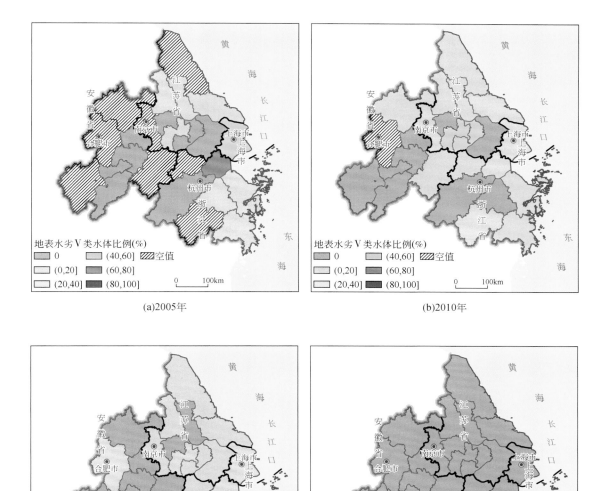

图 3-14 长江三角洲城市群 2005～2020 年地表水劣 V 类水体比例

2012 年以来，长江三角洲城市群地表水劣 V 类水体比例持续下降，2012 年为

10.05%，优于全国平均水平（10.20%）；2021年为零，优于全国平均水平（0.90%），长江三角洲城市群整体的劣Ⅴ类水体治理成效显著。

（三）集中式饮水水源地水质达标率

2020年，长江三角洲城市群集中式饮水水源地水质达标率为100%。从时间历程上看，2005～2020年，所有城市的集中式饮水水源地水质达标率均处在较高水平；在2015年，除嘉兴外的其余城市就均已达到100%。需要指出的是，嘉兴饮水水源地为河流型地表水水源，受排污影响，在2010年达标率仅为零，随着各类治理措施的开展，嘉兴2015年的达标率上升到25.80%，随后更是在2020年实现100%达标。长江三角洲城市群整体对饮水水源地的保护和治理措施得当，并保持较好（图3-15）。

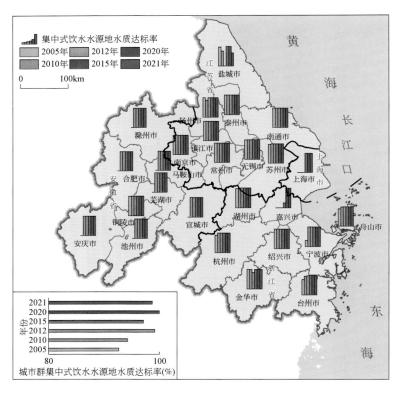

图3-15　长江三角洲城市群2005～2021年集中式饮水水源地水质达标率

党的十八大以来，长江三角洲城市群的集中式饮水水源地水质达标率基本接近100%，并保持较好，2012年为99.19%，高于全国平均水平（95.30%）；2020年达到100%，继续高于全国平均水平（94.50%），城市群的集中式饮水水源地水质治理成效全国领先。

第三节 资源能源利用效率及变化

一、水资源利用效率

2020 年，长江三角洲城市群总用水量 661.18 亿 m³，单位 GDP 水耗 33.09m³/万元，总体水资源利用效率高于全国平均水平（图 3-16）。各城市的水资源利用效率显示出明显的地区差异。浙江城市水资源利用效率均高于全国平均水平，而安徽城市除了合肥以外均低于全国平均水平。江苏的几个城市在水资源利用效率方面显示出内部差异性，主要是源于 GDP 水平的差异。重点城市中，上海、南京、杭州、宁波的水资源利用效率在长江三角洲城市群中处于领先水平，对城市群总体具有一定的带动作用。

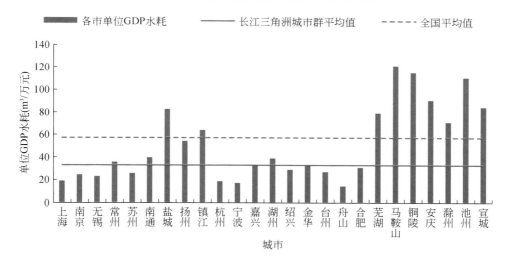

图 3-16 长江三角洲城市群 2020 年各城市单位 GDP 水耗
注：泰州数据缺失

2010～2020 年，长江三角洲城市群的水资源利用效率持续提高，单位 GDP 水耗下降 67.01%，降幅高于全国平均水平。重点城市中的上海、杭州、宁波、合肥 2000～2020 年单位 GDP 水耗均下降 90% 左右，在有数据可比的 2010 年、2015 年和 2020 年，四个城市的水资源利用效率均高于城市群整体水平，其水资源利用效率变化显示出一定的带动作用（图 3-17）。

长江三角洲城市群 2020 年单位 GDP 水耗比 2012 年下降 41.96m³/万元，降幅达 55.91%，反映了党的十八大以来水资源利用效率的显著提升。

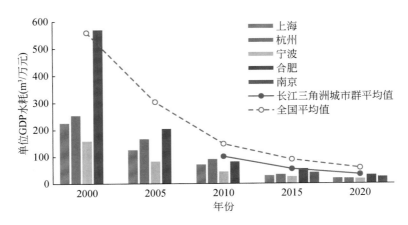

图 3-17　长江三角洲城市群水资源利用效率变化历程

二、能源利用效率

2020 年，仅统计规模以上工业企业能源消费数据，长江三角洲城市群能源总消费量 5.17 亿 tce（吨标准煤当量），单位 GDP 能耗 0.25tce/万元。重点城市中，上海、杭州、合肥三市的能源利用效率较高，尤其是上海，其产出的 GDP 远超长江三角洲城市群其他城市，能源利用效率较高，在一定程度上提高了城市群总体的能源利用效率。南京和宁波的能源利用效率接近城市群平均水平（图 3-18）。

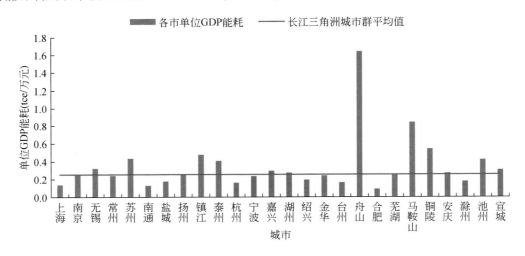

图 3-18　长江三角洲城市群 2020 年各城市单位 GDP 能源消费量

注：仅统计规模以上工业企业能源消费数据

2010～2020 年，长江三角洲城市群的能源利用效率持续提高，单位 GDP 能耗下降 50.33%。重点城市中的上海和杭州 2000～2020 年能源利用效率均呈持续提高的变化趋势，宁波在 2000~2005 年能源利用效率有一定程度的下降，在 2005~2020 年能源利用效率持续提高。在有数据可比的 2010 年、2015 年和 2020 年，上海与合肥的能源利用效率始终明显高于城市群的平均水平，显示出对城市群能源利用效率提高的带动作用。2010~2020 年南京、杭州、宁波的能源利用效率始终接近城市群的平均水平（图 3-19）。

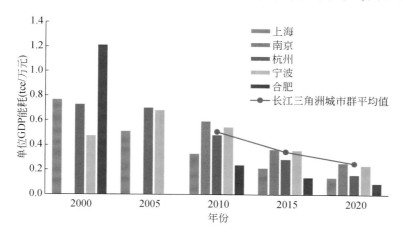

图 3-19　长江三角洲城市群能源利用效率变化历程

长江三角洲城市群 2020 年单位 GDP 能耗比 2012 年下降 0.16tce/万元，降幅达 39.02%，反映了党的十八大以来城市群能源利用效率的显著提升。

三、环境经济协同效率

2020 年，长江三角洲城市群废水中的 COD 排放量为 91.09 万 t，废气中的工业源 NO_x 排放量为 39.49 万 t，单位 GDP 的 COD 和工业源 NO_x 排放量分别为 4.97t/亿元和 1.93t/亿元，两项污染物排放量控制与经济发展的协同效率高于全国平均水平。城市群各市单位 GDP 的 COD 排放量均低于全国平均水平（图 3-20，图 3-21）。2019 年，长江三角洲城市群 CO_2 排放量 3.13 亿 t，工业废气中的烟（粉）尘排放量为 53.12 万 t（图 3-22，图 3-23），单位 GDP 的 CO_2 和工业烟（粉）尘排放量分别为 1590t/亿元和 2.70t/亿元，两项污染物排放量控制与经济发展的协同效率高。长江三角洲城市群大部分城市单位 GDP 的 CO_2 排放量低于全国平均水平。

重点城市中，上海和杭州的 CO_2、COD、工业废气中的烟（粉）尘和 NO_x 四项污染物排放量控制与经济发展的协同效率显著高于长江三角洲城市群平均水平和全国平均水平，对城市群环境经济协同效率的提高具有引领作用。南京和合肥的四项污染物排放量控制与经济发展的协同效率接近城市群平均水平，高于全国平均水平。宁波单位 GDP 的 COD、工业烟（粉）尘和工业源 NO_x 排放量低于城市群平均水平和全国平均水平。

2000~2019 年，长江三角洲城市群 CO_2 排放量控制与经济发展的协同效率持续提高，单位 GDP 的 CO_2 排放量低于全国平均水平，其中 2019 年单位 GDP 的 CO_2 排放量比 2000 年

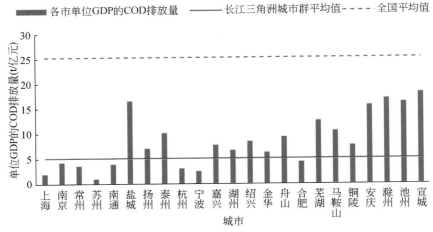

图 3-20　长江三角洲城市群 2020 年单位 GDP 的 COD 排放量

注：无锡、镇江、台州数据缺失

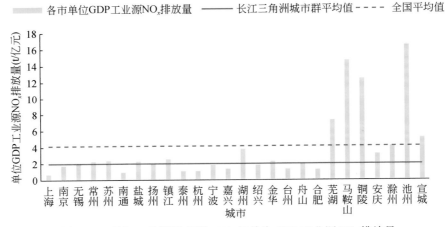

图 3-21　长江三角洲城市群 2020 年单位 GDP 工业源 NO_x 排放量

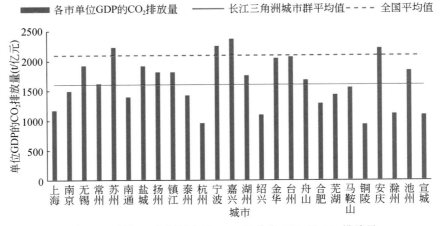

图 3-22　长江三角洲城市群 2019 年单位 GDP 的 CO_2 排放量

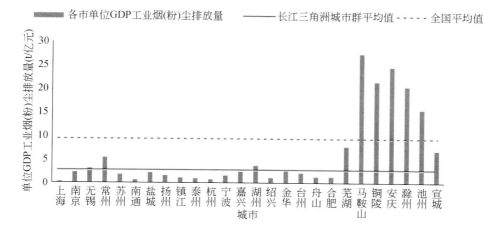

图 3-23　长江三角洲城市群 2019 年单位 GDP 工业烟（粉）尘排放量

和 2010 年分别下降 61.78% 和 48.03%。重点城市中，上海和杭州单位 GDP 的 CO_2 排放量始终显著低于城市群平均水平，对城市群环境经济协同效率的提高具有显著的带动作用。南京和合肥 2000 ~ 2019 年单位 GDP 的 CO_2 排放量降幅超过城市群平均降幅，对城市群环境经济协同效率的持续提高具有较大贡献（图 3-24）。

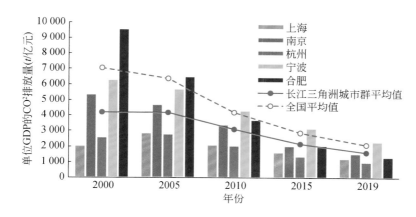

图 3-24　长江三角洲城市群单位 GDP 的 CO_2 排放量变化历程

2005 ~ 2019 年，长江三角洲城市群重点城市工业废气中的烟（粉）尘排放量控制与经济发展的协同效率总体呈现提高趋势。2005 ~ 2019 年，上海、南京、杭州、合肥的单位 GDP 工业烟（粉）尘排放量降幅大于 90%，其中，2010 ~ 2019 年降幅大于 70%，下降幅度均大于全国平均水平，且四个城市各自单位 GDP 工业烟（粉）尘排放量均始终低于全国平均水平。2015 ~ 2019 年，长江三角洲城市群工业废气中的烟（粉）尘排放量控制与经济发展的协同效率总体呈现提高趋势，2019 年的单位 GDP 工业烟（粉）尘排放量相比 2015 年下降 66.74%，降幅大于全国平均水平，且长江三角洲城市群单位 GDP 工业烟

（粉）尘排放量在 2015 年与 2019 年都低于全国平均水平。五个重点城市 2019 年的单位 GDP 工业烟（粉）尘排放量相比 2015 年均呈现下降趋势，除了宁波以外，其余四个重点城市降幅均超过城市群平均水平，对长江三角洲城市群单位 GDP 工业烟（粉）尘排放量控制与经济发展协同效率的提高起到带动作用（图 3-25）。

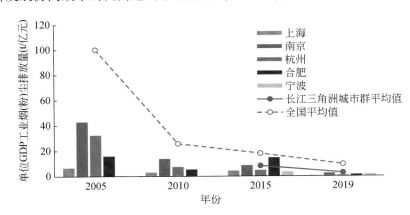

图 3-25　长江三角洲城市群单位 GDP 工业烟（粉）尘排放量变化历程

长江三角洲城市群 2020 年单位 GDP 的 COD 排放量相比 2012 年下降 9.67t/亿元，降幅达 66.05%，2019 年单位 GDP 的 CO_2 排放量和工业烟（粉）尘排放量比 2012 年分别下降 2317.48t/亿元和 4.66t/亿元，降幅达 59.31% 和 63.32%，反映了党的十八大以来城市群环境与经济发展协同程度的显著提高。

第四节　生态环境治理能力建设

一、基础设施

（一）城市生态基础设施

2020 年，长江三角洲城市群建成区绿化覆盖率为 37.32% ~ 46.33%，均值为 43.10%，高于全国平均水平（42.06%）。南京、无锡、常州、苏州、南通、盐城、扬州、镇江、杭州、湖州、绍兴、台州、舟山、马鞍山、铜陵、池州等 16 地市的建成区绿化覆盖率均超过长江三角洲城市群平均值（43.10%）；除上海、嘉兴、金华、合肥、芜湖、安庆、宣城等城市外，城市群其余城市的建成区绿化覆盖率均大于全国平均值（42.06%）；除上海和安庆外，长江三角洲城市群 24 个城市均达到《国家森林城市评价指标》中 40% 的城区绿化覆盖率（图 3-26）。

2000 ~ 2020 年，长江三角洲城市群建成区绿化覆盖率持续稳步上升，2000 年均值为 30.87%，2005 年均值为 36.75%，2010 年上升至 41.03%，2015 年上升至 42.31%，2020

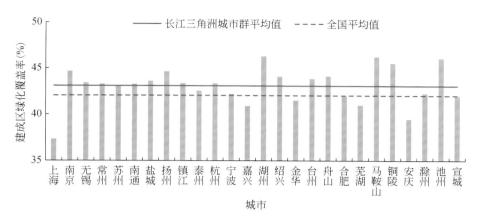

图 3-26   长江三角洲城市群 2020 年建成区绿化覆盖率

年达到 43.10% 。空间上，长江三角洲城市群建成区绿化覆盖率高值由点向面扩展。在重点城市的建成区绿化覆盖率方面，上海、南京、杭州、宁波和合肥 2000 年分别为 20.90% 、41.00% 、34.40% 、33.30% 和 32.00% ，2020 年分别上升至 37.32% 、44.69% 、43.36% 、42.23% 和 41.99% （图 3-27）。

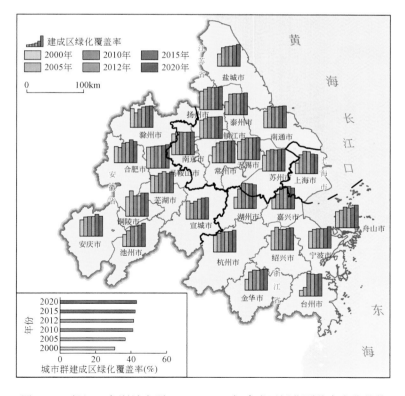

图 3-27   长江三角洲城市群 2000 ～ 2020 年建成区绿化覆盖率变化趋势

2012 年以来，长江三角洲城市群建成区绿化覆盖率在稳定中略微增长，2012 年为 41.48%，超过全国平均水平（39.59%），2020 年上升至 43.10%，仍旧超出全国平均水平（42.06%），发挥了引领作用。

（二）水环境基础设施

2020 年，长江三角洲城市群污水处理厂集中处理率为 80.88% ~ 98.42%，平均值为 94.89%。除南京为 80.88% 外，长江三角洲城市群其余 25 个城市的污水处理厂集中处理率均保持在 90% 以上。上海、无锡、南通、杭州、嘉兴、湖州、绍兴、金华、台州、舟山、合肥、芜湖、马鞍山、铜陵、安庆、滁州、池州、宣城等 18 市的污水处理厂集中处理率高于城市群均值（94.89%）；同时，上海、无锡、杭州、嘉兴、湖州、绍兴、金华、台州、安庆、滁州、池州等 11 市的污水处理厂集中处理率也高于全国均值（95.78%）（图 3-28）。

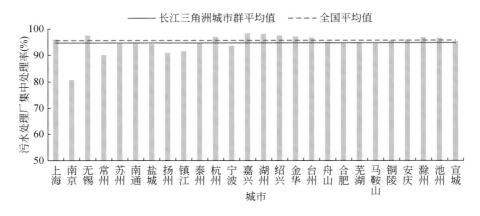

图 3-28　长江三角洲城市群各城市 2020 年污水处理厂集中处理率

2006 ~ 2020 年，长江三角洲城市群的污水处理厂集中处理率持续提高，2006 年的平均处理率为 55.20%，2010 年提升至 74.15%，2015 年为 86.75%，2020 年已达 94.89%。2006 ~ 2020 年，除苏州、盐城和泰州的污水处理厂集中处理率波动上升外，城市群内其余城市均稳定提高。重点城市的污水处理厂集中处理率方面，上海由 2006 年的 74.92% 上升至 2020 年的 96.17%，南京由 2006 年的 50.12% 上升至 2020 年的 80.88%，杭州由 2006 年的 77.78% 上升至 2020 年的 97.11%，宁波由 2006 年的 24.23% 上升至 2020 年的 93.78%，合肥由 2006 年的 76.49% 上升至 2020 年的 95.02%（图 3-29）。

2012 年以来，长江三角洲城市群的污水处理厂集中处理率持续提高，2012 年为 82.69%，2020 年为 94.89%。上海、杭州、合肥等重点城市的污水处理厂集中处理率一直高于长江三角洲城市群平均值，在城市群内发挥着引领作用。

（三）固体废物

2020 年，长江三角洲城市群城镇生活垃圾无害化处理率为 100%，高于全国平均水平

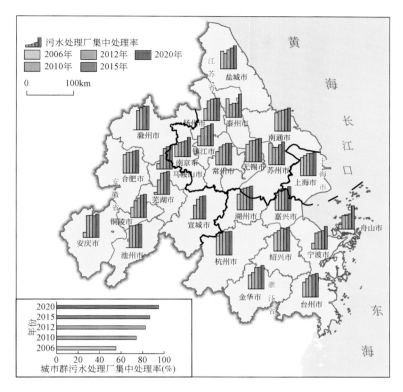

图 3-29　长江三角洲城市群 2006～2020 年污水处理厂集中处理率变化趋势

（99.70%）。城市群整体城镇生活垃圾无害化处理水平非常高，所有城市均实现了城镇生活垃圾百分之百无害化处理。

2005～2020 年，长江三角洲城市群城镇生活垃圾无害化处理率波动式上升，2005 年平均处理率为 91.04%，2015 年升高至 98.42%，2020 年稳定提高至 100%。重点城市的城镇生活垃圾无害化处理率方面，上海由 2005 年的 38.00% 上升到 2020 年的 100%；南京在 2005 年为 87.50%，在 2015 年和 2020 年持续保持在 100%；杭州在 15 年间持续保持着 100% 的高处理率；宁波 2005 年为 95.95%，后持续保持 100% 的高处理率；合肥的城镇生活垃圾无害化处理率由 2005 年的 92.25% 持续上升至 100%，并长期保持稳定（图 3-30）。

2012 年以来，长江三角洲城市群城镇生活垃圾无害化处理率一直保持着较高水平，并呈持续上升趋势。2012 年的处理率为 95.22%，高于全国平均值（91.73%），2020 年实现城镇生活垃圾百分百无害化处理，同样高于全国均值（99.7%），城市群城镇生活垃圾无害化处理能力长期保持全国前列。

二、治理机制

为推进长江三角洲城市群环境协同治理，夯实长江三角洲地区绿色发展基础，共同建

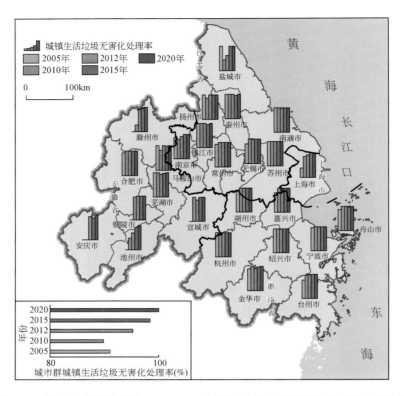

图 3-30　长江三角洲城市群 2005～2020 年城镇生活垃圾无害化处理率变化趋势

设绿色美丽长江三角洲，长江三角洲城市群采取了一系列政策措施以提升生态环境治理能力。

（一）区域生态环境共保联治

2019 年，中共中央、国务院印发《长江三角洲区域一体化发展规划纲要》，明确要强化生态环境共保联治。为加快推进长江三角洲区域生态环境共保联治，2020 年推进长江三角洲一体化发展领导小组办公室印发了《长江三角洲区域生态环境共同保护规划》，规划由生态环境部会同国家发展和改革委员会、中国科学院编制，提出将统筹构建长江三角洲区域生态环境保护协作机制，协同推动区域生态环境联防联控；推动建立三省一市地方生态环境保护立法协同工作机制，加快制定生态环境统一执法规范。推进长江三角洲区域统一规划管理、统一标准管理、统一环评管理、统一监测体系、统一生态环境行政处罚裁量基准等；对三省一市健全生态补偿机制、共建环境基础设施、做大做强区域环保产业、探索共建产业合作园区等进行统筹谋划和系统设计。力争到 2025 年长江三角洲一体化保护取得实质性进展，生态环境共保联治能力显著提升，区域生态环境质量持续提升，区域生态环境协同监管体系基本建立。

（二）区域污染防治协作机制

自 2014 年成立长江三角洲区域大气污染防治协作小组以来，实施了一系列联防联控创新特色工作，联合建立区域机动车监管信息共享平台，率先建设船舶排放控制区，组织开展区域环境执法互督互学等；深化大气环境信息共享机制；推动跨区域大气污染应急预警机制和队伍建设，构建区域大气环境管理长效制度。

2016 年 12 月，成立长江三角洲区域水污染防治协作小组，指导推动三省一市加快推进区域水环境治理。《"十四五"重点流域水环境综合治理规划》也强调要建立长江、淮河等干流及重要跨省支流联防联控机制，强化太湖、巢湖、淀山湖和洪泽湖等重点湖泊治理与保护，推进新安江–千岛湖、太浦河等跨界水体协同治理，全面加强水污染治理协作。

2020 年出台了《推进长江三角洲区域固体废物和危险废物联防联治实施方案》，推动建立长江三角洲区域固体废物和危险废物联防联治机制，推动实现区域间固体废物和危险废物管理信息互联互通。开展联合执法专项行动，严厉打击危险废物非法跨界转移、倾倒等违法犯罪活动，有效防控固废、危废非法跨界转移。

（三）区域生态环境标准协同

环境标准是环境执法和环境监测的重要技术依据，具有基础性、关键性作用。2020 年出台的《长三角生态绿色一体化发展示范区生态环境管理"三统一"制度建设行动方案》，标志着长江三角洲在实施跨区域生态环境一体化管理的制度创新上迈出了坚实一步。该方案明确到 2022 年基本形成"三统一"制度体系，主要内容包括生态环境标准统一、环境监测统一和环境监管执法统一的工作目标。长江三角洲示范区生态环境标准统一工作已取得阶段性成果：发布了国内首个针对挥发性有机物走航监测的标准化文件《长三角生态绿色一体化发展示范区挥发性有机物走航监测技术规范》；国内首个以"现场监测"为主要关注点的技术标准《长三角生态绿色一体化发展示范区固定污染源废气现场监测技术规范》；国内首个打破行政区划，对开展环境空气质量预报的内容、流程和技术方法进行规范的技术标准《长三角生态绿色一体化发展示范区环境空气质量预报技术规范》。今后还将不断推动区域生态环境保护标准一体化建设，逐步统一区域重点行业大气、水污染物排放标准以及行业污染防控技术规范，加强排放标准、产品标准、技术要求和执法规范对接，联合研究发布区域环境治理政策法规及标准规范。

（四）生态环境监测数据共享

探索推进跨界地区、毗邻地区生态环境联合监测，完善区域环境信息共享机制。2020 年，长三角生态绿色一体化发展示范区出台了环境监测联动方案和数据共享方案，共同开展了重点跨界河流联合监测，实现主要环境质量数据共享，并研发了示范区大气预报平台功能模块和专项预报产品。搭建了长江三角洲生态环境监测数据共享与应用平台，推动三省一市各级环境质量、重点污染源、水文气象、自然资源和生态状况等数据常态化共享，加大了环境信息公开力度。2020 年出台了《太湖流域支撑长三角一体化发展协同治水行动方案》，组建太湖流域水环境综合治理信息共享平台，公布重点站点水位、流量、水质等 10 类信息，实现太湖流域内 87 个自动监测站的监测数据实时共享。

（五）跨省际横向生态补偿机制

积极推进包括长江三角洲区域在内的长江流域上下游生态补偿，推动流域生态环境质量持续改善。财政部等四部委于 2016 年、2018 年先后印发了《关于加快建立流域上下游横向生态保护补偿机制的指导意见》《中央财政促进长江经济带生态保护修复奖励政策实施方案》，对流域生态补偿基准、补偿方式、补偿标准、建立联防共治机制及协议签订作出规定。借鉴新安江流域横向生态补偿试点经验，推进长江三角洲区域建立以地方补偿为主、中央财政给予支持的省（市）际流域上下游补偿机制。

三、监测监管能力

（一）生态环境监测监管能力

2019 年《中共中央关于坚持和完善中国特色社会主义制度、推进国家治理体系和治理能力现代化若干重大问题的决定》中提出"健全生态环境监测和评价制度"的要求；中共中央办公厅、国务院办公厅印发的《关于构建现代环境治理体系的指导意见》中，又把"强化监测能力建设"作为"健全环境治理监管体系"的三项内容之一。在此背景下，江苏作为全国唯一的生态环境治理体系和治理能力现代化试点省，于 2020 年印发了《关于推进生态环境治理体系和治理能力现代化的实施意见》，强调要提升生态环境监测监控能力，构建陆海统筹、天地一体、省市县三级联网共享的生态环境监测监控网络，形成与环境质量预测预报、执法监测和应急监测相匹配的支撑能力。为加快推进生态环境基础设施建设，编制了全国首个省级生态环境领域基础设施专项规划——《江苏省"十四五"生态环境基础设施建设规划》，就工业废水处理、农村生活污水治理、危险废物与一般工业固体废物处置利用、生态保护基础能力建设、清洁能源供应能力建设、生态环境监测监控能力建设、环境风险防控与应急处置能力建设等方面提出建设目标，到 2025 年将建成现代化生态环境基础设施体系。

2021 年，浙江印发的《关于加快推进环境治理体系和治理能力现代化的意见》提出强化环境监管监测能力建设。推进生态环境监测监察执法能力标准化建设，按规保障一线监测、执法用车，按需配备特种专业技术车辆，确保与生态环境保护任务相匹配。推进乡镇水质自动监测站、乡镇环境空气质量自动监测站、断面水质自动监测站等站点建设，形成覆盖全省的大气复合立体监测网，实现省控以上断面、八大水系和重点湖库主要支流水质自动监测站全覆盖。

为进一步加快推进长三角生态绿色一体化发展示范区生态环境监测统一网络建设，江苏、浙江和上海联合编制了《长三角生态绿色一体化发展示范区生态环境监测统一网络建设方案（2021～2023 年)》，并在示范区地表水手工监测网络优化、河湖水质预警监测系统、太浦河特征因子预警监测体系、大气监测系统、固定源监管体系、应急监测体系和应急监测能力建设等方面出台了相关实施方案。到 2023 年，基本实现示范区生态环境状况的"一张网"监测和科学评估，为长江三角洲一体化示范区生态环境的共防、共治、共保提供科学有力的监测数据和技术支撑。

（二）环境应急处置能力

加强区域环境应急联动。长江三角洲城市群区域环境监测合作不断深化，建立了区域应急监测协作机制。例如，在大气监测上，率先在全国建立了长江三角洲区域空气质量预测预报联合会商、重大活动期间空气质量会商机制。加强重污染天气应急联动，统一区域重污染天气应急启动标准，降低污染预警启动门槛。三省一市相继签订《长三角地区跨界环境污染事件应急联动工作方案》《沪苏浙边界区域市级环境污染纠纷处置和应急联动工作方案》等，实现长江三角洲省、市、县环境应急联动机制全覆盖。2020 年生态环境部联合水利部出台《关于建立跨省流域上下游突发水污染事件联防联控机制的指导意见》，指导推动长江三角洲区域进一步健全完善跨界水污染应急处置机制。

为落实《长江三角洲区域生态环境共同保护规划》的相关要求，开展了河流湖泊环境风险评估，以长江干流、淮河干流、京杭大运河、太浦河、太湖、吴淞江等跨界流域为重点，编制流域突发环境事件应急预案，并纳入三省一市突发公共事件应急管理体系。建设区域环境应急实训基地，依托水处理、危废利用处置、环境检测等环保技术企业，发展培养一批第三方应急处置专业队伍，提高应急队伍处置能力。加快建设应急救援基地，深化区域应急联动机制建设。

四、亮点工程——"五水共治"

2013 年底，浙江省委、省政府作出了治污水、防洪水、排涝水、保供水、抓节水"五水共治"的重大战略部署。治污水，实施了"清三河"、"剿灭劣 V 类水"、"美丽河湖"创建等一系列治污行动。防洪水，重点推进强库、固堤、扩排等三类工程建设，强化流域统筹、疏堵并举，制服洪水之虎。排涝水，重点强库堤、疏通道、攻强排，打通断头河，开辟新河道，着力消除易淹易涝片区。保供水，重点是进开源、引调、提升等三类工程建设，保障饮水之源，提升饮水质量。抓节水，重点是改装器具、减少漏损、再生利用和雨水收集利用示范，合理利用水资源（浙江省生态环境厅，2021）。

在"清三河"中，全力清理黑河、臭河、垃圾河，开展城镇截污纳管基本全覆盖，实施农村污水处理、生活垃圾集中处理基本覆盖，推动工业转型和农业转型。2016 年浙江全面实现"清三河"目标，共清理垃圾黑臭河 1.1 万余千米，昔日的垃圾河、黑臭河变成了景观河、风景带。2017 年基本完成"剿灭劣 V 类水"任务，58 个县控以上劣 V 类水质断面和 1.6 万个劣 V 类小微水体完成销号。2018 年以来，先后完成 316 条（个）省级"美丽河湖"建设。截至 2018 年，全省 103 个国家地表水考核断面中，III 类以上水质断面比例从 2014 年的 64.10% 上升到 93.20%（生态环境部，2019）。在推进浙江全省水环境质量持续改善的同时，也为我国其他地区的水污染治理提供了有益借鉴。

第五节　大气污染联防联治决策支持系统构建技术

针对大气污染区域关联性强这一特征，按照《大气污染防治行动计划》和《打赢蓝天保卫战三年行动计划》的要求，长江三角洲城市群统筹推进强化源头防控，加大区域环境治理联动，实现了大气环境质量显著改善、细颗粒浓度大幅降低的目标。当前，针对 PM$_{2.5}$ 和 O$_3$ 协同控制的问题，按照科学治污、精准治污、协同治污的要求，统筹考虑本地排放和区域输送，中国科学院大气物理研究所相关科研团队开发了长江三角洲城市群大气环境容量和承载力模拟及预测系统，准确量化评估以目标浓度为约束的时空动态大气环境容量，提出基于过程分析与模式迭代的大气环境跨区域联防联治，进而消除重污染天气的优化调控策略，为推进大气污染协同防治和整体改善提供了科技支撑。

一、大气环境容量和承载力预测系统

环境容量指某一环境区域内接纳某种污染物的最大容纳量。影响大气环境容量的三个主要指标为大气自净容量、大气环境容载量和大气环境容量余量。大气自净容量为目标地区平均浓度满足污染物目标浓度的条件下，单位时间内（小时）目标地区大气自身运动（如扩散、稀释、沉降、化学转化等过程）对污染的最大清除能力，其单位为 t/d（吨/天，月、年或污染过程）。大气环境容载量为当前目标地区污染物的累积能力，是已经利用的大气自净容量，包括污染物的外来输入、本地排放、本地化学生成，其单位与自净容量相同，但其值与目标浓度无关。大气环境容量余量是指大气自净容量与容载量之差，即实际容纳污染物后的剩余大气自净容量。区域空气质量模式法认为大气环境容量与环境的社会功能、环境背景、污染源位置（布局）、污染物的物理化学性质、区域的气象条件及环境自净能力等因素密切相关，因此，其测算方法应充分考虑上述各要素，体现出环境要素对污染物的容许承受能力。

基于区域空气质量模式，提出了改进的大气环境容量算法，将大气环境作为一个开放的、动态的空间，充分考虑气象条件的复杂性，从污染物的生成转化、消亡过程等方面量化大气对污染物的容纳能力，最终计算出目标区域具有时空动态特征的大气环境容量。该方法将大气作为整体，将污染物的发生、发展、消亡的过程逐一进行量化，不仅可得到大气容纳污染物的最大能力，体现大气污染物的区域输送特征，更能得到影响评价区域污染物的关键因素、关键机制。

图 3-31～图 3-33 给出了基于自主研发的嵌套网格空气质量预报模式（NAQPMS）和大气环境容量新算法模拟计算得到的以 PM$_{2.5}$ 浓度 75μg/m^3 为目标浓度，2015～2019年长江三角洲城市群地区在不同污染情景下大气自净容量、大气环境容载量和大气环境容量余量的空间分布。大气自净容量空间差异明显，呈现西北、东北和南部自净容量大，中部自净容量小的分布特点，这与长江三角洲城市群的地形分布密切相关，其中自净容量最大值出现在安徽六安和江苏盐城，最小值出现在大气自净能力弱的安徽宿州。大气环境容量余量也存在显著的空间分布差异，长江三角洲城市群南部地区的大

气环境容量余量为正值，大气自净能力能够清除当前的污染物，这是因为该地区工业相对较少、大气污染物排放低、大气自净容量较高。相比之下，长江三角洲城市群北部地区的大气环境容量余量为负值，主要与该地区的高排放相关。随着源头减排和污染治理能力的不断提升，长江三角洲城市群大气环境容载量出现下降趋势，促使大气环境容量余量不断上升、大气环境质量不断提高。此外，从中度污染天到轻度污染天再到优良天过渡过程中，大气自净容量逐渐增大，使得大气环境容量余量也出现相同变化趋势。

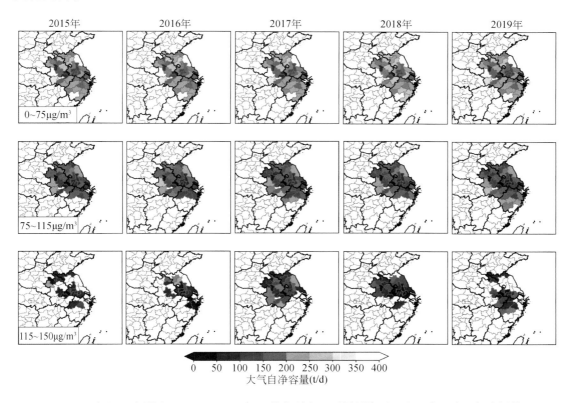

图 3-31　长江三角洲地区 2015～2019 年（从左到右）不同污染天（上，良；中，轻度污染；下，中度污染）的大气自净容量空间分布

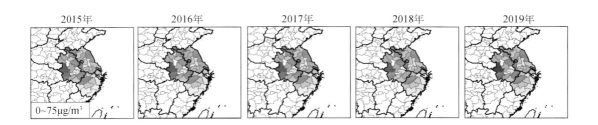

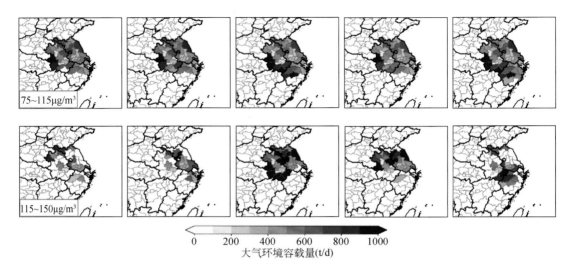

图 3-32　长江三角洲地区 2015～2019 年（从左到右）不同污染天（上，良；中，轻度污染；下，中度污染）的大气环境容载量空间分布

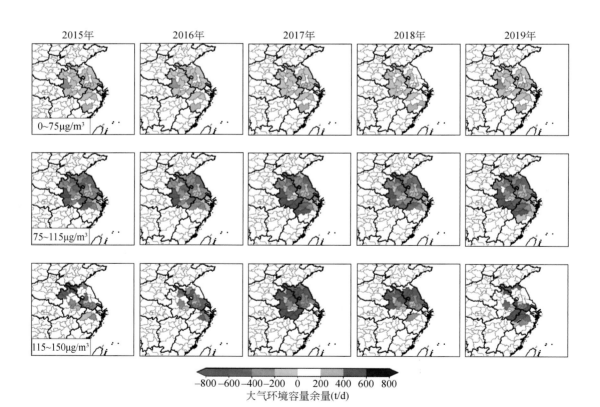

图 3-33　长江三角洲地区 2015～2019 年（从左到右）不同污染天（上，良；中，轻度污染；下，中度污染）的大气环境容量余量空间分布

图 3-34 ~ 图 3-36 给出了 2019 年长江三角洲地区 $75\mu g/m^3$ 目标浓度不同空气质量条件下各因素（区域输送、干沉降、湿沉降、垂直输送、本地化学转化和本地排放）对大气环境容量余量的贡献分布图，其中正值说明对污染物的清除有贡献，负值则说明对污染物的累积有贡献。结果显示，无论是在优良天还是轻度或中度污染天，区域输送和垂直输送均是导致长江三角洲地区大气环境容量余量减少的主要因素，尤其长江三角洲不同区域间的输送对轻度和中度以上污染的影响贡献超过60%，该结果直接表明长江三角洲加强区域联防联治的必要性和重要性。从空间分布看，区域输送对大气环境容量余量的影响主要集中在中部和北部地区，而长江三角洲东南部地区则以对外输送为主，影响长江三角洲周边地区。尽管干沉降、本地化学转化和湿沉降对大气环境容量余量均有所贡献，有利于污染物的清除，但总体贡献比例相对较低，这表明长江三角洲空气质量的持续改善不仅需要长江三角洲内部地区的联防联治，同时也需要进一步加强与京津冀的跨区域协同控制，实现"十四五"基本消除重污染天气的目标。

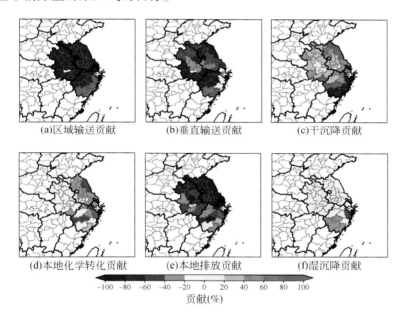

图 3-34 2019 年长江三角洲优良天各参量对大气环境容量余量的贡献分布图

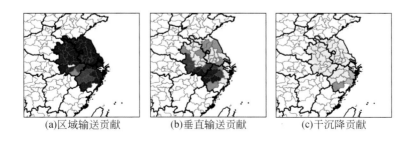

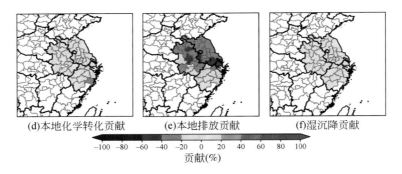

(d)本地化学转化贡献　　　(e)本地排放贡献　　　(f)湿沉降贡献

−100 −80 −60 −40 −20 0 20 40 60 80 100
贡献(%)

图 3-35　2019 年长江三角洲轻度污染天各参量对大气环境容量余量的贡献分布图

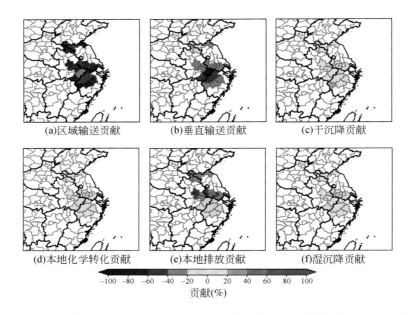

(a)区域输送贡献　　　(b)垂直输送贡献　　　(c)干沉降贡献

(d)本地化学转化贡献　　　(e)本地排放贡献　　　(f)湿沉降贡献

−100 −80 −60 −40 −20 0 20 40 60 80 100
贡献(%)

图 3-36　2019 年长江三角洲中度污染天各参量对大气环境容量余量的贡献分布图

二、区域大气污染联防联治算法和平台

2014 年，长江三角洲三省一市与国家发展和改革委员会、工业和信息化部、财政部等八部委组成的长江三角洲区域大气污染防治协作机制启动，建立"会议协商、分工协作、共享联动、科技协作、跟踪评估"五个工作机制，确保了大气环境联防联治在长江三角洲顺利实施，保障了长江三角洲大气环境质量的协同改善。针对污染物防治的新要求，提出了基于过程分析与模式迭代的大气环境联防联治新框架，以满足重污染天气调控与联防联治场景下环境达标且计算可行的需求。综合考虑基于大气化学传输模式的环境容量计算、区域污染传输影响、污染来源动态解析等科学分析以及地区应急预案减排措施清单，形成长江三角洲城市群主要城市的排放消减方案，进一步更新模式做迭代计算，长江三角洲城

市群全域环境模拟达标后，得到重污染天气应对与联防联治的减排指导方案（图3-37）。根据这一新方案，首先要模拟预测出重污染事件的生消过程，对重污染过程的精准模拟与预测是精准防控的前提；其次要选取进行防控的区域和时间段，对该时段、该区域的排放源进行消减，消减比例可综合区域传输、行业贡献、政治和经济约束的结果制定；最后，使用更新后的排放源清单再次运行模式，迭代直到得到预期情景。

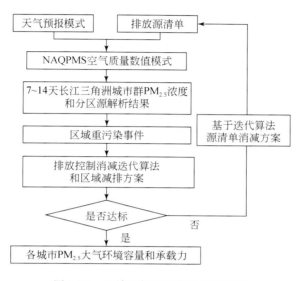

图 3-37　区域空气重污染防控流程图

基于模式模拟的区域 PM$_{2.5}$ 重污染排放消减方案的制定，首先需要设置 PM$_{2.5}$ 目标浓度，将 PM$_{2.5}$ 的控制标准定为良好，即 PM$_{2.5}$ 日均浓度限值为 75μg/m^3；利用当前情景下源排放清单进行模拟，判断当前情景下区域内各城市 PM$_{2.5}$ 日均浓度是否达标；若达标，则输出当前情景下各城市逐日 PM$_{2.5}$ 的排放量，即为 PM$_{2.5}$ 的大气环境容量；若不达标，则根据源标记结果，制定一个与贡献率对应的排放源消减比例方案，得到新的源清单；重复以上流程直至长江三角洲城市群重点城市在污染时段内 PM$_{2.5}$ 浓度达标。在多次重复模拟和验证的基础上，得到各城市在重污染时间段内逐日 PM$_{2.5}$ 环境容量。以 2018 年 1 月 15～23 日污染过程的代表性时间节点（1 月 21 日）的 PM$_{2.5}$ 日均值分布为例，长江三角洲城市群受弱东风控制，局部扩散条件较差，污染中心区域在淮安、宿迁、徐州东北部，最大日均浓度达到 115μg/m^3 以上；而东南部沿海宁波、绍兴、嘉兴等地区受较强的偏东北风控制，未出现重污染天气。根据模式模拟，经由迭代指导方案减排，长江三角洲城市群可实现全域 PM$_{2.5}$ 浓度低于 75μg/m^3，基本消除重污染天气。

基于大气环境容量和承载力、过程分析和模式迭代的联防联治流程，已经建成区域重污染联防联治平台，形成信息化平台原系统。联防联治工作平台包括指挥中心、容量承载力、来源解析、一厂一策、扬尘管理、交通、港口、空天地观测等模块设计，并在 Hadoop/HBase 大数据技术应用、高程三维（3D）数据处理、卫星裸地数据处理等关键技术方面实现了创新。联防联治工作平台正在加快研制进度，深化信息系统技术攻关，提高信息系统性能，以期为提高大气污染协同治理提供科学有力的支撑。

第六节　水环境一体化治理关键技术

　　长江三角洲城市群水网密布、河湖众多，受到污染物排放胁迫、水体自净能力降低等因素影响，大量水体曾经存在水质恶化、富营养化、生态系统退化及蓝藻水华等生态环境问题。2012 年以来，在一系列工程技术手段和体制机制创新的支撑下，水环境联防联治机制逐步完善，太湖、巢湖等流域合作治理取得明显成效，地表水环境显著改善。中国科学院南京地理与湖泊研究所相关科研团队构建了水体污染防治技术体系，并在太湖流域、巢湖流域等开展集成应用和综合示范，为实施源头截污、协同治理提供了技术保障。

一、水质监测预警技术

（一）浅水湖泊水质与蓝藻水华动态模拟技术

　　基于浅水湖泊水质与蓝藻水华动态模拟技术，建立了水质与蓝藻水华数值周报系统（Peng et al.，2019）。该系统以具有完全自主知识产权的三维水动力富营养化生态模型 EcoLake 为基础，利用最新的水质在线和现场观测数据，通过反距离加权平均插值方法生成系统运行初值场。基于卫星遥感手段获取当天遥感影像，并提取巢湖蓝藻水华的空间分布信息，进行数据同化以对蓝藻生物量动态更新。系统具有水质与蓝藻水华预警报告自动生成功能，已在巢湖水质目标管理平台中实现了稳定、可靠运行。从 2019 年开始，系统定期生成预警报告，并向安徽省生态环境厅、合肥市政府、巢湖管理局等管理部门发布巢湖蓝藻水华预警周报，为加强巢湖水体污染控制、减轻蓝藻水华的危害、保障供水安全提供了有效支撑。

（二）湖泊水体溶解氧在线监测技术

　　溶解氧浓度能够反映水体受到有机物污染的程度，是水体污染程度的重要指标，实时监测水体溶解氧的浓度，对湖体蓝藻水华及湖泛的发生具有预警作用。湖泊水体溶解氧在线监测技术，依托沉积物微生物燃料电池的特殊构造开发而成（Song et al.，2019）（装置构造及原理见图 3-38），首次实现了原位长期实时监测不同深度水体溶解氧浓度的目的，并具有高灵敏度和快速响应等优点。装置具有构造简单、操作方便、成本较低等优点，可以在湖体多位点布设，于 2019 年应用于太湖，并成功预测到湖泛的发生，在湖泊水环境和水生态安全预警方面发挥了重要作用。

二、水体污染治理技术

（一）河湖地形重塑与底质改良技术

　　地形重塑与底质改良技术，是利用人工措施改变湖底形状使之更好地适应水生生物的

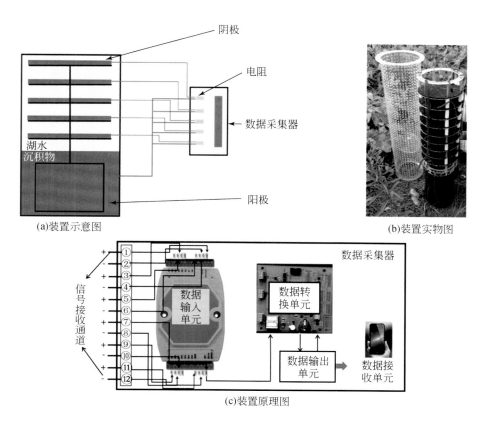

(a)装置示意图　　　　　　　　　　(b)装置实物图

(c)装置原理图

图 3-38　传感器监测装置及原理图

生存和发展，通过底泥翻新将污染较重的上层底泥进行水域内部转移或覆盖，使整个湖底底泥都翻新为生境更好的新生泥层，从而引发良性循环，使种植的水生植物的存活率大大提高，进而逐步建立稳定的水生植物群落。相比传统的湖泊清淤工程，该技术大幅降低了淤泥外运的成本，并且带来了湖泊水动力条件的改善和湖泊旅游景观效果的提升，为后续水质改善与生态修复创造了更好的环境条件。该技术用于"十三五"水专项"望虞河西部湖荡健康生态系统构建技术研发与工程示范"项目，为太湖流域宛山荡工程示范区营造了良好的生境条件；构建的多样化底质环境，改善了水体中的氮磷营养盐和透明度，为不同水生植物的生长提供了适宜的水深环境，提升了过水性湖荡的生境质量（图 3-39）。

（二）水位波动水下光照改善技术

低透明度水体不利于沉水植物生长、繁育存活的问题是湖泊水生植被恢复面临的重要挑战。以往的方法与技术主要应用于养殖水体及河道黑臭水体等，对于水位波动频繁的湖泊水体来说应用极少，并且成本较高。水位波动水下光照改善技术，将光降解、微生物强化降解有色溶解有机物（CDOM）（Song and Jiang，2020）、水体原位生物膜脱氮及颗粒物截留去除技术进行系统集成，形成了一套较成熟的提升湖荡水体透明度和去除营养盐的中

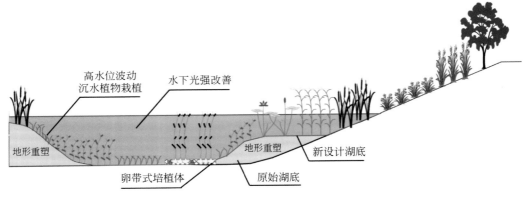

图 3-39　地形重塑与底质改良示意图

试装置。水位波动水下光照改善技术已在太湖流域进行了现场示范应用，对水体中 CDOM/悬浮颗粒物的去除率可以达到50%以上（图3-40）。

图 3-40　采样点位及采样现场图

（三）入湖荡河口湿地健康生态系统构建技术

研发了入湖荡河口湿地健康生态系统构建技术，利用低成本高效湿地基质，开展了河口人工强化复合湿地净化工艺技术优化集成研究，形成了非恒定水位、水质净化能力增强的复合强化湿地生态系统构建集成技术。该技术在太湖流域进行了示范应用，集成了"预处理拦截区+强化生物净化区+改性铁铝泥基质修复区+湿地植物净化区"的系列技术。系列技术实施后，入湖荡河口区水环境中磷去除效率达到15%以上，主要水质指标基本满足《地表水环境质量标准》（GB 3838—2002）Ⅲ类标准，水环境功能修复及水景观提升较为明显。

（四）过水性湖荡区大型水生植物群落构建与稳定维持技术

构建了过水性湖荡高水位波动水生植被定植技术，将沉水植物连片包根抛植定植与高水位波动沉水植物定植相结合，克服了水位波动较大、水体透明度差等环境问题，为沉水植物种植提供了适宜的生境条件，进而实现了水体的生态恢复（Li et al., 2020）。该项技术在太湖流域湖荡开展了技术现场验证与应用（图 3-41），沉水植物成活率达 65% 以上。该技术有助于促进湖荡健康生态系统形成，实现清洁水内生能力的提升与水环境质量的改善，为太湖流域内湖荡水生态系统健康恢复提供示范。

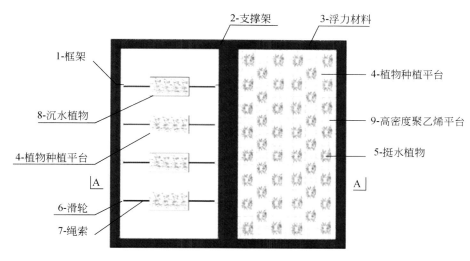

图 3-41 高水位波动沉水植物定植装置平面示意图
A. 俯视图

（五）湖体内源污染物和藻种水动力扫除抽槽捕获技术

针对浅水湖泊湖底较浅的表层沉积物中污染物含量比较高、富含有机碎屑、比重小和易发生流动的特点，特别是营养盐在湖泊风浪扰动和湖流迁移作用下会在湖体中自由运动、反复进入上覆水的问题，研发了湖体内源污染物和藻种水动力扫除抽槽捕获技术（张怡辉等，2021）。该技术可有效去除湖底表层底泥中的叶绿素、有机质、总氮、总磷等污染物，类似于实现城市各类垃圾不需要人和机械清扫而自动归集到垃圾收集站的技术。作为一种新型的内源污染控制技术，仅需针对槽内被不断压实、水分少的沉积物进行清除，作业面积小，泥体积小，相对底泥疏浚、原位钝化等传统技术，具有成本低、作业难度小、清除效率高、不易产生二次污染、不破坏湖底动物群落等多种技术优点。该技术已在巢湖进行了技术示范（图 3-42）。湖底抽槽可以有效消减"作用水域"沉积物中总氮、总磷和叶绿素 a 含量，其中表层总氮、总磷消减率达 46% 和 44%，叶绿素 a 消减率平均为 63%。

三、流域控源减污技术

（一）基于湖泊流域水量水质模型的流域入河污染追溯和消减优化技术

针对大中型湖泊-流域系统内部河网复杂交错、上下游关系紧密的特征，本技术运

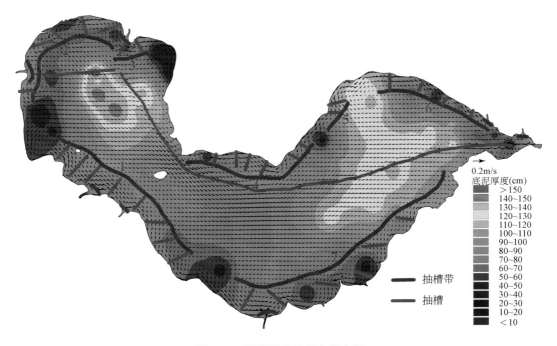

0.2m/s

底泥厚度(cm)
> 150
140~150
130~140
120~130
110~120
100~110
90~100
80~90
70~80
60~70
50~60
40~50
30~40
20~30
10~20
< 10

—— 抽槽带

—— 抽槽

图 3-42　巢湖湖底抽槽空间布置

用统筹优化的思路破解入河污染消减问题。首先，对河网拓扑关系进行合理概化；进而，根据河道单元的静态国家考核目标和动态水雨情条件，建立带等式和不等式水质浓度和通量约束的线性规划问题，计算消减量（Xiong et al., 2018）。基于湖泊流域水量水质模型的流域入河污染追溯和消减优化技术，以巢湖为典型区域，根据择定年份的水环境条件，采用污染通量追算模型计算得到了各代表年份的河流污染通量数据。结果表明，不同水雨情条件下，巢湖入湖污染通量变化明显，不同指标及年份之间存在差异；氮磷负荷南淝河占比最大，杭埠河次之，派河为第三。这为推进巢湖污染物源头治理提供了基础支撑。

（二）基于图形处理器计算构架的流域水量和物质输移模拟

考虑图形处理器（graphic processing unit，GPU）相比于中央处理器（central processing unit，CPU）具有经济可行性和运行效率方面的优势，采用 GPU 并行计算方法提高数值模型的计算效率（Cui et al., 2019）。该技术应用于巢湖水质目标管理平台（数字巢湖基础版）。平台根据模型所需，自动从流域气象站提取流域面上实时降雨和蒸发资料生成模型的降雨蒸发输入数据，根据下游长江凤凰颈闸下、裕溪闸下、新桥闸下的水位资料生成模型下游边界条件，滚动运行，计算出流域最新的水位和流量资料。平台根据模型计算结果统计分析得到流域不同河流的水量统计数据，为相关部门科学决策提供依据。

（三）面向湖泊-流域水质目标管理的一体化建库技术

基于巢湖流域水质目标管理一体化建库技术，巢湖流域水环境水质目标管理平台已建成九大数据库，包括基础信息数据库、基础设施数据库、立体监测数据库、生态环境数据库、系统数据库、情景方案数据库、业务模型数据库、结果数据库、水专项技术成果库等（Qiu et al.，2019）。基于以上数据库，将流域内基础地形地貌、环境、生态等业务相关数据进行叠加，以"一张图"的形式展现。整合行政界线、流域水系、水功能区、水利工程、交通设施、水文及水质监测站点、气象监测站点、多源污染物排放等数据，"一张图"实现了巢湖所有数据的可视化管理和展示，构建了巢湖综合治理的"智慧大脑"。

（四）基于流域水情工况的入湖污染负荷消减动态优化技术

该技术针对国家和地方静态考核目标在不同水雨情条件下具有不同的水环境容量这一特点，获取与生态系统结构和水情相适应的污染物降解动态系数，通过入湖污染负荷分配模型更合理地分配到各入湖河流，进而以入湖污染负荷以及各考核断面的水质目标为约束，结合以污染通量追溯模型求得的各河段现状污染通量，通过河流污染通量消减优化模型，将入湖河流的污染消减量分配到各个河段，实现基于流域水情工况的入湖污染负荷消减动态优化。依托该技术，综合考虑巢湖4种水质管理目标和4种水文年型组合下的流域水情工况，提出了4种污染物的64种动态污染负荷消减优化方案。

第七节　污染场地环境质量修复与开发利用关键技术

面向长江三角洲城市群土壤环境修复与污染场地治理的现实需求，为有效防治土壤和地下水污染，改善长江三角洲地区土壤生态环境，保持土地资源的可持续利用，中国科学院南京土壤研究所相关科研团队综合集成了污染场地土壤和地下水污染调查、风险评估、绿色修复与风险管控的关键技术，并以杭钢半山基地退役场地为对象，系统开展了污染场地环境调查、人体健康风险评估、污染场地修复与风险管控方案设计，以实现土壤和地下水污染的修复与开发利用，为城市群大型污染场地的可持续利用提供参考和借鉴。

一、污染场地修复与风险管控关键技术

（1）填埋。将挖掘出来的污染土壤在专门场地（填埋场）进行掩埋覆盖，并采用防渗、封顶等配套设施，防止污染物扩散。填埋技术不能降低土壤中污染物本身的毒性和体积，但可以降低污染物在地表的暴露及其迁移性。

（2）水泥窑/砖窑协同处置。将污染土壤作为水泥或砖等建材生产原料，在超高温（870～1200℃）的条件下将污染土壤中的有机污染物和其他难降解的有机成分进行挥发与燃烧（有氧条件下），在此过程中有机污染物分子被裂解成气体或不可燃的固体物质。

（3）淋洗。将能够促进土壤介质中污染物脱附、溶解及迁移的溶剂与污染土壤混合接触，使污染物从土壤表面脱离并进入淋洗液或地下水，再将含有污染物的淋洗液或地下水抽提出来，最后通过后续处理进行修复。

（4）固化/稳定化。将污染土壤和地下水与黏结剂混合形成凝固体进行物理封锁（如降低孔隙率及渗透系数等）、污染物通过化学反应形成固体沉淀物（如形成氢氧化物或硫化物沉淀等）或被降解（如化学氧化或还原），从而达到降低污染物迁移性和危害性的目的。

（5）热脱附。通过直接或间接热交换，将污染土壤和地下水加热到足够的温度，使污染物从污染土壤中挥发、分离、溶解，并通过负压将气相或通过地下水抽提将水相中的污染物回收并处理、处置的修复方法。

（6）原位微生物修复。利用场地土壤和地下水中原有的或接种的微生物（即真菌、细菌等微生物）降解（代谢）土壤中有机污染物、氧化/还原/沉淀部分重金属（如六价铬），从而将污染物质转化为无害的末端产物。在实施中，可通过添加营养物（促进微生物生长）、氧气或弱氧化剂（生物氧化）、有机碳源（生物还原）及其他添加物等达到微生物强化修复的目的。

（7）化学氧化/还原。依据污染物的化学降解反应过程（氧化或还原），向污染土壤和地下水中加入、混合强氧化剂或还原剂，将有害污染物通过化学氧化或还原反应转化为更稳定、活性更低或惰性的无害或毒性较低的化合物。氧化还原反应通过电子在污染物与氧化剂和还原剂之间的转移完成（从还原性化合物转移到氧化性化合物）。

（8）气相/多相抽提。气相抽提是在土壤包气带中安装气体抽提井，利用真空泵产生负压驱使土壤气体通过污染土壤的孔隙，使其从土壤中解吸并夹带挥发性有机污染物流向抽提井，最终在地上进行污染尾气收集及处理，从而使污染土壤得到净化。多相抽提指结合地下水液相抽提与负压真空土壤气相抽提手段，将土壤和地下污染区域的土壤气体、地下水及非水相液体抽提到地面进行相间分离及处理。

（9）生物通风/生物堆。生物通风是在受污染土壤和地下水中通入空气或氧气，依靠微生物的好氧代谢，强化土著微生物，对土壤中有机污染物进行微生物好氧降解。该技术同时可与气相抽提技术相结合，将易挥发的有机物一起抽出，并对抽出气体进行后续处理或直接排入大气中。生物堆技术是将污染土壤挖掘后，在具有防渗层的处置区域异位堆积，经过向土壤中注入空气（氧气），利用微生物对污染物的生物氧化降解作用达到处理污染土壤的目的。

（10）植物修复。利用特定植物的吸收、转化来去除或降解土壤和地下水中的污染物，从而实现污染土壤和地下水的净化与生态恢复。

（11）自然衰减监控。实施有计划的监控策略，依据场地自然发生的物理、化学及生物作用，如生物降解、扩散、吸附、稀释、挥发、放射性衰减以及化学性或生物性稳定等，使土壤和地下水中污染物总量、毒性及其迁移性降低到可接受风险水平。

（12）地下水抽出处理。受污染的地下水经抽提井抽提到地面，再通过相应处理设施将地下水中的污染物去除，达到排放标准后排入相应的管网或水体，或直接回注到地下环境中。

（13）可渗透反应墙。在地下安装渗透性高于场地土壤的活性反应材料墙体，拦截地下水污染羽。当污染羽通过反应墙时，污染物在可渗透反应墙内与活性反应材料发生反应，通过沉淀、吸附、氧化还原、生物降解等作用得以去除或转化，从而实现地下水修复的目的。

（14）阻隔。安装垂直或水平阻隔材料对污染区域的土壤和地下水进行阻隔，防止并控制土壤和地下水中污染物通过地下水流动、气体扩散或其他物理化学传质方式向周边区域扩散。

（15）制度控制。由地方政府或环保部门通过法律或行政手段限制人体和生态要素与污染土壤和地下水接触，必要时对场地内的土壤和地下水进行定期监测，以保证在无修复的情况下实现污染暴露最小化。

二、典型大型污染场地土壤和地下水修复与开发利用示范

杭州钢铁集团下属的杭州钢铁股份有限公司位于杭州拱墅区半山（简称"杭钢半山基地"），原有炼焦、炼铁、炼钢、轧钢等 15 条主体生产线。2015 年，杭州钢铁集团关停了杭钢半山基地，2671 亩（1 亩≈666.7m²）土地被纳入运河综合保护与开发范畴，与运河新城实现统一规划、联动开发［图 3-43（a）］。根据《杭州大运河新城核心区城市设计》提出的构建"半山-杭钢-炼油厂-运河"空间序列、打造"工业年轮带"的设想，杭钢半山基地退役地块是杭州大运河新城开发的一部分，需要保留场地内工业遗存、建设杭钢旧址公园，并以此为中心在周边区域进行住宅和商业建设，打造以工业遗存活化利用为特色的新标志性区域［图 3-43（b）］。

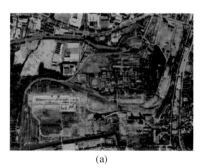 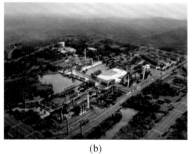

（a）　　　　　　　　　　　　　（b）

图 3-43　杭钢半山基地退役场地现状（a）及杭钢旧址公园规划（b）

根据前期场地环境调查及风险评估结果，杭钢半山基地退役场地土壤与地下水中污染范围广、深度大、程度重，存在重金属、苯系物、氯代烃、多环芳烃、氟化物、氰化物及石油烃等污染物。本场地总污染土壤修复面积约为 501 218m²（按 0~1m 修复土层），总土壤修复方量约为 1 485 140m³（图 3-44）。浅层地下水的修复面积约为 49 860m²，修复深度为 1~6m；深层地下水的修复面积约为 8000m²，修复深度为 6~18m。

为了顺利实现总体修复与风险管控目标，该项目采取修复与开发规划结合、修复工

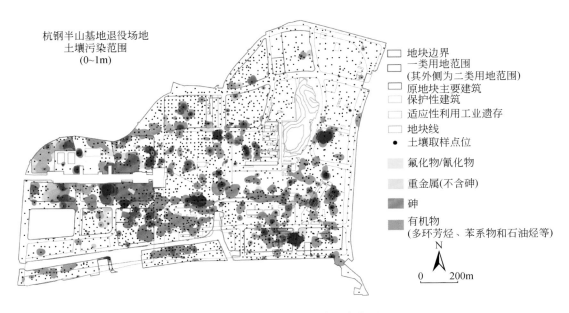

图 3-44　杭钢半山基地退役场地土壤污染范围（0~1m）

与风险管控结合、污染土壤资源化及土水共治的策略，补充调查以优化场地概念模型、整合风险评估以明确修复目标及范围、修复与开发规划相结合以确保修复的合理性及经济性，并在此基础上完成修复与风险管控技术筛选、方案比选、方案设计、施工及效果评估（图3-45）。

　　在修复与风险管控技术筛选过程中，依据修复目的性、污染物针对性、场地及水文地质条件针对性、技术可获得性、经济合理性、实施可行性、修复时间合理性、周边环境影响及公众接受度等筛选原则，结合该场地土壤和地下水污染物种类、水文地质条件及当前场地设施状况，并根据场地总体修复与风险管控目标及时间要求，对场地污染土壤和地下水修复与风险管控技术进行评估筛选。在修复与风险管控技术筛选的基础上，进一步综合考虑场地总体修复与风险管控目标、策略、环境管理要求、污染现状、污染介质特征、污染物种类及分布、场地特征条件、水文地质条件及所推荐技术的特点和适用性，对所推荐的可行技术进行合理组合，形成了多个能够实现项目总体目标、潜在可行的修复与风险管控技术备选方案。项目中针对各备选方案分别进行了初步技术设计、初步费用估算及实施周期分析，综合备选方案比选各方面的因素及指标，最终确定最佳修复与风险管控方案为采用水泥窑/砖窑协同处置、淋洗、热脱附等技术进行污染土壤处理处置，采用基坑开挖降水的方式去除地下水污染区域的污染物，采用阻隔、制度控制进行风险管控、技术方案设计并实施（图3-46）。

　　该场地修复与风险管控方案的实施在环境效益上减少了土壤与地下水环境污染，保障了项目区域用地环境安全；在经济效益上恢复了地块使用功能，促进了本地经济发展；在社会效益上解决了经济社会发展土地需求与土地资源稀缺的矛盾，增加了社会稳定因素。同时，

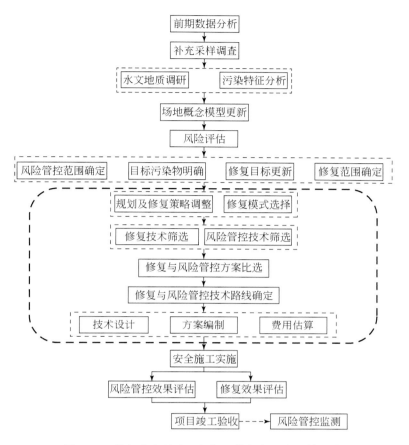

图 3-45 杭钢半山基地退役场地修复与开发整体思路

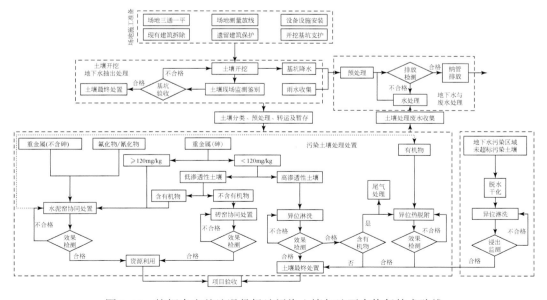

图 3-46 杭钢半山基地退役场地污染土壤与地下水修复技术路线

该项目充分考虑并结合污染地块治理技术工程与风险防控手段的辅助实施，注重优化区域地块利用和开发时序，降低治理修复成本，加快开发进度，为创建高生态价值、高生活品质和高经济活力的"运河文化+"大走廊提供了良好的土壤生态环境。

第八节　典型流域和村镇生态环境一体化治理关键技术

针对城市群生态环境存在的系统综合性、空间关联性特征，基于一体化视角开展流域生态共同保护和环境协同治理，是促进城市群生态环境质量改善的重要举措。以减轻城市群生态环境压力、推动生态环境整体改善为目标，以典型流域和村镇为对象实施生态保护与环境治理，可以起到以点带面提升生态环境治理效率、以有限投入促进关键节点生态环境改善进而保障城市群生态环境安全的效果。面向长江三角洲城市群生态环境共保联治、协同改善的需求，2014 年以来，中国科学院城市环境研究所和南京地理与湖泊研究所相关科研团队择定具有较强影响作用与示范意义的典型流域和村镇，围绕环境污染协同整治与资源循环利用，推动关键技术的综合集成和示范应用，形成了可复制、可推广的生态环境一体化整治方案。

一、浙江嵊州城镇环境污染协同整治与资源循环利用

（一）水源地污染物识别及其溯源技术

解析水源地水体、沉积物及周边水环境介质参数，重点关注与水生态系统功能和稳定性及人类污染排放密切相关的营养盐、新兴污染物、微生物等复合指标，开发了集微生物和化学指标于一体的精准水质评价方法。利用硝酸盐氮氧双同位素示踪技术识别了生活污水、养殖污水及农业污染源。利用微生物源示踪技术解析了生活污水与养殖污水对流域污染的贡献。应用受体模型，引入新兴污染物等特征化学污染标志物，精确分析了已处理和未处理的生活污水、养殖污水、原位地球化学作用等多种污染来源的贡献量。研究表明，长乐江水环境污染源主要是生活污水，包括已处理未达标排放的生活污水和未收集未处理而直接排放的生活污水。除此之外，养殖污水、农业废水和雨水径流也是主要的污染源。因此，急需加强对嵊州生活污水的收集，并提高污水处理设施的处理效果，以达到更好的水污染治理效果。

（二）城镇废弃物资源综合利用技术示范

循环利用的关键环节主要有：禽畜养殖产生的粪污流入集约化养殖污水高效达标处理系统，产生富含氮磷的鸟粪石，粪便进入固废处置环节进行热解产生生物炭；鸟粪石和生物炭可以用来改善土质，生物炭还可以参与污水处理厂提标改造工程；雨污分流后的雨水可以直接用于土壤灌溉；污水处理厂达标的废水可直接排放，产生的污泥进入固废处置环节，再次生成生物炭用于污水处理和土质改善（图 3-47）。

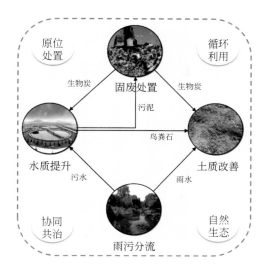

图 3-47　环境综合治理总体思路

1）农村生活污水处理尾水提标改造

在甘霖镇马塘村开展的农村生活污水处理尾水提标改造技术示范中，根据农村污水特征和排水水质情况，建立了以水平流人工湿地、种植沉水植物的水平流人工湿地与生物膜复合处理、微曝气潜流人工湿地和新型快速渗漏系统为核心处理单元的四级组合式生态处理工艺。处理规模 100m³/d，总投资 40 万元，处理成本 0.1 元/m³。排放标准达到《地表水环境质量标准》（GB 3838—2002）Ⅳ 类要求：COD≤30mg/L，总氮≤1.5mg/L，总磷≤0.3mg/L。

2）构建雨污分流体系

该示范工程选址位于浙江嵊州长泰中路沿线城西五苑小区，初期雨水收纳面积 10 000 m²。工程采取"小区生活污水单独收集、分区处理、就地回用、达标排放；小区雨水滞污净化、补充河道基流；净化后雨污水中水回用"这一新型排水体制模式（图 3-48）。独立收集的生活污水采用"高负荷地下渗滤复合工艺"，处理能力 100m³/d，出水达到地表水 Ⅳ 类水平；初期雨水截留净化采用先进的"硅砂蜂巢雨水净化工艺"，容积 200m³。生活污水处理成本约 0.15 元/m³，初期雨水处理成本小于 0.10 元/m³。原建设场地绝大部分恢复为地面停车场，生活污水处理主体恢复为地面草坪，整体外观优美整洁，达到最初设计目的。在工艺实际运行过程中，实现了生活污水与初期雨水的耦合深度处理。由于初期雨水处理采用了透气隔水的模块化硅砂过滤净化装置，在晴天时，生活污水经地埋式生物滤池净化后，除磷酸盐外的其他指标均可达到设计标准，而生活污水出水再次进入雨水净化池深度处理可以实现磷酸盐的深度消减，初期雨水截留池不同好氧程度的隔室可实现有效生物除磷。

3）畜禽养殖污水处理与回收

该示范工程落地于嵊州甘霖镇越冬牧业有限公司，生猪存栏约 8000 头，污水处理规模 50m³/d，总投资 150 万元，处理成本 8～12 元/m³。针对高污染的养猪污水，采用新型

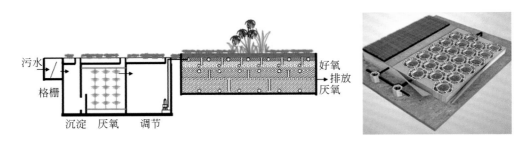

图 3-48　生活污水与初期雨水联合处理工艺示意图

发酵-厌氧氨氧化脱氮-氮磷资源化回收的组合工艺开展示范工程建设，实现了总磷和抗生素去除率大于90%的目标，排放标准达到《浙江省畜禽养殖业污染物排放标准》要求。

4）固废协同处置

该示范工程与畜禽养殖污水处理与回收技术落地于同一家畜禽养殖企业。废弃物热解碳化资源化利用技术示范工程的处理规模>20t/d，体积减量约90%，抗生素消减>99%，资源化率>90%。该工艺除了能解决常规技术的除臭、病原菌和寄生虫卵等问题外，还可彻底固化重金属，产生的生物炭作为园林营养土，可起到土壤改良、肥料缓释、吸附重金属等作用，属于近零排放技术。

5）多功能田园综合体

甘霖镇马塘村按照现代设施农业标准设计与建设了近200亩以优质美人红柑橘（阿斯蜜、媛红椪柑）为主体的"果蛙稻"田园综合体模式和近50亩以高产巨型稻为主体的"稻蛙"生态种养田园综合体模式试验示范基地，开展病虫草害生态防控、喷滴灌水肥一体化等试验与示范工作。但由于该基地多年来一直种植苗木，土壤酸化严重，土壤中各种富营养化元素超标严重，在用生物炭和叶面硒肥改良半年后，果实硒含量增加了2~7倍。

（三）城镇废弃物资源综合利用技术应用评估

基于氮、磷元素代谢的主要部门和环节，选取水土固废关键治理技术，并根据环境综合治理目标，分析不同技术及其组合对氮、磷元素代谢的影响，同时探讨技术之间的协同作用。为每个污染物处理环节选择多个处理技术手段，设置不同的技术情景，通过对比氮、磷代谢效率以及环境负荷指标优选该环节的最优技术手段。污水综合处理法（ST）、电去离子技术（EDT）和人工湿地技术（CWT）是嵊州在污水处理、禽畜粪便综合利用和尾水处理等环节应用的最优氮、磷元素治理回收技术。在设置基准情景的前提下，分别采用单一技术、双项技术组合、三项技术组合共八种情景。对这八种情景的氮、磷代谢效率和对环境产生的负荷影响进行评估。结果显示，三项技术组合的情景对嵊州的氮、磷污染治理具有最大的消减效果，同时产生最小的环境负荷影响（图3-49）。

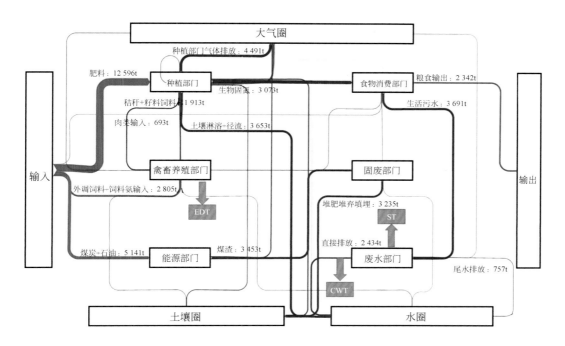

图 3-49　环境综合治理技术应用效果评估

二、大都市区边缘乡村清洁水环境建设与转型发展

大都市区边缘的乡村是区域农产品和生态系统服务的供给基地，也是大都市区和城市群生态安全的重要保障。陈庄地处长江三角洲城市群重要饮用水源地——太湖的最上游，也位于南京大都市区的边缘地带，面临生态环境治理和生态经济发展的双重需求。以陈庄为示范基地，集成和应用生态保护与环境治理技术，推动自然农法的示范和推广，打造"政、产、学、研"协同的乡村建设示范点，实现了"富生态"和"富百姓"的有机融合。

（一）流域水系概化和环境监测技术

基于水质分析模拟程序（water quality analysis simulation program，WASP）模型对陈庄流域进行水系概化，形成覆盖陈庄的水系网络，并基于该模型开展水质模拟，指出水环境优化的首要任务在于消减灌溉施肥造成的氮素淋失，因此需要对禽畜散养和农村生活关联紧密的池塘进行重点治理。评估了负荷输入对水质模拟造成的影响，表明增加化肥施用量对水质指标的总体影响最为明显，增加禽畜数量对 COD_{Mn} 的影响最为显著，增加人口数量对模拟结果的影响较小（图 3-50）。综合应用各类生态环境监测关键技术，包括架设自动监测气象站监测常规气象数据、利用无人机技术对流域土地利用类型和居民点进行航拍等，对生态环境质量及其变化进行监测。监测结果表明，全流域水体的总氮浓度在夏季和冬季为劣Ⅴ类水质标准，全年达劣Ⅴ类比例为52%～100%，靠近上游茶园以及被稻田和乡村包围的池塘总氮浓度明显较高；夏季水体总磷以劣Ⅴ类为主，而冬季水体总磷浓度明显降低，水体总磷浓度较高的池塘和河渠主要分布在居民住宅地附近。这为污染源解析和水环境治理提供了关键数据支撑。

图3-50　陈庄乡村流域水系概化

（二）自然水体（池塘和沟渠）生态修复技术

选取总面积320m²的自然池塘，进行水系连通与生态修复工程方案设计及建设。首先，进行池塘清淤与池塘岸塌陷处护坡基底加固和构建，同时进行入池小溪清理和水流逐级渗透式过滤输入。其次，依托池塘地形建设水环境透明度快速提升装置。实际运行结果表明，该装置可以在两天内将水体透明度提升30%。根据降雨情况，优化了装置的运行方式，即在强降雨后一天后，运行该装置两天，可在有效提升水体透明度的同时，实现营养盐及有机物的高效去除（去除率达50%以上）（图3-51）。

（三）自然农法培训与推广应用

为减少农药化肥使用，减轻对大城市水源地水环境质量的影响，研究团队开展了自然农法的培训与推广应用。一方面，提供了有机堆肥、酵素制作、植物营养液萃取、土著微生物培养等自然农法的实践课程，并延伸开发果蔬种植及畜禽养殖、农产品加工、美食研发烹饪、营销管理、村民导览等课程，增强村民自身科学发展理念、知识文化素养、生产技能与经营管理能力。另一方面，结合自然农法果蔬畜禽、一家一菜绿美食、院落行动市集、知识教育与村民导览等特色亮点，推动形成自然农法种植-乡村美食和商品加工-农业观光休闲-教育培训的全产业链，从而使陈庄产业能够高效可持续发展，农业生产简单轻松化，农民享乐于农业生产过程。在自然农法推广的同时，开展村庄景观提升和建筑改造，既实现了建筑的低碳节能，也提供了村民和游客的休憩空间（图3-52）。

通过综合治理与绿色发展，陈庄生态环境和经济社会发展取得了显著成效。一是生态系统质量明显好转，出现了金线蛙、猫头鹰等环境友好指示性动物，陈庄成为城市群地区的生物多样性庇护所。二是水质显著改善，减轻了都市区和城市群水源地的污染负荷，为保障饮用水安全提供了支撑。三是乡村产业稳步发展，通过自然农法生产的健康蔬菜可供

图 3-51 池塘清淤与水环境透明度提升装置安装

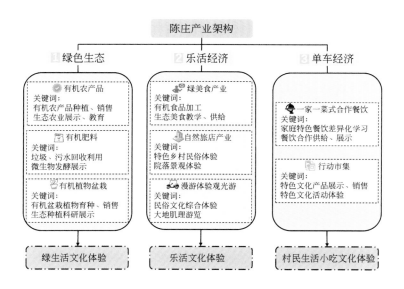

图 3-52 陈庄产业架构图

应南京、上海等城市，参与自然农法种养的农户每月收入在 2 万 ~ 3 万元。四是村民整体素质显著提升，持续吸引年轻人回乡创业，返乡青年张剑波等自发组建了陈庄自然农法合作社，实现了城市群技术和人才向乡村的流动。

三、太湖生态岛石公先行示范区水生态环境综合治理

苏州西山岛（太湖生态岛）位于太湖中央，是城市群重要饮用水源地——太湖健康生态系统维护的关键节点和生态屏障。针对入湖河道水质较差、环境基础设施不完善、茶果林面源污染较严重、山地水源涵养能力弱等问题，中国科学院南京地理与湖泊研究所制定了太湖生态岛石公先行示范区水环境综合治理方案，集成应用了相关技术，为推动流域生态环境改善、保障太湖生态系统健康提供了技术支撑。

（一）发散式河流水系上游区域涵蓄水功能提升及系统连通技术

开展阶梯式蓄水能力提升建设工程，对已有蓄水池进行改造，并在流域型河道的汇水区新建一批蓄水池。建设表流湿地，对初级径流污染进行拦截及强化净化，同时在湿地内及周边重建湿地植被、底栖生物和观赏动物栖息地。通过生态沟渠连接相邻蓄水池，以及连接蓄水池与湿地，形成网络状、发散式水系，以盘活水系、畅通水网。在水系连通基础上，实施间歇式生态调水工程，选择从樟坞–田下河道的入湖口调水，从而保障缺水季节山间水系的来水供给（图3-53）。

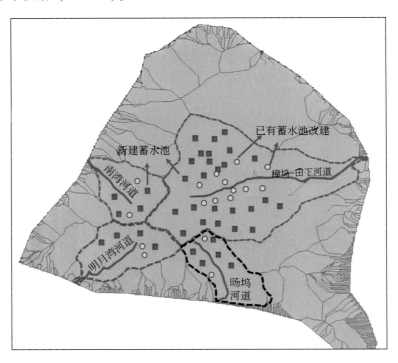

图 3-53　阶梯式蓄水能力提升建设工程方案

（二）河道生态修复关键技术

针对流域型河道，首先运用发散式河湖水系的涵蓄水功能提升及系统连通工程，配合间歇式生态调水，盘活整个片区水系，实现对水资源的整体调度。其次，对河道上、中、下游进行分区域治理，上游茶园区域应用立体式面源污染拦截及防控工艺，并对河道实施蜿蜒型改造与滞留能力提升工程，构建本土野生动植物栖息地；在河道中游开展村内沟渠生态整治工程；河道下游构建沟渠健康生态系统。再次，结合水系连通及污染拦截工程，提升河岸带生态系统功能和面源拦截能力。

针对河口型河道，首先在入湖河道口周围实施污染拦截工程，包括建设生态围隔及立体生态漂浮湿地。其次，采用基于植物–微生物电化学耦合系统原理构建的生物–生态集成技术装置，强化修复底泥污染物，并通过水体污染物及蓝藻耦合去除工程强化去除水体中的营养物和抑制蓝藻生长；结合岸带多级植物持续处理污染物系统，达到长期去除污染物的效果，同时提升河口段生态系统功能。

（三）湖滨带水生态修复技术

东段湖滨带属于太湖国家级水产种质资源保护区，基于湖滨–缓冲带生态建设成套技术，实施污染物拦截、消浪带构建、生态湿地建设、野生动植物栖息地修复等工程。东南段湖滨带为山坡型湖滨带，开展陡岸山坡坡脚生境条件改善工程，以营造适宜鱼类或其他水生动植物栖息繁衍的水生环境。南部湖滨带主要为缓坡型湖滨带，外围实施消浪及蓝藻处置工程，内部根据优化水生植物群落结构的思路进行修复。

参 考 文 献

生态环境部. 2019. 美丽中国先锋榜（9）| 浙江全面推进生态治水 https://www. mee. gov. cn/xxgk2018/xxgk/xxgk15/201908/t20190826_730047. html［2022-07-25］.

张怡辉，胡月敏，彭兆亮，等. 2021. 湖底陷阱捕获内污染技术在浅水湖泊的应用. 中国环境科学，41（12）：5654-5663.

浙江省生态环境厅. 2021. 《中国环境报》"攻坚战报"系列报道：浙江治水唱响绿色变奏曲. http://sthjt. zj. gov. cn/art/2021/1/21/art_1229129342_58927497. html［2022-07-25］.

Cui Y S, Liang Q H, Wang G, et al. 2019. Simulation of hydraulic structures in 2D high-resolution urban flood modeling. Water, 11（10）：2139.

Li Q, Gu P, Zhang H, et al. 2020. Response of submerged macrophytes and leaf biofilms to the decline phase of *Microcystis aeruginosa*：antioxidant response, ultrastructure, microbial properties, and potential mechanism. Science of the Total Environment, 699：134325.

Peng Z L, Hu W P, Liu G, et al. 2019. Development and evaluation of a real-time forecasting framework for daily water quality forecasts for Lake Chaohu to lead time of six days. Science of the Total Environment, 687：218-231.

Qiu Y G, Duan H T, Sun J Y, et al. 2019. Rich-information reversible watermarking scheme of vector maps. Multimedia Tools and Applications, 78（17）：24955-24977.

Song N, Jiang H L. 2020. Coordinated photodegradation and biodegradation of organic matter from macrophyte litter in shallow lake water：dual role of solar irradiation. Water Research, 172：115516.

Song N, Yan Z S, Xu H C, et al. 2019. Development of a sediment microbial fuel cell-based biosensor for simultaneous online monitoring of dissolved oxygen concentrations along various depths in lake water. Science of the Total Environment, 673: 272-280.

Xiong Y, Liang Q H, Mahaffey S, et al. 2018. A novel two-way method for dynamically coupling a hydrodynamic model with a discrete element model (DEM). Journal of Hydrodynamics, 30 (5): 966-969.

第四章 | 粤港澳大湾区城市群生态环境

推进粤港澳大湾区城市群建设是习近平总书记亲自谋划、亲自部署、亲自推动的重大国家战略。《粤港澳大湾区发展规划纲要》（2019 年）明确提出要"建设富有活力和国际竞争力的一流湾区和世界级城市群，打造高质量发展的典范"。

党的十八大以来，粤港澳大湾区城市群生态质量向好，环境质量明显改善，资源能源利用效率显著提升，生态环境治理能力持续增强。其中，森林覆盖率基本保持稳定，植被生物量增加了 7.86%，自然保护区面积增加了 4.14%；$PM_{2.5}$ 年均浓度下降了 47.25%，城市劣 V 类水体基本消除，集中式饮水水源地水质全面实现 100% 达标；单位 GDP 的水耗和能耗分别下降了 47.51% 和 29.97%，单位 GDP 的工业烟（粉）尘排放量和 CO_2 排放量分别下降了 67.08% 和 49.95%；城市污水处理率高达 97.37%，城镇生活垃圾全面实现 100% 无害化处理，建成区绿化覆盖率达到 44.50%[①]。

在粤港澳大湾区城市群，中国科学院相关科研团队研发了大气污染物减排与防治、工业退役场地修复全生命周期智能管理平台、城市固体废物产排规律与资源化、典型城市产业绿色发展规划与环境管控等关键技术，助力粤港澳大湾区城市群高质量发展。

第一节 生态质量及变化

一、生态系统格局

（一）生态系统组成与变化

2000 年、2015 年和 2020 年粤港澳大湾区城市群生态系统分布如图 4-1 所示，面积构成及变化如表 4-1 所示。2000 年，粤港澳大湾区城市群生态系统类型按照面积从大到小进行排序：森林>农田>城镇>湿地>灌丛>其他>草地。2015 年和 2020 年，生态系统类型面积排序未发生变化。与 2000～2015 年相比，2015～2020 年，城镇用地面积增加速度显著降低；农田和其他类型面积由缩减转为增加；草地面积缩减幅度明显降低；湿地面积缩减幅度变化不大；森林和灌丛面积由增加转为缩减。

[①] 报告指标体系与数据来源、指标含义与计算方法见附录。

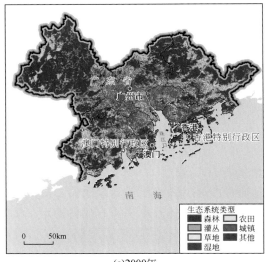

(a)2000年

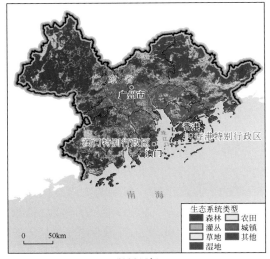

(b)2015年

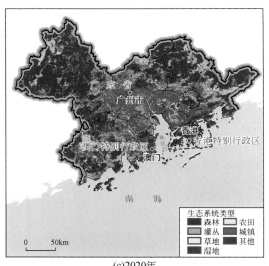

(c)2020年

图4-1 粤港澳大湾区城市群生态系统分布

表4-1 粤港澳大湾区城市群生态系统面积构成及变化

生态系统类型	2000 年		2015 年		2020 年		2000 ~ 2015 年变化		2015 ~ 2020 年变化	
	面积（km²）	占比（%）	面积（km²）	占比（%）	面积（km²）	占比（%）	面积（km²）	占比（%）	面积（km²）	占比（%）
森林	28 859.52	51.53	29 614.23	52.88	29 599.90	52.86	754.71	2.62	-14.33	-0.05
灌丛	533.75	0.95	751.83	1.34	744.68	1.33	218.08	40.86	-7.15	-0.95
草地	32.30	0.06	15.70	0.03	15.56	0.03	-16.60	-51.39	-0.14	-0.89
湿地	5 478.20	9.78	5 266.63	9.40	5 063.73	9.04	-211.57	-3.86	-202.90	-3.85

续表

生态系统类型	2000 年		2015 年		2020 年		2000~2015 年变化		2015~2020 年变化	
	面积（km²）	占比（%）	面积（km²）	占比（%）	面积（km²）	占比（%）	面积（km²）	占比（%）	面积（km²）	占比（%）
农田	13 972.20	24.95	11 081.64	19.79	11 128.36	19.87	-2 890.56	-20.69	46.72	0.42
城镇	6 657.41	11.89	9 116.39	16.28	9 220.47	16.47	2 458.98	36.94	104.08	1.14
其他	466.62	0.83	153.57	0.27	227.30	0.41	-313.05	-67.09	73.73	48.01

（二）城镇用地扩张及格局变化

粤港澳大湾区城市群新增城镇用地主要来自对农田、湿地和森林等其他生态系统类型的占用。2000~2015 年，粤港澳大湾区城市群新增城镇用地面积为 3336.46km²。其中，59.43% 来自农田，19.96% 和 17.01% 来自湿地和森林，3.04% 和 0.50% 来自其他生态系统类型和灌丛，0.06% 来自草地。2015~2020 年，粤港澳大湾区城市群新增城镇用地面积为 1834.02km²。其中，55.21% 来自农田，21.27% 和 19.44% 来自森林和湿地，2.86% 和 1.22% 来自其他生态系统类型和灌丛，0.01% 来自草地（图 4-2、表 4-2）。

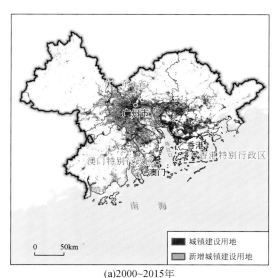 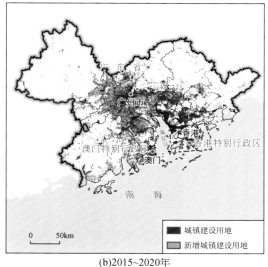

(a)2000~2015年 (b)2015~2020年

图 4-2 粤港澳大湾区城市群城镇用地扩张

表 4-2 粤港澳大湾区城市群新增城镇用地来源及面积占比

排序	2000~2015 年新增城镇用地			2015~2020 年新增城镇用地		
	来自	面积（km²）	占比（%）	来自	面积（km²）	占比（%）
1	农田	1982.85	59.43	农田	1012.54	55.21
2	湿地	666.01	19.96	森林	390.10	21.27

排序	2000～2015 年新增城镇用地			2015～2020 年新增城镇用地		
	来自	面积（km²）	占比（%）	来自	面积（km²）	占比（%）
3	森林	567.41	17.01	湿地	356.46	19.44
4	其他	101.51	3.04	其他	52.50	2.86
5	灌丛	16.69	0.50	灌丛	22.30	1.22
6	草地	1.99	0.06	草地	0.12	0.01

2000 年、2015 年和 2020 年粤港澳大湾区城市群城镇用地破碎化指数分别为 0.208、0.189 和 0.133，表明 2000～2015 年和 2015～2020 年城镇用地破碎化程度均有降低，说明 2000～2020 年城镇用地扩张模式更加集约化。

二、生态系统质量

（一）森林覆盖率

2020 年，粤港澳大湾区城市群的森林覆盖率为 54.19%，森林分布呈现出中间低四周高的空间特征，城市群的土地利用类型主要为林地和耕地［图 4-3（a）］。各市的森林覆盖率中，肇庆最高，惠州和香港次之，这三个市（区）的森林覆盖率分别为 78.58%、65.55% 和 62.75%［图 4-3（b）］。

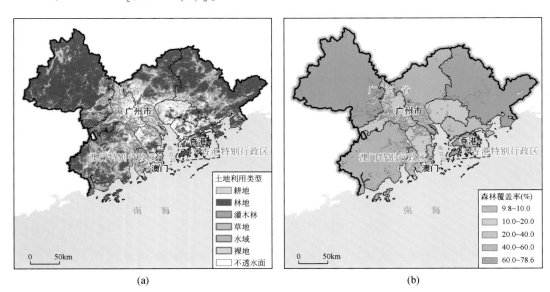

(a)　　　　　　　　　　　　(b)

图 4-3　粤港澳大湾区城市群 2020 年土地利用类型（a）和各市森林覆盖率（b）

2000～2020 年，粤港澳大湾区城市群的森林覆盖率均值基本保持稳定。该城市群内有四个城市（广州、江门、深圳和肇庆）的森林覆盖率在这 20 年间总体呈上升趋势，其中广州的覆盖率年增加量为 0.05%。从 2012 年到 2020 年，粤港澳大湾区城市群的森林覆盖率总体呈现出小幅波动的态势，森林覆盖率的变异系数小幅上升至 0.60，城市间的差异相对较小，这说明城市群的城市森林资源较为均衡。

（二）植被生物量

2020 年，粤港澳大湾区城市群的植被净初级生产力（NPP）为 773.65gC/（m² · a），NPP 呈现出中间低四周高的空间分布特征［图 4-4（a）］。大湾区内各城市的 NPP 为 145.09～1055.35gC/（m² · a）［图 4-4（b）］，其中，肇庆的 NPP 最高，澳门的 NPP 最低；湾区中心城市香港排在第四位，NPP 值为 648.60gC/（m² · a）；广州的 NPP 则仅次于香港，NPP 值为 643.13gC/（m² · a）。

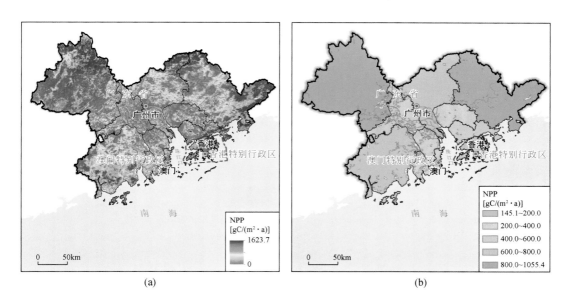

图 4-4　粤港澳大湾区城市群 2020 年植被净初级生产力（NPP）的空间分布（a）和分市统计（b）

党的十八大以来，粤港澳大湾区城市群的 NPP 总体呈缓慢增加态势，从 2012 年的717.24gC/（m² · a）增加至 2020 年的 773.65gC/（m² · a）。湾区内 11 个城市的 NPP 增加幅度有所差异，其中香港、深圳、澳门和广州的年增加量分别为 9.25gC/（m² · a）、7.70gC/（m² · a）、3.44gC/（m² · a）和 2.34gC/（m² · a）。另外，大湾区城市 NPP 的变异系数小幅下降至 0.51，城市间的差异趋于降低。

（三）自然保护区面积

根据生态环境部 2019 年发布的信息，粤港澳大湾区城市群中广东的 9 个地市共有各级自然保护区 101 个, 现状保护区总面积为 4425.43km², 其中, 国家级自然保护区 5 个, 省级自然保护区 17 个, 县市级自然保护区 79 个。广东 9 个地市的自然保护区共涉及 6 个类别, 包括森林生态类、内陆湿地类、海洋海岸类、野生动物类、野生植物类和地质遗迹类; 森林生态类的自然保护区在数量上占绝对优势, 共有 66 个, 所占面积比例也最大, 达到 50.72%; 野生动物类自然保护区的数量和面积仅次于森林生态类, 数量为 19 个, 面积比例为 41.42%。

粤港澳大湾区城市群 2017 年自然保护区面积较 2012 年有较大增加, 面积增加了 4.14%（175.80km²）, 新增了 9 个自然保护区, 其中包括 7 个市级自然保护区、2 个县级自然保护区。

三、生态系统服务

（一）固碳服务与变化

粤港澳大湾区城市群除中部地区外其余大部分地区单位面积固碳量都比较高, 且这些地区固碳服务变化整体呈上升趋势。2000～2015 年粤港澳大湾区城市群固碳总量增加了 36.67%, 2015～2020 年增加了 11.07%, 固碳服务整体呈明显上升趋势（图 4-5）。

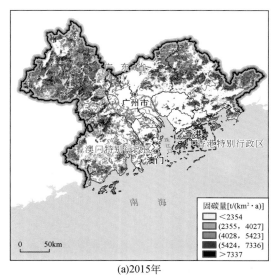

(a)2015年

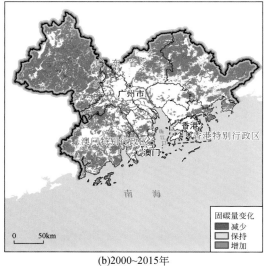

(b)2000~2015年

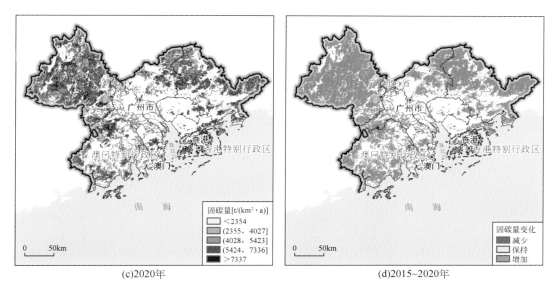

(c)2020年   (d)2015~2020年

图4-5　粤港澳大湾区城市群固碳服务与变化

（二）水源涵养服务与变化

粤港澳大湾区城市群水源涵养服务总体较强。除中部城镇用地外，中部和东南部河流水域水源涵养量最高。2000~2015年粤港澳大湾区城市群水源涵养总量增加了13.48%，2015~2020年增加了8.41%，水源涵养服务整体呈明显增强趋势（图4-6）。

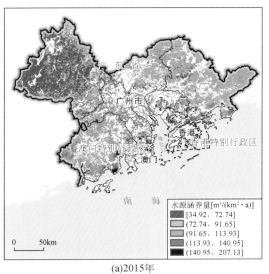

(a)2015年   (b)2000~2015年

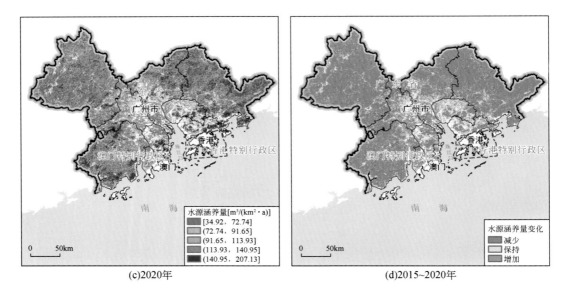

(c)2020年   (d)2015~2020年

图 4-6　粤港澳大湾区城市群水源涵养服务与变化

（三）土壤保持服务与变化

粤港澳大湾区城市群土壤保持服务最强区域主要分布在西南部和南部部分地区，土壤保持服务较强区域主要呈斑块状分布在除中部城镇用地以外的东北部和西北部。2000～2015 年粤港澳大湾区城市群土壤保持总量增加了 0.32%，2015～2020 年增加了 0.05%，土壤保持服务增强和削弱区域交错分布。其中，2000～2015 年土壤保持服务增强的区域显著多于削弱的区域，2015～2020 年土壤保持服务变化仍然以增强为主（图 4-7）。

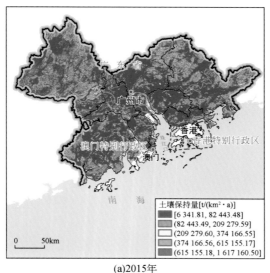
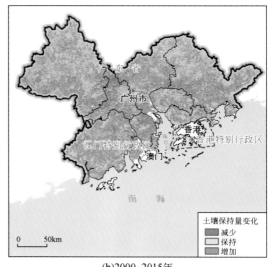

(a)2015年   (b)2000~2015年

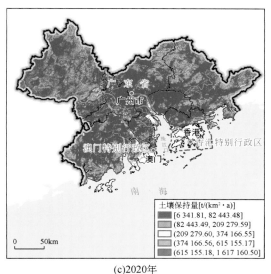 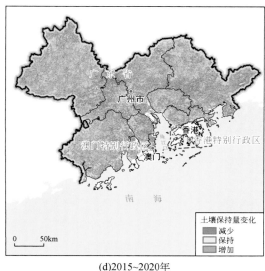

(c)2020年   (d)2015~2020年

图4-7　粤港澳大湾区城市群土壤保持服务与变化

（四）物种栖息地分布与变化

粤港澳大湾区城市群物种栖息地广泛分布在整个湾区，其中湿地生境广泛分布在湾区中部和东部地区，森林生境在除中部和中东部地区以外的其他区域占绝对主导地位。2000~2015年粤港澳大湾区城市群物种栖息地总面积扩大了2.27%，2015~2020年物种栖息地总面积总体保持稳定（图4-8）。

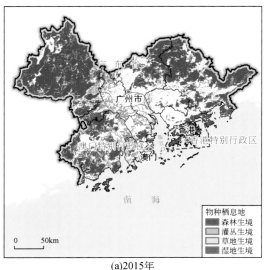 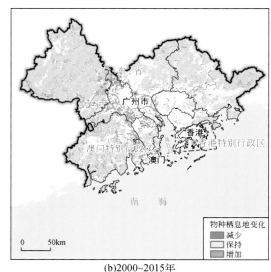

(a)2015年   (b)2000~2015年

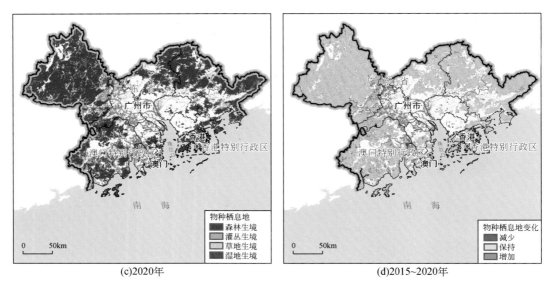

图 4-8　粤港澳大湾区城市群物种栖息地分布与变化

第二节　环境质量及变化

一、大气环境质量

（一）PM$_{2.5}$年均浓度

2020 年，粤港澳大湾区城市群栅格尺度 PM$_{2.5}$年均浓度的最小值为 9.13μg/m³，最大值为 29.21μg/m³，平均值为 19.78μg/m³。城市尺度 PM$_{2.5}$年均浓度的最小值为 16.86μg/m³，最大值为 22.21μg/m³。空间分布上，粤港澳大湾区城市群全境均达到国家二级标准，广州的 PM$_{2.5}$年均浓度相对较高，并以此为中心，向外逐渐降低（图 4-9）。城市尺度上，惠州、珠海、江门、香港、澳门等城市 PM$_{2.5}$年均浓度低于粤港澳大湾区城市群平均值（19.78μg/m³），所有城市 PM$_{2.5}$年均浓度均远低于全国平均值（33.10μg/m³）和国家二级标准（35μg/m³），香港的 PM$_{2.5}$年均浓度最低，为 16.86μg/m³，接近国家一级标准（15μg/m³）（图 4-10）。

2000～2020 年，粤港澳大湾区城市群 PM$_{2.5}$年均浓度先上升后下降。其中，2000～2005 年，大湾区 PM$_{2.5}$年均浓度上升了 39.44%；2005～2020 年，大湾区 PM$_{2.5}$年均浓度持续迅速降低，下降幅度达 63.91%。2000 年、2010 年、2015 年，粤港澳大湾区城市群均有部分城市的 PM$_{2.5}$年均浓度达到国家二级标准；2020 年，PM$_{2.5}$年均浓度继续降低，全境 PM$_{2.5}$年均浓度均达到国家二级标准。从空间分布的变化看，2000～2020 年，粤港澳大湾区城市群 PM$_{2.5}$年均浓度分布基本呈现出以广州为中心，中间高四周低的态势。20 年来，

城市群内各城市 $PM_{2.5}$ 年均浓度变化幅度差异较大,其中广州、东莞、深圳分别降低了69%、68%和64%,中山、佛山和香港均降低了50%以上,澳门、惠州和珠海降低了40%以上,江门降低了33%,肇庆降低了22%(图4-10)。

党的十八大以来,粤港澳大湾区城市群的 $PM_{2.5}$ 年均浓度持续迅速下降,2012年为 $36.55\mu g/m^3$,2021年下降至 $19.28\mu g/m^3$(低于全国平均值 $30\mu g/m^3$),下降幅度达到47.25%。城市群内所有城市的 $PM_{2.5}$ 年均浓度下降幅度均在41%以上,其中东莞、深圳、广州、香港和澳门分别下降57.74%、56.37%、53.53%、50.56%和49.83%。此外,城市群 $PM_{2.5}$ 年均浓度的变异系数下降较多,从2012年的0.21下降到2021年的0.13,表明区内城市之间趋于均衡。

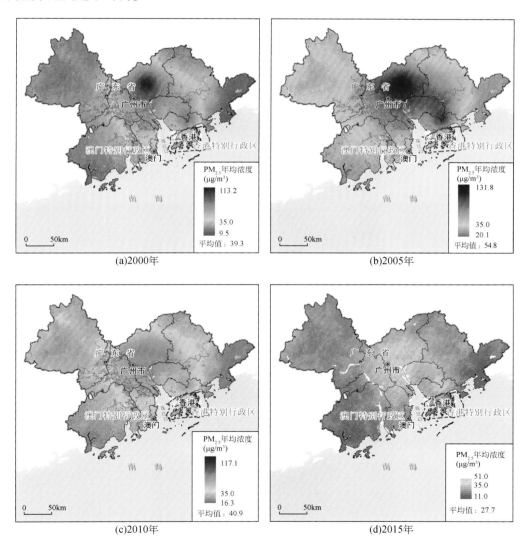

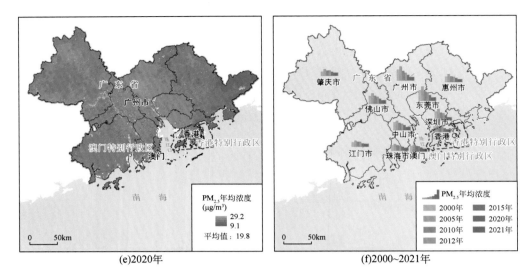

(e)2020年   (f)2000~2021年

图4-9 粤港澳大湾区城市群2000~2021年PM$_{2.5}$年均浓度变化趋势

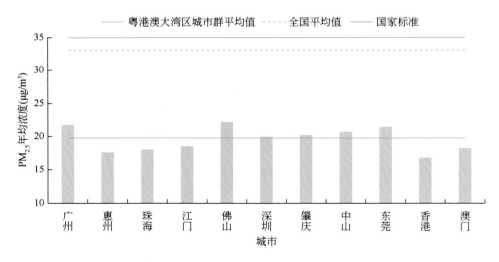

图4-10 粤港澳大湾区城市群各城市2020年PM$_{2.5}$年均浓度

（二）空气质量优良天数比例

2020年，粤港澳大湾区城市群空气质量优良天数比例的最小值为江门的88%，最大值为惠州的97.8%，平均值为92.93%，高于全国均值（87.00%），城市群整体空气质量较优[①]。深圳、珠海、肇庆、惠州等市的空气质量优良天数比例高于粤港澳大湾区城市群均值（92.93%），城市群所有城市的空气质量优良天数比例均高于全国均值（图4-11）。

---

① 由于粤港澳三地数据统计口径不统一，因此分析中不包含香港特别行政区和澳门特别行政区。

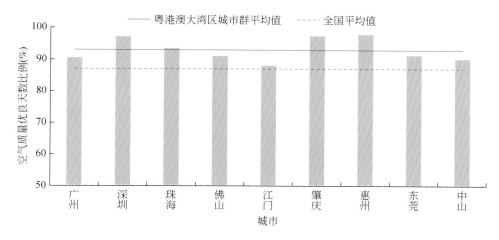

图 4-11　粤港澳大湾区城市群各城市 2020 年空气质量优良天数比例
注：香港、澳门数据缺失

　　粤港澳大湾区城市群 2015～2021 年空气质量优良天数比例也呈上升的趋势，2015 年为 88.65%，2021 年升高至 91.40%，且高于 2021 年的全国平均水平（87.5%）。同时粤港澳大湾区内所有城市不同时期的空气质量优良天数比例都较高。2015～2021 年，除江门外，各城市的空气质量优良天数比例都处于增长趋势，肇庆增长幅度最大，达到 16.05%。空间分布上，粤港澳大湾区城市群的空气质量优良天数比例呈中间略低四周较高的特征，和 $PM_{2.5}$ 年均浓度的分布特征较为一致。重点城市方面，广州的空气质量优良天数比例由 2015 年的 85.48% 增加到 2021 年的 88.50%，深圳由 93.15% 增加到 96.20%（图 4-12）。粤港澳大湾区城市群的空气质量明显改善，且保持在较高水平，湾区城市群的生态环境治理在全国发挥着示范引领作用。此外，大湾区空气质量优良天数比例的变异系数总体小幅下降，城市之间的差异有所降低。

二、地表水环境质量

（一）地表水水质优良比例

　　2020 年，粤港澳大湾区城市群各城市的地表水水质优良（Ⅲ类及以上）比例变化范围为 57.10%～100%[1]。空间上，城市群四周城市（肇庆、江门、珠海）的地表水水质优良比例较高。城市尺度上，广州的地表水水质优良比例为 76.90%，深圳的地表水水质优良比例为 62.50%。珠海、江门和肇庆的地表水水质监测断面实现了 100% 优良（图 4-13）。

---

　　① 由于粤港澳三地数据统计口径不统一，因此分析中不包含香港特别行政区和澳门特别行政区。

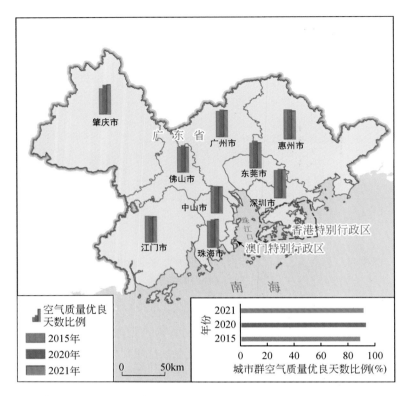

图 4-12　粤港澳大湾区城市群 2015~2021 年空气质量优良天数比例变化趋势

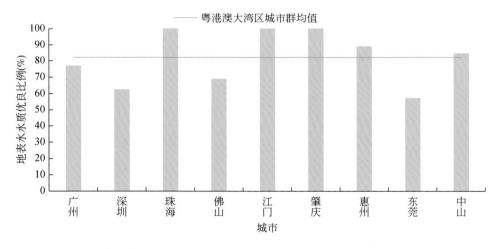

图 4-13　粤港澳大湾区城市群 2020 年地表水水质优良（Ⅲ类及以上）比例

　　2010~2020 年，粤港澳大湾区城市群地表水环境状况总体向好，城市群地表水水质优良（Ⅲ类及以上）比例均值先从 2010 年的 60.38% 平稳增加到 2015 年的 68.28%，后迅速增加到 2020 年的 82.09%。各城市中，肇庆地表水水质优良比例持续保持 100%，其余城市地表水水质优良比例均呈不同程度增加的趋势。空间分布上，地表水环境较好的城市主要为城市群西部的肇庆和东部的惠州（图4-14）。

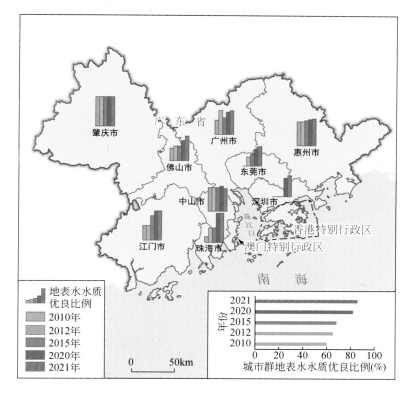

图4-14　粤港澳大湾区城市群2010～2021年地表水水质优良（Ⅲ类及以上）比例

党的十八大以来，粤港澳大湾区城市群的地表水水质优良（Ⅲ类及以上）比例持续增加，2012年为65.44%，2021年达到85.67%。城市群内地表水水质改善较大。此外，大湾区地表水水质优良比例的变异系数也逐渐下降，说明大湾区地表水环境状况的区域差异正在减小。

（二）地表水劣Ⅴ类水体比例

2020年，粤港澳大湾区城市群的地表水劣Ⅴ类水体比例除中山为7.69%外，其余城市均达到零[1]。2005～2021年，粤港澳大湾区城市群的地表水劣Ⅴ类水体比例逐渐降低。其中，2010～2021年，深圳、珠海、佛山、江门、肇庆、东莞持续保持地表水劣Ⅴ类水体零出现（图4-15）。

2012年以来，粤港澳大湾区城市群地表水劣Ⅴ类水体比例不断降低，2012年为4.42%，优于全国平均水平（10.20%），2021年为零，优于全国平均水平（0.90%），大湾区整体劣Ⅴ类水体相对较少，水体治理成效显著。

---

① 由于粤港澳三地数据统计口径不统一，因此分析中不包含香港特别行政区和澳门特别行政区。

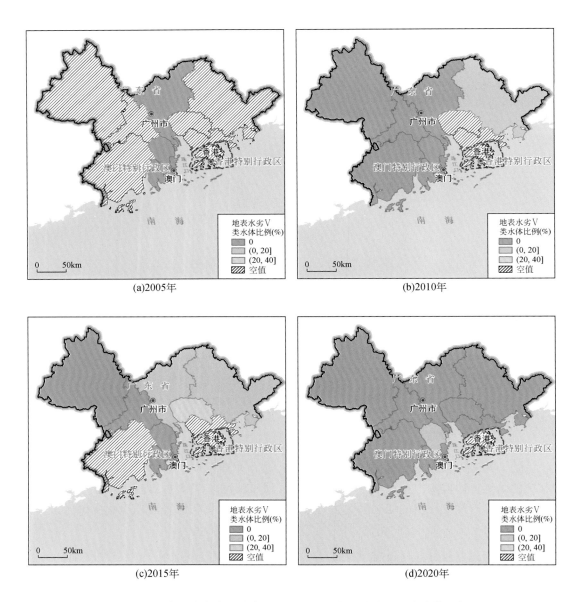

图 4-15　粤港澳大湾区城市群 2005～2020 年地表水劣 V 类水体比例

（三）集中式饮水水源地水质达标率

2020 年，粤港澳大湾区城市群集中式饮水水源地水质达标率为 100%[①]。2005～2020 年，粤港澳大湾区城市群所有城市的集中式饮水水源地水质达标率均保持在较高水平或呈迅速向好趋势。其中，广州的达标率由 2005 年的 71.1% 增加至 2010 年的 89.60%，2015

---

① 由于粤港澳三地数据统计口径不统一，因此分析中不包含香港特别行政区和澳门特别行政区。

年和 2020 年均为 100%；深圳 2005 年的达标率为 87.1%，2010 年达到 100%，2015 年和 2020 年持续稳定保持 100%。粤港澳大湾区城市群对饮水水源地保护和治理的措施得当，并保持较好（图 4-16）。

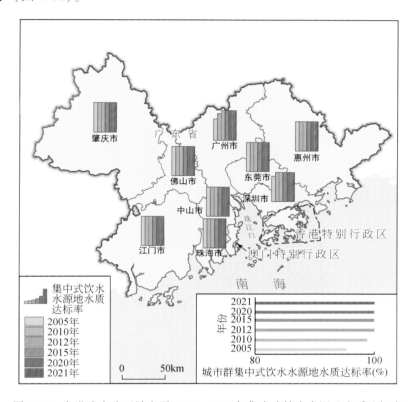

图 4-16　粤港澳大湾区城市群 2005~2021 年集中式饮水水源地水质达标率

2012 年以来，粤港澳大湾区城市群的集中式饮水水源地水质达标率持续保持在 100%，且一直高于全国平均值，在全国的饮水水源地保护工作中发挥着引领作用。

第三节　资源能源利用效率及变化

一、水资源利用效率

2020 年，粤港澳大湾区城市群用水总量为 224.88 亿 m³，单位 GDP 水耗为 19.54m³/万元，总体水资源利用效率高于全国平均水平，单位 GDP 水耗仅为全国平均水平的 1/3。粤港澳大湾区城市群 11 个城市中，大部分城市的单位 GDP 水耗低于全国平均值。

城市群的重点城市中，深圳、香港和澳门的水资源利用效率显著高于城市群内其他城市，其中深圳和香港的 GDP 远超其他城市，同时用水总量在城市群中属于中等甚至较低水平，而澳门的用水总量远低于其他城市（图 4-17）。

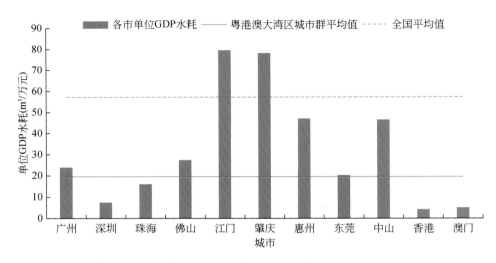

图 4-17　粤港澳大湾区城市群 2020 年各城市单位 GDP 水耗

2000～2020 年，粤港澳大湾区城市群的水资源利用效率持续提高，单位 GDP 水耗下降约 79.64%。粤港澳大湾区城市群水资源利用效率的提高主要源于 GDP 的增长，2020 年城市群总体 GDP 比 2000 年增长近 4 倍，而用水量基本持平。重点城市中，深圳、香港和澳门的水资源利用效率在 2000～2020 年始终显著高于城市群总体水资源利用效率，对大湾区水资源利用效率的提高具有明显的带动作用。广州的水资源利用效率提高幅度较大，2000～2020 年每五年单位 GDP 水耗下降率均高于城市群平均水平，对大湾区水资源利用效率持续提高的变化趋势具有较大的贡献（图 4-18）。

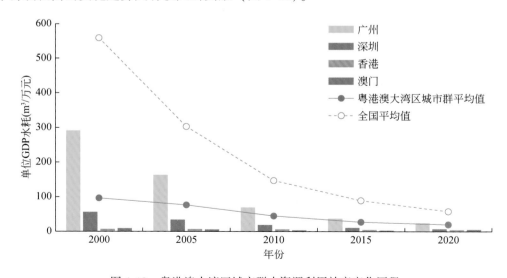

图 4-18　粤港澳大湾区城市群水资源利用效率变化历程

2021 年粤港澳大湾区城市群总用水量为 232 亿 m³，单位 GDP 水耗为 18.42m³/万元，比 2012 年下降 16.67m³/万元，降幅达 47.51%，反映了党的十八大以来城市群水资源利用效率的显著提升。

二、能源利用效率

仅统计规模以上工业企业能源消费数据，2020 年，粤港澳大湾区城市群能源总消费量为 1.21 亿 tce（吨标准煤当量），单位 GDP 能耗为 0.13tce/万元①。重点城市中，广州和深圳两市是粤港澳大湾区城市群能源利用效率最高的城市，单位 GDP 能耗均低于 0.1tce/万元。尽管广州和深圳的能源消费量在城市群中均属于较高水平，但是两市所产出的 GDP 超过了大湾区其他城市 GDP 的总和，有力地拉动了整个粤港澳大湾区城市群的能源利用效率（图 4-19）。

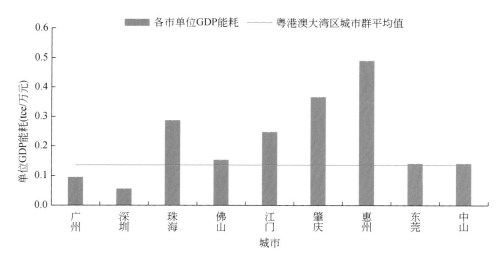

图 4-19 粤港澳大湾区城市群 2020 年各城市单位 GDP 能耗

2010～2020 年，粤港澳大湾区城市群的能源利用效率持续提高，单位 GDP 能耗下降 52.87%。重点城市中，广州 2000～2020 年能源利用效率呈持续提高的变化趋势。广州在 2010 年的能源利用效率处于城市群的平均水平，到 2020 年已明显高于城市群的平均水平，其能源利用效率的提高对城市群 2010～2020 年的能源利用效率提高具有重要贡献。在有数据可比的 2010 年、2015 年和 2020 年，深圳的能源利用效率始终明显高于城市群的平均水平，显示出对大湾区总体能源利用效率提高的带动作用（图 4-20）。

2020 年粤港澳大湾区城市群单位 GDP 能耗比 2012 年下降 0.06tce/万元（不包括香港和澳门数据，能源消费量仅统计规模以上工业企业能源消费量数据），降幅为 29.97%，反映了党的十八大以来城市群能源利用效率的显著提升。

---

① 由于粤港澳三地数据统计口径不统一，因此分析中不包含香港特别行政区和澳门特别行政区。

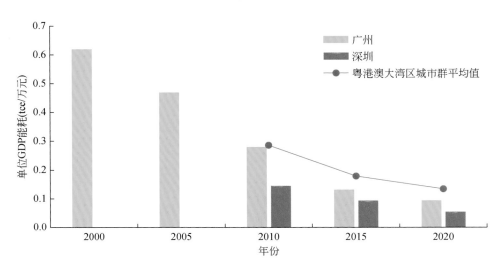

图 4-20　粤港澳大湾区城市群能源利用效率变化历程

三、环境经济协同效率

2020 年，粤港澳大湾区城市群废水中的 COD 排放量为 37.79 万 t，废气中的工业源 NO_x 排放量为 10.59 万 t，单位 GDP 的 COD 和工业源 NO_x 排放量分别为 4.22t/亿元和 1.18t/亿元，两项污染物排放量控制与经济发展的协同效率较高，其中单位 GDP 的 COD 排放量约为全国平均水平的 1/6，单位 GDP 工业源 NO_x 排放量约为全国平均水平的 1/3。粤港澳大湾区城市群各市的单位 GDP 的 COD 排放量均低于全国平均水平（图 4-21）。2019 年，粤港澳大湾区城市群 CO_2 排放量为 1.43 亿 t，工业废气中的烟（粉）尘排放量为 9.11 万 t，单位 GDP 的 CO_2 和工业烟（粉）尘排放量分别为 1238.20t/亿元（图 4-22）和 1.05t/亿元（图 4-23），两项污染物排放量控制与经济发展的协同效率较高，单位 GDP 污染物排放量均明显低于全国平均水平，其中单位 GDP 工业烟（粉）尘排放量约为全国平均水平的 1/9[①]。各市的单位 GDP 工业源 NO_x 排放量和单位 GDP 工业烟（粉）尘排放量在各市的分布特征相似，大部分城市这两项指标均低于全国平均水平（图 4-23、图 4-24）。

重点城市中，深圳的 CO_2、COD、工业废气中的烟（粉）尘和工业源 NO_x 四项污染物排放量控制与经济发展的协同效率显著高于粤港澳大湾区城市群平均水平和全国平均水平，对城市群环境经济协同效率的提高具有引领作用。广州单位 GDP 的工业烟（粉）尘和工业源 NO_x 排放量显著低于城市群平均水平。香港单位 GDP 的 CO_2 排放量低于城市群平均水平。澳门单位 GDP 的 CO_2 排放量低于粤港澳大湾区城市群其他城市。

---

① 由于粤港澳三地的 COD、NO_x 和烟（粉）尘排放量的统计口径不统一，因此分析中不包含香港特别行政区和澳门特别行政区。

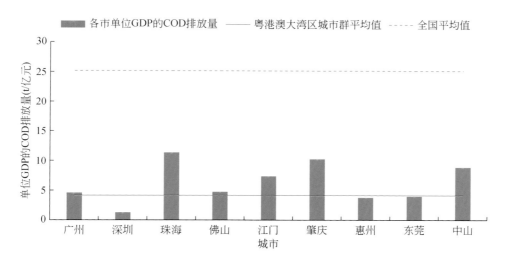

图 4-21 粤港澳大湾区城市群 2020 年单位 GDP 的 COD 排放量

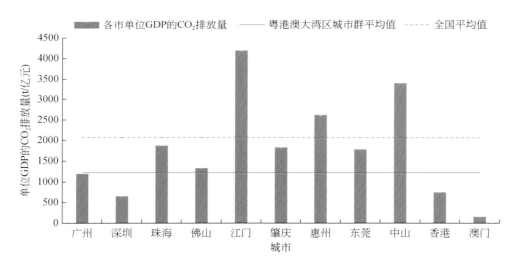

图 4-22 粤港澳大湾区城市群 2019 年单位 GDP 的 CO_2 排放量

2000～2019 年，粤港澳大湾区城市群 CO_2 排放量控制与经济发展的协同效率有所提高，2005～2019 年单位 GDP 的 CO_2 排放量持续减少，2019 年单位 GDP 的 CO_2 排放量比 2000 年和 2010 年分别减少 47.76% 和 42.29%。粤港澳大湾区城市群 CO_2 排放量控制与经济发展的协同效率始终高于全国平均水平。重点城市中，广州和深圳 CO_2 排放的环境经济协同效率总体提高，对城市群 CO_2 排放的环境经济协同效率的提高起到引领作用。香港和澳门对城市群 CO_2 排放的环境经济协同效率的提高起到引领作用。香港和澳门的 CO_2 排放量控制与经济发展的协同效率始终高于城市群平均水平（图 4-25）。

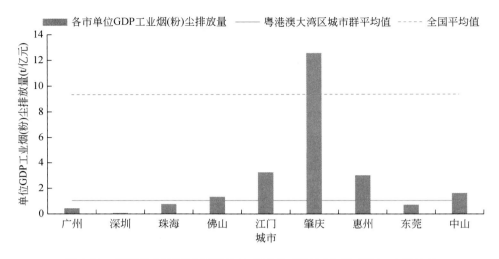

图 4-23　粤港澳大湾区城市群 2019 年单位 GDP 工业烟（粉）尘排放量

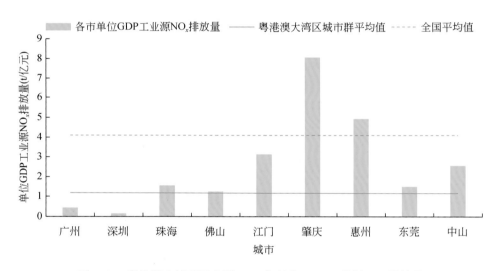

图 4-24　粤港澳大湾区城市群 2020 年单位 GDP 工业源 NO_x 排放量

2005~2019 年，粤港澳大湾区城市群重点城市工业废气中的烟（粉）尘排放量控制与经济发展的协同效率持续提高。深圳 2019 年单位 GDP 工业烟（粉）尘排放量比 2005 年和 2010 年分别下降 98.64% 和 89.94%，下降幅度均大于全国平均水平。广州 2019 年单位 GDP 工业烟（粉）尘排放量比 2005 年下降 89.06%，比 2010 年下降 59.25%，降幅接近全国平均水平。2005~2019 年，广州和深圳各自单位 GDP 工业烟（粉）尘排放量均始终低于全国平均水平。2015~2019 年，城市群工业废气中的烟（粉）尘排放量控制与经济发展的协同效率总体呈现上升趋势，2019 年的单位 GDP 工业烟（粉）尘排放量相比 2015 年下降 52.04%，降幅大于全国平均水平，且城市群单位 GDP 工业烟（粉）尘排放量在 2015 年与 2019 年都低于全国平均水平。重点城市中，广州和深圳 2019 年的单位

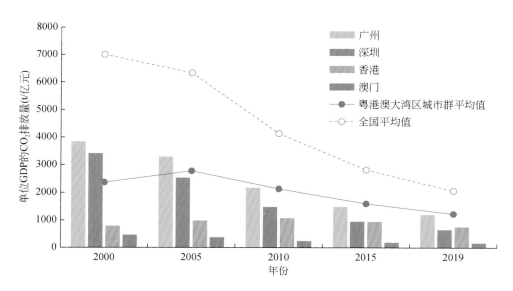

图 4-25　粤港澳大湾区城市群单位 GDP 的 CO_2 排放量变化历程

GDP 工业烟（粉）尘排放量相比 2015 年均呈现下降趋势，深圳市降幅超过城市群平均水平，对城市群工业烟（粉）尘排放量控制与经济发展的协同效率提高起到带动作用（图 4-26）。

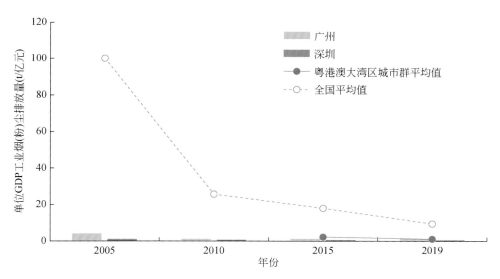

图 4-26　粤港澳大湾区城市群单位 GDP 工业烟（粉）尘排放量变化历程

粤港澳大湾区城市群 2019 年单位 GDP 的工业烟（粉）尘排放量（不含香港和澳门数据）和 CO_2 排放量比 2012 年分别下降 2.14t/亿元和 1235.89t/亿元，降幅达 67.08% 和 49.95%，反映了党的十八大以来城市群环境与经济发展协同程度的显著提高。

第四节　生态环境治理能力建设

一、基础设施

（一）城市生态基础设施

2020年，粤港澳大湾区城市群建成区绿化覆盖率为42.20%～45.83%，平均值为44.50%，高于全国平均水平（42.06%）[①]。广州、珠海、佛山、江门、中山等5市的建成区绿化覆盖率超过了粤港澳大湾区城市群均值（44.50%），而大湾区所有城市同时也都超过了全国均值（42.06%），并达到《国家森林城市评价指标》中40%的城区绿化覆盖率（图4-27）。

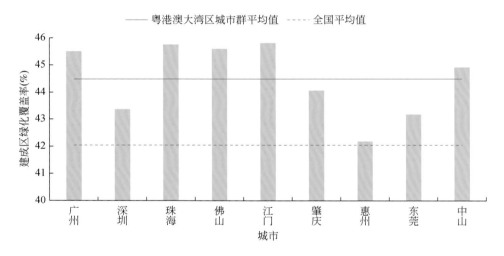

图4-27　粤港澳大湾区城市群2020年建成区绿化覆盖率

2000～2020年，粤港澳大湾区城市群建成区绿化覆盖率整体上升，2000年的平均值为36.06%，2020年上升至44.50%。在空间上，粤港澳大湾区城市群建成区绿化覆盖率的高值由点向面扩展。重点城市方面，广州由2000年的30.20%持续稳定上升至2020年的45.52%，上升了50.73%（图4-28）。

2012年以来，粤港澳大湾区城市群的建成区绿化覆盖率在稳定中出现小幅增长，2012年为41.01%，高于全国平均水平（39.59%），2020年为44.50%，同样高于全国平均水平（42.06%），城市群生态基础设施持续保持在较高水平。

---

① 由于粤港澳三地数据统计口径不统一，因此分析中不包含香港特别行政区和澳门特别行政区。

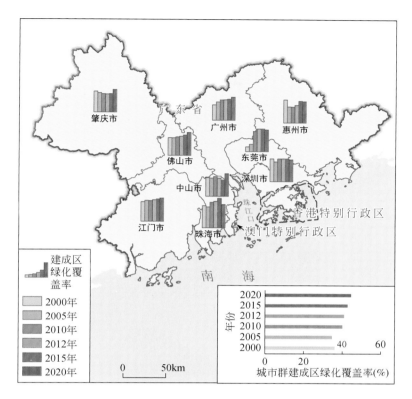

图 4-28　粤港澳大湾区城市群 2000～2020 年建成区绿化覆盖率变化趋势

（二）水环境基础设施

2020 年，粤港澳大湾区城市群污水处理厂集中处理率为 95.22%～100%，平均值为97.37%，高于全国平均水平（95.78%），各城市污水处理率均保持在 95% 以上①。广州、深圳、佛山、江门、惠州等 5 市的污水处理厂集中处理率高于粤港澳大湾区城市群的平均值（97.37%）；广州、深圳、珠海、佛山、江门、惠州、东莞、中山等 8 市的污水处理厂集中处理率高于全国平均值（95.78%），尤其是佛山的污水处理厂集中处理率已达到100%（图 4-29）。

2006～2020 年，粤港澳大湾区城市群污水处理厂集中处理率持续快速提高，2006 年平均处理率为 43.88%，2010 年快速增加到 78.27%，2015 年已达到 93.28%，2020 年上升到 97.37%。重点城市的污水处理厂集中处理率方面，广州由 2006 年的 59.96% 快速提高至 2020 年的 97.90%；深圳由 2006 年的 38.85% 快速提高至 98.11%（图 4-30）。总体上，大湾区的污水处理能力提升显著。

---

① 由于粤港澳三地数据统计口径不统一，因此分析中不包含香港特别行政区和澳门特别行政区。

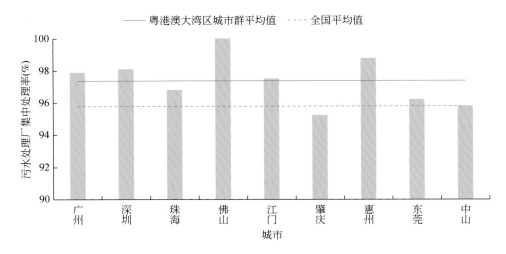

图 4-29　粤港澳大湾区城市群各城市 2020 年污水处理厂集中处理率

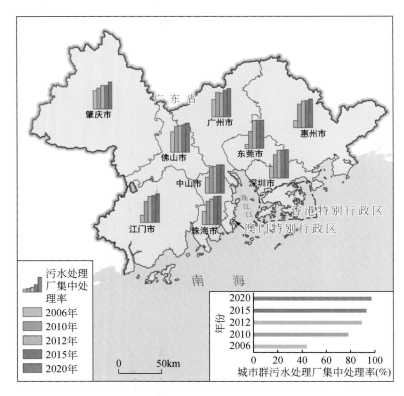

图 4-30　粤港澳大湾区城市群 2006~2020 年污水处理厂集中处理率变化趋势

2012 年以来，粤港澳大湾区城市群的污水处理厂集中处理率持续提高，2012 年为 89.43%，超过全国平均水平（82.49%），2020 年上升到 97.37%，同样超过全国平均水平（95.78%），城市群污水处理表现在全国处于前列。

（三）固体废物

　　2020 年，粤港澳大湾区城市群城镇生活垃圾无害化处理率为 100%，且所有城市的表现均高于全国平均水平（99.70%）①。2005～2020 年，粤港澳大湾区城市群城镇生活垃圾无害化处理率持续提高，2005 年的平均处理率为 84.50%，2010 年上升至 85.15%，2015 年继续上升至 96.26%，2020 年达到 100%。空间上，城市群的城镇生活垃圾无害化处理率由"北低南高"逐渐发展成全域高水平。重点城市的城镇生活垃圾无害化处理率方面，广州在 2005 年就达到了 100%，2020 年再次回升到 100%；深圳由 2005 年的 82% 持续稳定上升并一直保持 100% 的高处理率（图 4-31）。

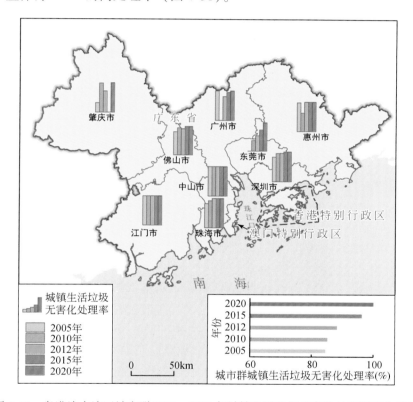

图 4-31　粤港澳大湾区城市群 2005～2020 年城镇生活垃圾无害化处理率变化趋势

　　2012 年以来，粤港澳大湾区城市群城镇生活垃圾无害化处理率持续提高，2012 年为 88.27%，低于全国平均值（91.73%），2020 年实现城镇生活垃圾 100% 无害化处理，高于全国平均值（99.7%），城镇生活垃圾处理率的快速提高也是城市群区域生态环境高质量发展的反映。

---

　　①　由于粤港澳三地数据统计口径不统一，因此分析中不包含香港特别行政区和澳门特别行政区。

二、治理机制

为高质量建设粤港澳大湾区城市群，推动生态环境持续改善，粤港澳三地采取了一系列措施加强生态环境保护合作，提升生态环境治理能力。

（一）生态环境保护合作机制

为推进区域环境保护一体化，广东不断强化顶层设计，实施规划引导，相继颁布了多部区域性环境保护规划。2005 年印发了《珠江三角洲环境保护规划纲要（2004～2020 年)》。2006 年编制的《珠江三角洲环境保护规划》是国内第一部由人民代表大会审议通过的针对区域性城市群的环保类规划。2013 年发布了《珠江三角洲环境保护一体化规划（2009～2020 年)》。2019 年中共中央、国务院印发了《粤港澳大湾区发展规划纲要》，单列专章推进生态文明建设。2020 年编制完成《粤港澳大湾区生态环境保护专项规划》，将建立健全大湾区生态环境保护合作机制放在突出位置，共同研究跨区域生态环境保护重大问题。粤港澳三地政府签订合作备忘录，在粤港澳大湾区城市群率先试行与国际接轨的生态环境管理体系。2022 年印发了《广东省生态环境保护"十四五"规划》《广东省土壤与地下水污染防治"十四五"规划》，这些规划为治理粤港澳大湾区城市群环境问题指明了方向。

（二）区域污染联防联控能力

建立粤港澳联防联控工作机制。依托粤港、粤澳合作联席会议制度，设立了粤港澳持续发展与环保合作小组、粤澳环保合作专责小组，签订了《港澳环境保护合作协议》《2017～2020 年粤澳环保合作协议》《粤港澳区域大气污染联防联治合作协议书》等双方、多方环保合作协议，持续推动空气、水、环境监测、突发环境事件通报等领域的合作。落实《珠江三角洲地区空气质素管理计划（2011～2020 年)》，推进大气污染防治合作。2014 年，粤港澳三地共同签署了《粤港澳区域大气污染联防联治合作协议书》，提出推进区域大气污染联防联治合作，共同优化了粤港澳珠江三角洲区域空气监测网络，开展粤港澳区域性细颗粒物（$PM_{2.5}$）治理联合研究，把环保合作由粤港、粤澳、港澳双边合作推进到粤港澳三边合作。

区域大气污染联防联控机制是解决区域大气污染问题的有效途径。广东在全国率先建立区域联防联控工作机制。2008 年建立区域大气污染防治联席会议制度，2010 年广东在国内最早发布实施首个面向城市群的大气复合污染治理计划——《广东省珠江三角洲清洁空气行动计划》，按照"环境保护与经济发展相结合，属地管理与区域联动相结合，先行先试与整体推进相结合"的基本原则，全面推进珠江三角洲大气污染联防联控工作。

三、监测监管能力

（一）生态环境依法治理能力

健全生态环境法规制度体系。2013 年国务院印发《大气污染防治行动计划》后，

2014 年广东省政府牵头制订了《广东省大气污染防治行动方案（2014～2017 年）》和《珠江三角洲区域大气重污染应急预案》，2018 年广东省政府印发《广东省打赢蓝天保卫战实施方案（2018～2020 年）》，2019 年实施《广东省大气污染防治条例》。

（二）区域空气质量监测能力

粤港于 2000 年成立持续发展与环保合作小组，下设珠江三角洲空气质素管理及监察专责小组。粤澳于 2002 年成立环保合作专责小组，下设空气质量监测专项小组。粤港于 2003～2005 年联合构建了粤港珠江三角洲区域空气监控网络，2005 年 11 月 30 日正式启用并发布区域空气质量指数，并于 2014 年扩展至澳门，建成了粤港澳珠江三角洲区域空气监测网络。

广东积极主动开展大气二次污染成分监测网建设。珠江三角洲地区已于 2015 年建成大气二次污染成分监测网，已建立运行机制，形成大气二次污染成分监测网建设和运行指南。针对粤港澳大湾区城市群内 O_3 污染控制未获得显著成效的现状，为进一步加强 O_3 前体物监测研究，自 2017 年起，在现有的粤港澳珠江三角洲区域空气监测网络基础上，粤港澳三方开展了挥发性有机物的试点监测工作。

（三）生态环境基础能力

《广东省生态环境保护"十四五"规划》提出要实施生态环境基础能力建设重大工程，提升生态环境监测预警能力，在粤港澳大湾区城市群实施生态环境监测现代化示范市县创建工程；实施应急监测能力提升工程，达到省级"高精尖"、区域"全覆盖"、市级"满足"、县级"最基本"的应急监测能力。建设涵盖环境应急综合分析、业务监管、预警指挥中心、小程序（APP）等四大子系统的广东省环境应急综合管理平台；提高生态环境科技信息支撑能力，实施生态环境信息化体系建设工程，建立水、气、土壤、生态、海洋、污染源等要素数据一本台账，构建"天空地"一体化生态环境监控体系。建设粤港澳生态环境科学中心等综合性科研平台，打造光化学实验室、环境健康实验室、生态环境智慧决策辅助平台等。

四、亮点工程——"正本清源"工程

2015 年 4 月，国务院发布《水污染防治行动计划》，要求到 2017 年各直辖市、省会城市、计划单列市建成区污水基本实现全收集、全处理，并基本消除黑臭水体。茅洲河作为深圳第一大河，水质污染严重。深圳紧扣住房和城乡建设部发布的黑臭水体治理的纲领性文件，于 2015 年开展了全国第一个以流域水环境综合治理为任务的工程项目——茅洲河流域水环境综合整治，推行"正本清源、雨污分流"的治理路线。

实施"正本清源"工程，旨在从源头上对正本清源小区内错接乱排、雨污混流、污水散排、雨污管网系统不完善等问题进行整改，不断完善建筑排水小区雨、污水管网和市政管网，建立健全城市雨污两套管网系统，实现雨污分流。在源头把工业污水、生活污水进行剥离，防止污水通过原老旧雨污混流排水系统进入河道。保证无污染雨水正常排入河道，污水通过市政污水干管进入污水处理厂。对于茅洲河这样两岸工业、人口密集分布的重污染河流治理，必须"正本清源"。

据排查统计，2015年深圳全市污水管网缺口达5938km，雨污不分的小区、城中村有1.2万个以上。"十三五"期间深圳补齐管网缺口实现正本清源：建成污水管网6410km，完成小区、城中村正本清源改造14 074个。新扩建8座水质净化厂，提标改造30座水质净化厂，建成43座分散式污水处理设施；全市新增污水处理能力278.33万t/d，基本实现污水全收集、收集全处理、处理全达标（深圳市生态环境局，2020）。经过全方位综合整治，茅洲河全流域水环境质量稳步提升，流域内44条黑臭水体、304个小微黑臭水体已于2019年全面消除黑臭。2020年1~10月，茅洲河共和村国考断面水质达地表水Ⅳ类标准，达到国家考核目标，水质状况总体明显好转（深圳生态环境，2021）。"正本清源"工程的成功实施为全国跨界河流水环境综合整治提供了可复制、可推广的经验。

第五节　大气污染物监测、减排与防治研究

活性VOCs与NO_x控制是我国城市群地区推进$PM_{2.5}$和O_3协同防治的重要抓手。当前，厘清活性前体物VOCs的时空变化与来源，对城市群地区$PM_{2.5}$和O_3的协同防治具有重要启示意义。中国科学院广州地球化学研究所相关科研团队在广州典型城区与区域背景地区解析了大气$PM_{2.5}$和VOCs的组成及来源，分析了典型区域O_3污染成因并提出防控对策，基于实测数据分析了交通源污染控制政策措施的实效，为粤港澳大湾区大气污染精准防控提供了科技支撑。

一、大气$PM_{2.5}$和VOCs组成及来源

2007~2020年，科研团队在每年的秋冬季对大气中的$PM_{2.5}$进行外场观测，并通过多流程的实验室分析得到$PM_{2.5}$主要化学组分（硫酸盐、硝酸盐、铵盐、有机质和元素碳）的长期变化特征（Fu et al.，2014），发现14年间，$PM_{2.5}$浓度大幅下降，下降速率为每年6.12$\mu g/m^3$，年均下降比例为9.01%（图4-32），表明粤港澳大湾区城市群近年来在$PM_{2.5}$污染控制方面取得了显著成效。整体年际变化趋势表现为，$PM_{2.5}$年均浓度处于下降趋势，$PM_{2.5}$主要化学组分的浓度也呈现明显的下降趋势。从$PM_{2.5}$的化学组分来看，所有年份$PM_{2.5}$主要成分占比最大的都是有机质（OM）。其中OM在2020年占比最大，为44%；其次是硫酸盐（SO_4^{2-}）和硝酸盐（NO_3^-），硫酸盐在2015年占比最高，为23%，硝酸盐在2020年占比最高，为16%；之后为铵盐（NH_4^+），在2015年占比最高，为10%；然后是元素碳（EC），2007~2020年在$PM_{2.5}$中占比为3%~6%。其他组分在$PM_{2.5}$中占比为5%~49%。在$PM_{2.5}$所有主要组分中，下降幅度最大的是硫酸盐和有机质，其中硫酸盐的浓度从22.66$\mu g/m^3$下降到6.61$\mu g/m^3$，平均每年下降9%，有机质平均每年降低6%。

（一）$PM_{2.5}$来源组成的长期变化趋势

基于观测得到的$PM_{2.5}$组分数据，通过正交矩阵因子法（positive matrix factorization，

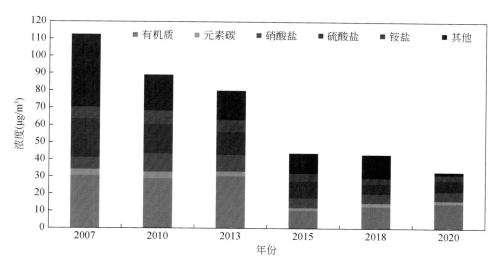

图 4-32 粤港澳大湾区城市群 2007～2020 年 $PM_{2.5}$ 的浓度和主要化学组成

PMF），结合多种无机和有机分子标志物解析，得到粤港澳大湾区城市群 $PM_{2.5}$ 的来源组成，图 4-33 为 2013～2020 年粤港澳大湾区城市群 $PM_{2.5}$ 来源组成和年变化。$PM_{2.5}$ 污染来源中贡献最大的为燃煤排放源和面源（包括生活面源和农业面源等），对 $PM_{2.5}$ 的贡献比例分别为 10%～22% 和 16%～27%，平均贡献分别为 18% 和 19%；机动车排放源对 $PM_{2.5}$ 的贡献比例为 10%～17%，平均为 10%；非道路移动源（包括船舶、工程机械等）对 $PM_{2.5}$ 的贡献日渐凸显，占比从 10% 左右增加到 20%；其他生物质燃烧、天然源、工业工艺源和扬尘源对 $PM_{2.5}$ 的贡献均小于 10%。从 2013～2020 年各个排放源对 $PM_{2.5}$ 贡献比例的年变化趋势来看，机动车排放源、燃煤排放源、工业工艺源和扬尘源均呈现出显著下降趋势，分别降低了 33%、46%、47% 和 29%；这些排放源贡献的显著降低与粤港澳大湾区城市群近年来采取的控制机动车排放、加快老旧车淘汰、提升扬尘污染控制水平、提倡清洁化生产、加强污染治理力度等措施有关。与之相反的是，非道路移动源、面源尤其是农业面源在 $PM_{2.5}$ 排放源中的占比呈逐年增加趋势，成为未来 $PM_{2.5}$ 精细化管控中需要重点管控的对象。

（二）VOCs 组成的长期变化趋势

如图 4-34 所示，除 2007 年外，2008～2020 年烷烃是 VOCs 的最重要组分，占比为 44%～62%，平均贡献为 51%；其次组成占比较大的为芳香烃，贡献比例为 20%～42%，平均贡献为 33%；烯烃贡献 4%～17%，平均占 10%；炔烃贡献 4%～11%，平均贡献为 8%。

2007～2020 年年变化趋势显示，烷烃贡献比例呈显著增加趋势，而烯烃和炔烃比例则呈现逐年下降趋势；主要源自工业活动排放的芳香烃在总 VOCs 中的占比波动较大，没有明显的年变化趋势，2007 年芳香烃占比（41%）贡献略大于烷烃（37%），2008 年相比 2007 年芳香烃占比减少了近 50%，主要原因是当年经济危机导致整个粤港澳大湾区城市群工业活动大幅减少，其后经济活动逐步恢复，芳香烃占比逐渐增加，而 2014～2015 年

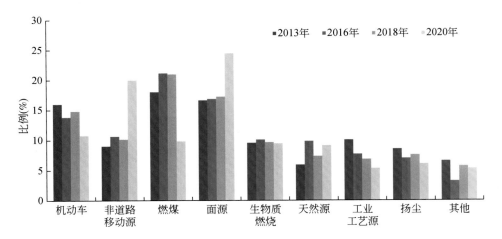

图 4-33　粤港澳大湾区城市群 2013～2020 年 PM$_{2.5}$的来源组成

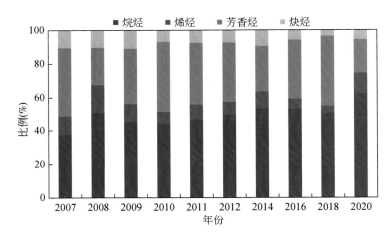

图 4-34　粤港澳大湾区城市群 2007～2020 年 VOCs 的主要组分变化

又下降到接近 2008 年的贡献比例，推测应与 2014～2015 年世界范围内经济衰退影响工业等活动有关。2020 年相比 2012 年芳香烃占比降低了 43%，说明工业企业清洁化生产对减少芳香烃排放有较显著贡献。由于芳香烃是生成 O$_3$ 和二次有机气溶胶（SOA）的主要前体物，芳香烃的减少也有利于空气质量的改善。

二、典型区域 O$_3$ 污染成因及防控对策

针对典型 O$_3$ 污染时段，科研团队通过对 O$_3$ 及其前体物 VOCs 和 NO$_x$ 的综合外场观测，对 VOCs 组分进行实验室分析，利用光化学机制盒子模式判识了 O$_3$ 生成的敏感性和关键 VOCs 前体物，通过受体模式对 VOCs 进行了来源解析，并基于观测分析对 O$_3$、NO$_x$ 和 PM$_{2.5}$ 的协同防控提出了对策建议。

（一）基于观测的 O_3 生成模拟

基于野外观测数据，利用光化学机制盒子模式对 O_3 生成进行模拟（Wang et al.，2022）。从图 4-35（a）可以看出，模型能够很好地模拟出广州典型城区 O_3 的日变化过程，模拟值与观测值有较好的一致性。

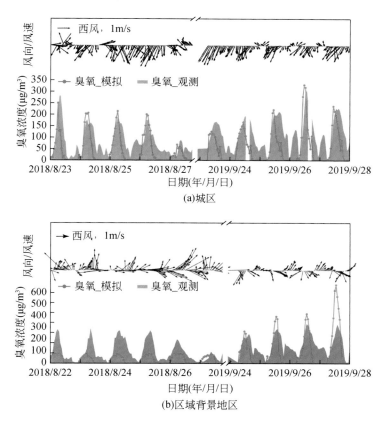

图 4-35　典型城区（a）和区域背景地区（b） O_3 生成模拟与观测对比

早晨到正午前后模型模拟情况较好，下午到傍晚模型模拟值低于观测值，夜间通常也能观测到较高浓度的 O_3，这应与午后 O_3 的区域输送有关。而图 4-35（b）显示，区域背景地区（广州南沙）夏季 O_3 模拟值普遍低于观测值，秋季 O_3 模拟值高于观测值；同时发现，对应的夏季日间风速较大，而秋季风速偏小，说明夏季白天受区域输送影响较大，秋季白天则以本地生成为主。另外，秋季夜间观测到 O_3 峰值，其主导风向为偏南风，这应为粤港澳大湾区城市群污染较重地区白天生成的 O_3 夜晚输送到下风向背景地区所致。

（二） O_3 的敏感性判识

使用主要大气化学机理（master chemical mechanism，MCM），计算不同区域生成 O_3 前体物的相对增量反应活性（relative incremental reactivity，RIR）的变化，城区 O_3 生成主要

由 VOCs 控制，区域背景地区 O₃ 生成则是由 VOCs 和 NOₓ 共同控制，不同时间的敏感性有一定差异。从 VOCs 主要组分的相对增量反应活性来看，O₃ 生成除了对天然源 VOCs 敏感性较高外，对芳香烃和羰基类化合物的敏感性也较高。由于对 O₃ 生成敏感性较高的 VOCs 种类有显著的时间和空间差异性，因而控制 O₃ 要分区域、分时段制定控制对策。

（三）O₃ 前体物 VOCs 的来源解析

通过正交矩阵因子（PMF）分解模式解析得到粤港澳大湾区城市群典型城区和区域背景地区典型季节 VOCs 主要排放源贡献及组成（图 4-36）（Zhang et al., 2021；Zhang et al., 2013；Zhang et al., 2012）。在城区液化石油气/天然气（LPG/LNG）排放源对 VOCs 的贡献最大，为 34%；其次为汽油相关排放源，贡献为 28%；工业过程排放源和溶剂使用排放源贡献总和为 23%；生物质/成型燃料/煤燃烧贡献为 10%；天然源排放较少，贡献为 4%。区域背景地区与城区相比贡献组成有较大不同，汽油相关排放源对 VOCs 贡献最大，为 27%；其次为工业过程排放源和 LPG/LNG 排放源，贡献均为 19%；生物质/成型燃料/煤燃烧对 VOCs 的贡献为 13%；天然源贡献为 6%。

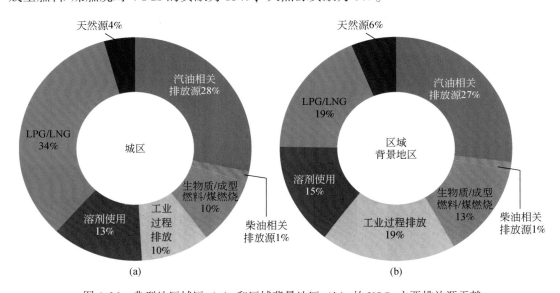

图 4-36 典型地区城区（a）和区域背景地区（b）的 VOCs 主要排放源贡献

（四）O₃ 和 PM₂.₅ 污染控制建议

近地面 O₃ 主要是 VOCs 和 NOₓ 的光化学产物；NO₂ 的生消过程不仅与排放有关，还与包括 O₃ 在内的氧化剂和包括颗粒物在内的表面非均相过程相关；当前 PM₂.₅ 中二次有机气溶胶（SOA）未能有效调控，有机组分所占比例抬升，无机组分中硝酸盐可能日趋重要，而 SOA 是 VOCs 大气氧化产物，硝酸盐又源于 NOₓ 大气转化。因此，O₃、NO₂ 和 PM₂.₅ 三者协同防控的着力点正是 NOₓ 和关键活性 VOCs。欧美发达国家经验表明，O₃ 防控可能比 PM₂.₅ 防控更加困难和复杂。粤港澳大湾区城市群要继续发挥前期在空气污染防治方面

"先行先试"的带头作用，在此基础上，进一步明确关键污染物种、关键排放源、关键行业和关键区域，注重长效机制和精准性，以精细的工程措施与管理对策逐年稳步推进 O_3、NO_2 和 $PM_{2.5}$ 的协同防控。

三、基于实测的交通源污染控制实效分析

图 4-37 为 2004 ~ 2014 年广州城区机动车 $PM_{2.5}$、有机碳（OC）和元素碳（EC）排放因子的变化情况。10 年间道路行驶机动车由 2004 年的汽油机动车（80%）和柴油机动车（20%），变化为 2014 年的汽油机动车（61%）、液化石油气（LPG）机动车（27%）和柴油机动车（12%）。随着机动车排放标准和燃油标准的不断提升（王新明等，2015），平均每辆车的 $PM_{2.5}$、OC 和 EC 排放因子相比 2004 年分别下降了 23.4%、8.3% 和 72.3%。这表明机动车燃料的清洁化、机动车排放标准和燃油标准的提升有利于颗粒物排放的减少。但值得注意的是，虽然单辆车污染物排放有一定程度减少，但是近年来机动车数量却呈现较大的涨幅，2020 年底粤港澳大湾区城市群民用汽车保有量达 1794.49 万辆（广东省统计局，2021），机动车污染物排放仍然是空气污染控制需要重点关注的排放源。

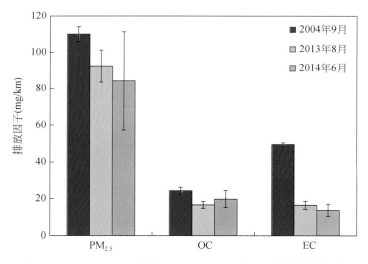

图 4-37　2004 ~ 2014 年机动车 $PM_{2.5}$、OC 和 EC 排放因子变化

通过 10 年 VOCs 源谱对比，发现车辆尾气中 VOCs 的成分变化很大程度上是由车辆的组成、排放标准以及燃料类型和质量的差异决定的。2014 年，道路行驶机动车中 LPG 车占比增大，丙烷、正丁烷和异丁烷被确定为 LPG 车排放的主要成分，因而丙烷和丁烷百分比的增加可能反映了出租车与公共汽车所使用的燃料从汽油或柴油到液化石油气的转变。2014 年芳香烃和烯烃的排放因子相比 10 年前降幅在 5% ~ 91%。更严格的排放限值和 LPG 作为燃料使用的增加可能导致总 VOCs 与特定 VOCs 物种的排放因子发生改变。

机动车氨气（NH_3）和 NO_x 排放因子 2013 ~ 2019 年均呈现显著下降趋势（图 4-38），平均每辆车每千米的 NH_3 排放减少了 92%，NO_x 排放减少了 76%，说明我国近年来的污染

管控措施对机动车 NO_x 和 NH_3 减排的成效非常明显。NO_x 既是形成 O_3 的前体物，又对 $PM_{2.5}$ 中硝酸盐的生成有贡献，而 NH_3 是 $PM_{2.5}$ 中铵盐的重要前体物，因而，NO_x 和 NH_3 的减排有利于 $PM_{2.5}$ 和 O_3 的协同控制。

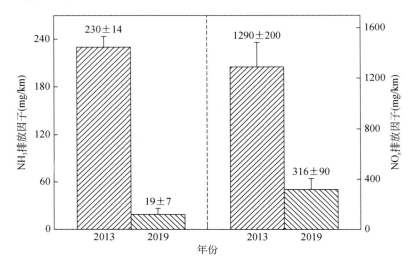

图 4-38 2013 年和 2019 年机动车 NH_3 和 NO_x 排放因子变化

为评估实施燃油转换政策前后船舶排放的变化，根据设立排放控制区前后的实测数据，在重要的港口广州港，登船测试了多艘沿海船舶和内河船舶在停泊状态下的颗粒态与气态污染物的排放情况，以评估排放控制区设立前后因燃油限硫带来的污染物排放变化。除 $PM_{2.5}$、SO_2 等常规污染物，重点探讨 VOCs 排放变化及其相应带来的 O_3 和二次有机气溶胶生成潜势的改变。研究主要发现：同样两艘海船，实施排放控制区限硫政策后，沿海船舶 SO_2 和 $PM_{2.5}$ 的排放因子显著下降（图 4-39），平均下降比例分别约为 79% 和 55%。

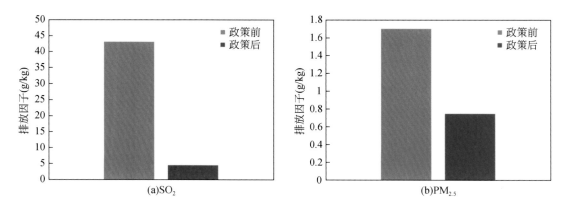

图 4-39 沿海船舶燃油政策实施前后的 SO_2 和 $PM_{2.5}$ 排放因子变化

第六节 工业退役场地修复智能管理平台

随着粤港澳大湾区城市群产业结构升级和空间布局优化，大量工业搬迁遗留的退役污染场地迫切需要实现安全再利用。近年来，粤港澳大湾区场地修复工作明显提速，域内修复行业企业逐渐驶入发展的快车道。中国科学院城市环境研究所相关科研团队针对粤港澳大湾区退役场地污染修复工作的实际管理需求，以场地环境大数据为基础，以多模型融合运行为关键，以信息化智能化管理为导向，构建了服务修复行业企业的退役场地修复业务全周期管理平台，并通过广州广船国际有限公司污染场地修复项目示范了平台的完整应用，为场地修复企业高质量发展提供了科技支撑。

一、管理平台概述

粤港澳大湾区城市群工业场地污染修复管理平台由地块分布分析、数字修复、风险评估和技术筛选、专家辅助与知识库及数据录入五大功能模块组成。平台能够迅速准确地从空间、多样体、多变量数据中提取工业场地土壤污染特征，对现有环境风险、场地基础信息、污染信息、各种监测和管理数据进行汇总分析，为工业场地污染治理提供可行的决策辅助。同时平台基于物联网可对现场修复运行设备进行动态监测与数据收集，并内嵌智能算法，可实现修复设备运行过程的控制变量寻优，为修复设备运行关键工况参数的调控与优化提供依据。平台利用 iServer 开源架构集成三维地球引擎，建立传感器数据融合实景三维的数据多维展示技术，实现场地修复全流程的数字化管理与可视化展示。总体而言，平台综合采用计算机、人工智能、统计分析和地理信息系统等技术，具备跨平台性、稳定性、可扩展性和安全性等特征，结合三维虚拟现实等可视化手段展示数据，能够做到收集数据、分析数据、发布数据、监察数据、业务应用数据一体化云运行，可为行业企业开展污染场地修复和管理提供科技支撑（表4-3）。

表4-3 平台开发环境

开发语言	Java
开发 JDK	1.8.0 版本
Springboot	2.7.1 版本
mybatis	2.2.2 版本
页面技术	React hooks^18.0.0+TypeScript^4.6.3+vitejs^2.9.9+less^4.1.3+antd4.21.6
GIS 客户端	SuperMapiDesktop 10i
GIS 服务	iServer
数据库平台	MYSQL 5.7.24

该平台经过调试期的稳定运行和逐步完善，已形成具备业务化运行能力的大湾区工业退役场地模块化、标准化监测评估与数据信息处理平台，可为场地污染修复工作提供高效

数字化管理工具。

二、管理平台构建关键技术

（一）工业退役场地环境多源异构数据采集融合技术

针对工业退役场地大数据管理分析效率低下的问题，以场地基本信息、水文地质信息、修复工程信息、修复效果评估等场地数据为元数据，通过主成分分析、独立成分分析、回归分析、聚类分析等数理统计方法对样本数据进行降维操作，解决原始数据中数据不完整和形式不统一的问题，形成规范统一的数据格式支撑分析应用；最后利用数据湖（Data Lake）分布式数据存储技术建立工业退役污染场地多源异构数据库，满足场地污染修复相关业务数据管理的需求。

（二）基于机器学习的修复工艺辅助决策模型

为提升修复技术装备效能，基于机器学习的修复工艺参数预测技术为设备智能化提供了支撑。以异位热脱附装备为例，基于加热温度、回转窑转速及初始污染物浓度等元数据，利用深度神经网络（DNN）进行热脱附修复技术工艺数值模拟。深度神经网络对历史运行数据进行特征提取与拟合训练后，模型可根据污染物初始浓度对回转窑转速、加热温度、燃气流速等修复工艺关键参数给出经验值预测，实现基于初始污染物浓度的修复工艺关键参数设定辅助决策，为后续开展修复工艺、技术及管理优化研究提供良好的基础条件。

（三）基于微服务的场地污染空间模拟与多模型融合运行技术

针对场地风险管控策略日益精细化的要求，基于三维离散土壤样点数据和地统计分析方法预测未采样区域的污染物含量，并与倾斜摄影模型、精细地物模型、多源物联数据等构建的实景三维空间底座相结合，实现污染空间数值模拟。在此基础上，通过微容器服务技术，开发环境信息查询、修复工艺辅助决策模型、风险评估与修复技术筛选等分析模型的微服务组件，形成为不同层级和不同类别用户提供多目标情景分析的场地环境管理对策调用工具库。

（四）全息三维场景构建与可视化技术

针对场地风险管控信息化需求，构建场地倾斜摄影、地质体、物联传感器等多源异构数据融合的实景三维场景，形成场地环境监测在线感知和污染空间刻画实时交互的空间智能模拟技术。同时将分析模型涉及的主要数值模拟模块和环境业务模块进行组件化封装，构建一套完整的工业场地环境组件库，形成多源数据智能分析的工业场地环境监测评估及修复管理可视化"一张图"体系。

三、管理平台主要功能

工业退役场地污染修复管理平台部署于广州广船国际地块场地修复一期和二期修复工

程。平台主要为修复企业提供修复技术智慧遴选、场地修复全过程智能监管和场地土壤环境质量动态变化实时监测等服务。

（一）地块分布分析

地块分布分析模块涉及区域内地块基础信息的新建、数据统计及可视化展示，数据主要来源于大湾区《建设用地土壤污染风险管控和修复名录》《国控重金属和危废企业》和各级环境主管部门网站及企业官网基础信息。其中地块基本信息包括地块名称、生产经营时间、地块状态、污染物类型、用地现状、主要污染物、调查信息公开情况、调查信息附件等；同时将地块所属区县与系统内置的自然地理信息关联，可以按照场地状态、所属区域、行业特点等维度进行可视化分析（图4-40）。

图4-40 项目信息管理

（二）数字修复

数字修复模块主要针对工业退役污染场地修复工程实施的信息化管理需求进行构建，由场地总览、调查信息、风险评估、污染模拟、数据监测、历史数据6个子模块构成。场地总览通过加载倾斜摄影模型展示场地区域的三维场景，并与实地模型属性信息、传感器数据、修复设备运行数据相关联（图4-41），通过点击场地修复设备可自动跳转定位模型，并弹出设备运行状态、运行参数、传感器状态等实时信息，也可对历史运行记录进行查询（图4-42）；同时基于实景三维信息可精确调取不同区域监控影像，实现工程现场情况的实时反馈。

调查信息与风险评估界面主要对场地数据进行分析整理，形成规范的图表以供查询；污染模拟主要基于空间插值算法等对污染物数据进行空间分布模拟分析（图4-43），并与倾斜摄影数据相叠加，实现精细地物模型与插值数据关联；数据监测和历史数据模块，主要对修复施工过程中的数据和文档进行存档与分析，将修复区内的修复成效评估情况进行可视化展示。

图 4-41　数字修复界面

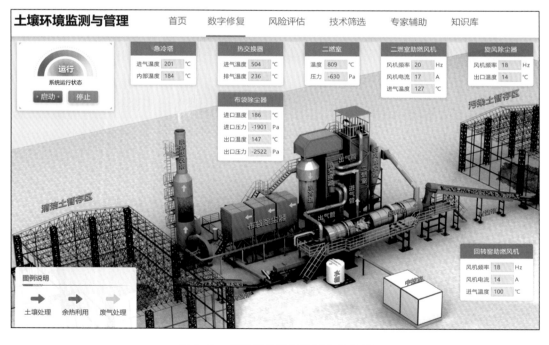

图 4-42　修复设备运行数据查询界面

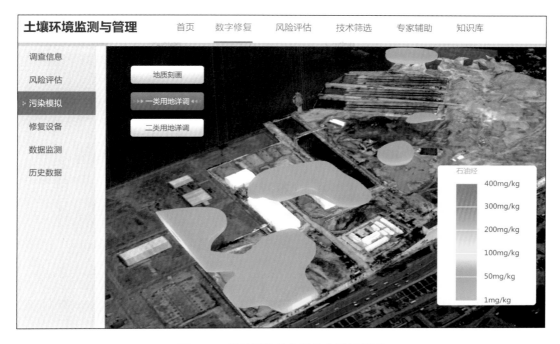

图 4-43　场地污染的空间分布模拟界面

（三）修复技术筛选

分析国内外较为成熟且在工程中应用的土壤和地下水修复技术原理、适用性及局限性等，结合建设用地土壤修复技术导则的要求，基于多目标决策构建修复技术筛选矩阵，从技术成熟度、目标污染物及土壤类型、修复效果、修复周期和成本等方面提供相应条件选项供用户选择，在条件选择后通过筛选矩阵得到结果界面；对于复合污染场地，提供污染物种类多选功能，之后再适配技术指标、经济指标和技术应用的优缺点等其他条件进行技术筛选（图 4-44）。

综上，在场地修复领域应用信息化技术可以视为建立创新与实用兼具的环境治理模式的新开始，既需要理论、方针和原则的指导，也需要科学、统筹配套基础设施建设，更需要实时跟踪评估以调控优化。从信息化建设的实践看，应重点从业务需求、数据挖掘、智能决策三个方面，持续推进应用场地智慧管理策略的信息化系统集成建设。

（1）对退役场地相关业务进行系统性分析，基于管理平台不断累积的数据，发展基础与核心应用模块向在产企业风险预警管控平台的复制及功能拓展。

（2）发展先进模型技术，构建环境模拟模型与预测技术体系，同时探索环境数据挖掘模型、环境统计分析方法和环境质量时间序列分析等技术，发展多模态模型，提升数据分析挖掘与应用能力。

（3）将"数字修复"逐步升级到"智慧修复"，通过云计算技术整合场地各种物联网设备，实现环境业务与信息化系统的有机融合，以更加精确和动态的方式提升场地修复的智慧管理与决策水平。

图 4-44　修复技术筛选界面

第七节　固体废物产排规律与资源化技术

固体废物是放错位置的资源，固体废物资源化利用是国家和地区生态文明建设水平的重要标志，是构建"无废城市"的重要抓手。由于工业企业众多，粤港澳大湾区城市群在固体废物管理和资源化方面具有广阔的市场。在此背景下，中国科学院城市环境研究所、中国科学院过程工程研究所相关科研团队识别了粤港澳大湾区建筑垃圾、电子垃圾和工业固废的产排规律，研发了固废资源化技术，搭建了多源固废转化一体化智能集成管控系统，相关技术在粤港澳大湾区城市群内唯一的国家级资源循环利用基地得到了示范应用，系列成果为推进粤港澳大湾区城市群"无废城市"建设提供了重要科技支撑。

一、固体废物产排规律

（一）建筑垃圾

为了准确评估粤港澳大湾区城市群的建筑垃圾产生量并辨识其变化趋势与结构，中国科学院城市环境研究所科研团队核算了 1978～2018 年粤港澳大湾区城市群不同城市、不同建筑材料的理论报废量。研究结果表明，粤港澳大湾区城市群的建筑垃圾产生量呈现逐年增加趋势，从 2000 年的 563.12 万 t 增加到 2018 年的 1752.33 万 t，年均增长率为 6.90%。其中，水泥和钢铁的报废量最大，分别从 2000 年的 440.45 万 t 和 96.12 万 t 增长到 2018 年的 1343.72 万吨和 359.84 万 t。铝合金报废量的增长速度最快，从 2000 年的 2.44 万 t 增长至 2018 年的 19.34 万 t，年均增长率为 12.95%。空间上，建筑垃圾产生量呈现"人"字形结构，广州、深圳和佛山的建筑垃圾产生量显著高于其他城市（图4-45）。

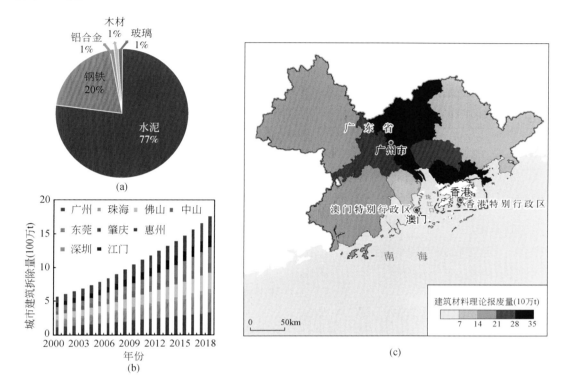

图 4-45　粤港澳大湾区城市群建筑垃圾产生量

（二）电子垃圾

为了准确评估粤港澳大湾区城市群的电子垃圾产生量并辨识其变化趋势与结构，对1978～2018年粤港澳大湾区城市群各城市电子垃圾（包括废旧电视机、废旧洗衣机、废旧电脑、废旧电冰箱和废旧空调）报废量进行了核算。研究结果表明，近年来，粤港澳大湾区城市群的电子垃圾产生量总体上得到了较好的控制。2000～2018年电子垃圾产生量呈现持续上涨趋势。2018年已达到749.52台/年，是2000年的4倍多，但增长速度在2012年后显著放缓，年均增长率从10.15%下降至4.22%。5种电子垃圾的增长速度均呈现下降趋势。其中，废旧电脑和废旧空调的增长速度分别降至8.79%和4.55%，而废旧电视机、废旧洗衣机和废旧电冰箱的增长速度均已降至4%以下（图4-46）。

电子垃圾的结构变化较大。2000年，电子垃圾以废旧电视机（占比31.27%）和废旧洗衣机（占比32.25%）为主，而废旧空调和废旧电脑仅占总量的9.35%和1.25%。2018年，废旧空调成为了电子垃圾的主要成分，占比高达32.25%，其次是废旧电视机（23.08%）、废旧洗衣机（15.88%）、废旧电冰箱（14.96%）和废旧电脑（13.83%）（图4-46）。

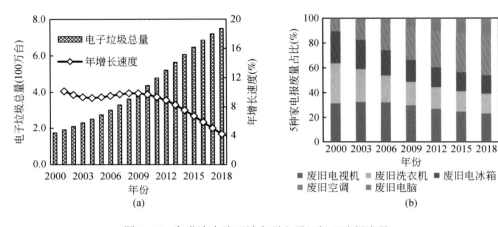

图 4-46 粤港澳大湾区城市群电子垃圾理论报废量

不同城市的电子垃圾产生量差异较大。其中，广州和深圳的电子垃圾产生量最高，2018 年分别达到 216.77 万台/年和 152.77 万台/年，其后是东莞（112.60 万台/年）和佛山（97.52 万台/年），江门、肇庆、惠州、中山和珠海的电子垃圾产生量较低，仅为 20.12 万~40.33 万台/年。以上研究结果为粤港澳大湾区城市群电子废弃物的回收和相关政策的制定提供了科学数据。

（三）工业固体废物

2012~2020 年，粤港澳大湾区城市群的一般工业固废产生量总体呈现先减少后增加的趋势，排名前三的城市分别为东莞、广州和佛山。2018 年后，东莞一般工业固废产生量超过广州，成为粤港澳大湾区城市群一般工业固废产生量最高的城市。2020 年，东莞、广州和佛山一般工业固废产生量分别为 668.18 万 t、566.95 万 t 和 447.04 万 t，平均综合利用率达 80% 以上。总体上，粤港澳大湾区城市群多数城市经历了以劳动密集型和高能耗产业为主要推动力的快速发展阶段，逐渐进入绿色发展转型阶段。当前，仍需关注工业固体废物的处理处置。

二、固体废物资源化技术开发应用

（一）有机固体废物循环利用关键技术

中国科学院城市环境研究所科研团队在有机固体废物循环利用方面突破了相关技术瓶颈，取得了一系列技术成果：80% 含水率污泥一次性脱水降低到 40% 以下；餐厨垃圾废油脂的生物塑料（PHA）转化率达到 60% 以上；发酵液中 COD 去除率达到 85% 以上、沼气中甲烷含量可达到 80%；污泥和沼渣在 600℃ 左右的温度下热分解，得到生物炭固体物质，其中的抗生素被 100% 去除，重金属稳定固化超过 85%，营养元素（氮、磷、钾）约 80% 被固持在生物炭中；污泥减量化达到 90% 以上（图 4-47）。实现了飞灰处理产物可溶氯含量<2%和资源化产品得率>45%（干重）的技术突破，飞灰处理产物和资源化产品均达到国家相关标准（图4-48）。上述技术在深圳及东莞开展了万吨级工业示范应用。

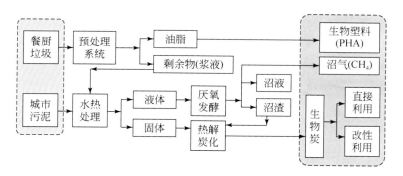

图4-47 城市污泥与餐厨垃圾协同资源回收技术路线图

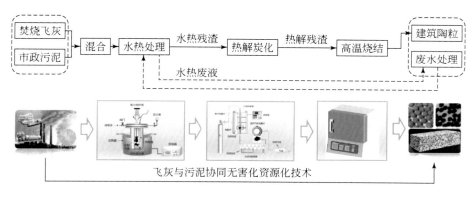

图4-48 生活垃圾焚烧飞灰资源化技术路线图

（二）城市矿产循环利用关键技术

中国科学院过程工程研究所科研团队对含铜电子污泥进行富氧熔炼实验室小试和扩试工艺研究，发现适当提高富氧浓度有利于提升熔炼指标，熔炼温度可达1200～1350℃，富氧吹炼条件下，富氧浓度可达26%～28%，铜回收率比现有普通空气鼓风吹炼工艺提高2%以上，床能力提高28%以上。

针对固废资源转化过程关键组分在线监测与数字化监管能力薄弱等问题，中国科学院过程工程研究所科研团队突破了固废标准样品原位高均匀自动制备、关键元素光谱自动滤波校准、径向基（RBF）自适应神经网络精准定量等关键技术，研制了适用于工业多场景的"样品取样–预处理–检测分析–精准定量"全自动一体化固体物料高精度在线快速检测分析仪，实现了复杂相态物料能量色散X射线荧光（XRF）检测新装置在东莞海心沙国家资源循环利用基地现场的首台（套）应用。

以上技术为海心沙15万t级表面处理废物火法熔炼示范工程提供了工艺参数支撑（图4-49、图4-50）。

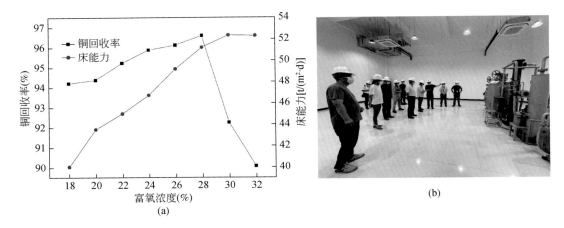

图 4-49　含铜电子污泥熔炼扩试富氧浓度和铜回收率关系

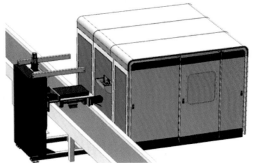

图 4-50　工业过程固体物料元素在线检测装备

中国科学院过程工程研究所科研团队开发了针对分散源 VOCs 的降解催化材料，筛选出高活性催化剂。以锰氧化物（MnO_x）、钴氧化物（CoO_x）、铝酸钴（$CoAl_2O_4$）和贵金属［铂（Pt）、钯（Pd）、钌（Ru）］等具有催化氧化功能的物质为光致热催化材料的活性组分，从中筛选出具有良好分散源 VOCs 催化降解性能的物质，制备得到了整体式光致光热催化剂（图 4-51），在海心沙国家资源循环利用基地得到示范应用。

针对粤港澳大湾区废矿物油回收的全分子蒸馏工艺路线不成熟且设备投资大的问题，中国科学院过程工程研究所科研团队开发了废弃润滑油/矿物油资源化核心技术（IPE-Reyoil-Tech），实现了有价组分回收率>85%，装置正常运行时间较传统工艺提高了 50%（图 4-52），并在东莞海心沙国家资源循环利用基地建成 5 万 t 级示范工程。

（三）多源固废循环利用智能监控技术

中国科学院过程工程研究所科研团队针对固废资源能源转化效率低、智能管理时效性差等问题，开发了城市多源固废转化一体化智能集成管控系统，实现了城市多源固废物料

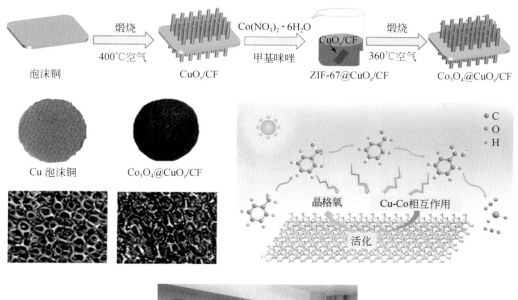

图 4-51　金属基整体式催化剂及净化设备

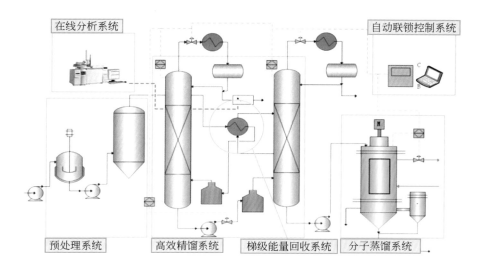

图 4-52　废弃润滑油/矿物油资源化工艺路线与示范工程现场图

转化的实时动态模拟、关键资源环境元素全过程跟踪等应用功能部署与建设（图 4-53），在东莞海心沙国家资源循环利用基地得到示范应用。

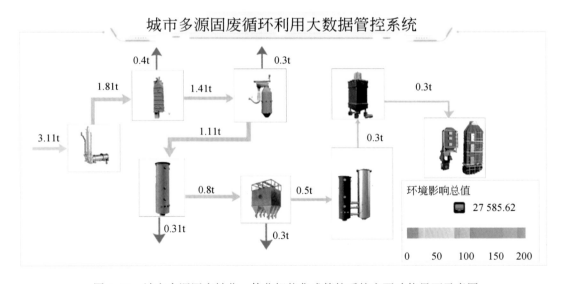

图 4-53　城市多源固废转化一体化智能集成管控系统主要功能界面示意图

第八节　产业绿色发展与环境管控研究

《粤港澳大湾区发展规划纲要》要求促进粤港澳大湾区城市群转变发展方式，以新理念、新思维推进高质量和绿色发展。中国科学院城市环境研究所相关科研团队以东莞为典型案例，开展了东莞产业突发环境风险调查与评估，开发了突发环境风险可视化平台并在东莞得到应用，同时编制完成《面向大湾区经济的东莞市产业绿色发展与环境管控规划（2020～2035年）》，以期为粤港澳大湾区城市群提升绿色发展水平，推进产业转型升级与生态环境建设的耦合发展提供参考和借鉴。上述规划经东莞市政府批准，以东环〔2022〕17号于2022年2月10日发布实施。

一、产业突发环境风险调查与评估

（一）东莞企业突发环境风险特征分析

东莞产业突发环境风险单元类别多且错综复杂。基于对东莞环境风险源产生、处理处置情况的调查，梳理甄别出3061家风险企业。其中，一般突发环境风险企业1980家，占65%；较大突发环境风险企业965家，占31%；重大突发环境风险企业116家，占4%。从行业分类特征来看，电气机械及设备制造业类企业数量最多，为644家，占21.04%；塑料零件及其他塑料制品制造业类、纺织服装鞋帽制造业类企业649家，占21.20%。有重大突发环境风险的企业主要属于石油化工类、电子信息、装备制造行业，一般突发环境风险企业包括部分纺织服装业、造纸及纸制品业、食品饮料行业企业，其中食品饮料行业突发环境风险主要集中于食用植物油、啤酒制造等行业。

风险企业分布不均，工业、居民区混杂。从镇街尺度的分布情况来看，风险企业在空间上呈显著的集聚性，主要集中在沿海、城镇和埔田片区。突发环境风险核密度高值区主要有以下三个片区：其一集中于西南部虎门、长安等镇街；其二为石排镇、茶山镇、东坑镇等中部片区；其三为塘厦、凤岗等东南部镇街片区。总体上东莞产业布局存在一定的环境风险，需要进行优化调整。

（二）突发环境风险可视化平台开发

环境风险评估可视化平台通过图形符号参量变化对环境污染物风险源分布、风险评估结果及环境风险防护区覆盖位置进行可视化表达，为区域产业结构调整、产业布局优化与调控提供决策参考。该平台可实现环境风险源识别、环境风险空间分析、风险防控范围划定及可视化，见图4-54。

二、东莞市产业绿色发展与环境管控规划

（一）总体目标与产业绿色发展指标

总体目标：聚焦"科技创新+先进制造"，坚持生态优先、绿色发展，助力东莞加快打造"七大新高地"，实现经济在万亿新起点上的高质量发展，实现千万人口与城市深度融合、共生共荣，奋力谱写东莞现代化建设新篇章。

为实现上述总体目标，研究提出产业绿色发展指标体系，涉及产业结构、资源利用、创新驱动、发展效益和生态环境共5大类25项具体指标（表4-4）。

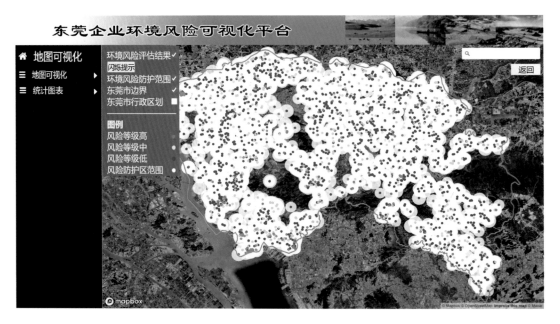

图 4-54　东莞各镇街企业环境风险特征情况

表 4-4　东莞产业绿色发展指标

类别	指标	2020 年现状值	2025 年目标值	2030 年目标值	2035 年目标值	指标属性
产业结构	服务业增加值占 GDP 比例（%）	45.9	50	55	60	预期性
	现代服务业占服务业比例（%）	63.8	67	>70	>73	预期性
	制造业增加值占 GDP 比例（%）	49.7	41	38	35	预期性
	高新技术制造业增加值占规模以上工业增加值比例（%）	37.9	43	46	50	预期性
资源利用	单位 GDP 能源消耗降低（%）	[33.8]	按省核定目标执行	按省核定目标执行	按省核定目标执行	约束性
	单位 GDP 用水量（t/万元）	23.4	15.8	10.6	7.1	约束性
创新驱动	国家高新技术企业数量（家）	6 385	>8 000	>9 000	>10 000	预期性
	科技孵化器数（家）	118	>180	>250	>300	预期性
	发明专利授权量（件）	[8 006]*	>10 000	>14 000	>27 000	预期性
	全市 R&D 投入强度（%）	3.06	>3.20	>3.50	4.00	预期性
发展效益	广东省 500 强企业数（家）	14	>20	>21	>22	预期性
	规模以上工业劳动生产率（万元/人）	15.86	>28	>35	>40	预期性
	亿元 GDP 建设用地（km²）	0.135	<0.083	<0.050	<0.040	预期性

类别	指标		2020年现状值	2025年目标值	2030年目标值	2035年目标值	指标属性
生态环境	单位GDP污染物排放量（g/万元）	挥发性有机物	68.0**	持续下降	持续下降	持续下降	预期性
		氮氧化物	1179.9**	持续下降	持续下降	持续下降	预期性
		化学需氧量	598.6**	持续下降	持续下降	持续下降	预期性
		氨氮	130.5**	持续下降	持续下降	持续下降	预期性
	氮氧化物排放总量消减比例（%）		10.56	按省核定目标执行	按省核定目标执行	按省核定目标执行	约束性
	挥发性有机物排放总量消减比例（%）		—	按省核定目标执行	按省核定目标执行	按省核定目标执行	约束性
	化学需氧量排放总量消减比例（%）		39.62	按省核定目标执行	按省核定目标执行	按省核定目标执行	约束性
	氨氮排放总量消减比例（%）		21.62	按省核定目标执行	按省核定目标执行	按省核定目标执行	约束性
	单位GDP的CO_2排放降低（%）		[40.5]	按省核定目标执行	按省核定目标执行	按省核定目标执行	约束性
	一般工业固体废物综合利用率（%）		78.2	88	88.5	89	预期性
	工业危险废物利用处置率（%）		99.98	99	99	99	预期性
	城市生活污水集中收集率（%）		59.43	75	85	90	预期性

注：＊为2019年统计值；＊＊为全市污染物排放量与总产值之比；［ ］内为"十三五"期间累计数

（二）镇街产业布局优化与拓展方向分析

根据东莞生态空间、污染受纳和空间协调分析，结合《东莞市六大片区功能定位和发展方向研究》《东莞市现代产业体系中长期发展规划纲要（2020～2035年)》《东莞市工业保护线专项规划》等相关文件，提出各镇街产业发展方向建议。根据各镇街单元的剩余环境容量（水、大气环境）、生态优先保护区和产业（工业）用地效益情况，对各镇街的产业空间布局调整类型进行评价，分类评估结果见图4-55、图4-56。

（三）生态环境综合功能分区与管控

根据东莞自然环境现状、资源条件和生态环境状况，在资源（土地和水资源）管控分区、生态功能分区和环境质量功能区划的基础上，与国土空间总体规划、"三线一单"、城镇发展与工业园区规划等相关规划相衔接，结合未来生态环境要求和国家主体功能定位，选择决定生态环境功能区的主导因素，依次识别各类生态环境功能区，以此作为实施"分区管理、分类指导"生态环境管理的基础和依据。将区域划分为4大类、13小类的分区（图4-57）。根据生态环境功能区划方案，提出不同功能区域环境管理目标和对策，实施差异化的环境管理政策，按照各亚区分级分区提出管控要求。

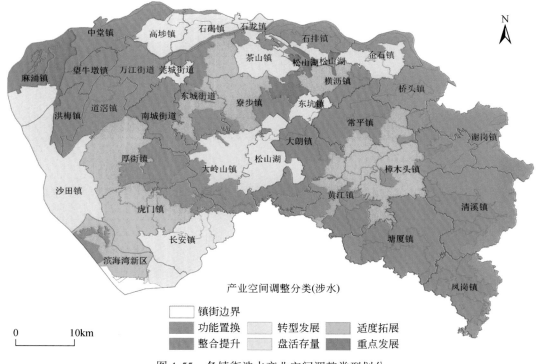

产业空间调整分类(涉水)

	镇街边界				
	功能置换		转型发展		适度拓展
	整合提升		盘活存量		重点发展

0   10km

图 4-55 各镇街涉水产业空间调整类型划分

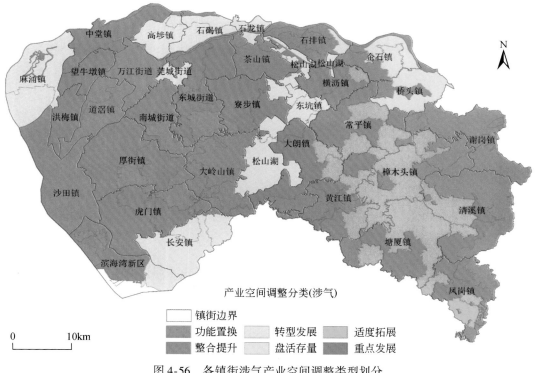

产业空间调整分类(涉气)

	镇街边界				
	功能置换		转型发展		适度拓展
	整合提升		盘活存量		重点发展

0   10km

图 4-56 各镇街涉气产业空间调整类型划分

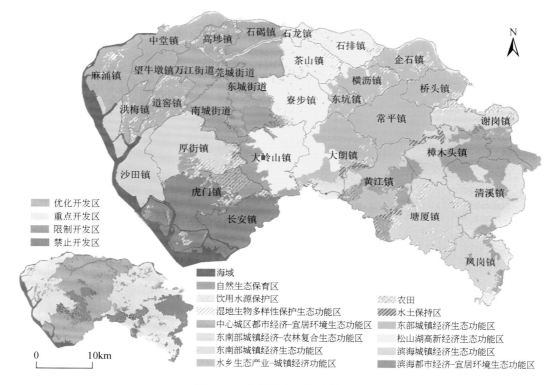

图 4-57　东莞综合环境功能区划

参 考 文 献

广东省统计局 . 2021. 广东统计年鉴 . 北京：中国统计出版社 .

深圳生态环境 . 2021. 广东省深圳生态环境监测中心站举办 "我为群众讲监测" 水站开放日活动 . https://mp. weixin. qq. com/s/QK2IFhSZBO4lqqasgZVR2Q［2022-07-25］.

深圳市生态环境局 . 2020. 辉煌 "十三五" ｜ 深圳在全国率先实现全市域消除黑臭水体 . https://m. thepaper. cn/baijiahao_9633770［2022-07-25］.

王新明，田志坚，张艳利 . 2015. 我国油品对机动车尾气排放的影响及升级经济性分析 . 中国科学院院刊，30（04）：535-541.

Fu X X, Wang X M, Guo H, et al. 2014. Trends of ambient fine particles and major chemical components in the Pearl River Delta region: observation at a regional background site in fall and winter. Science of the Total Environment, 497-498: 274-281.

Wang J, Zhang Y L, Wu Z F, et al. 2022. Ozone episodes during and after the 2018 Chinese National Day holidays in Guangzhou: implications for the control of precursor VOCs. Journal of Environmental Sciences, 114: 322-333.

Zhang T, Xiao S X, Wang X M, et al. 2021. Volatile organic compounds monitored online at three photochemical assessment monitoring stations in the Pearl River Delta (PRD) region during summer 2016: sources and emission areas. Atmosphere, 12 (3): 327.

Zhang Y L, Wang X M, Barletta B, et al. 2013. Source attributions of hazardous aromatic hydrocarbons in urban, suburban and rural areas in the Pearl River Delta (PRD) region. Journal of Hazardous Materials, 250-251: 403-411.

Zhang Y L, Wang X M, Blake D R, et al. 2012. Aromatic hydrocarbons as ozone precursors before and after outbreak of the 2008 financial crisis in the Pearl River Delta region, south China. Journal of Geophysical Research: Atmospheres, 117: D15306.

第五章 | 超大城市群生态环境政策成效

党的十八大以来，生态文明建设被纳入中国特色社会主义事业总体布局，党和国家将生态文明建设放在突出地位，先后出台实施了一系列重大生态环境政策。总体来看，生态保护和环境治理的各项政策为超大城市群的生态环境改善提供了有力保障。

生态保护方面，启动城市群生态环境保护空间规划研究，保护重要生态系统，为三个超大城市群的生态保护提供了政策保障。生态保护与建设取得显著成效，三个超大城市群的建成区绿化覆盖率、森林覆盖率和自然保护区面积占陆地国土面积比例均呈上升趋势。2018 年 3 月，我国将"生态文明"写入宪法，为包括城市群在内的生态文明建设提供了根本的法律保障。大气污染防治方面，2013 年国务院印发的"大气十条"等政策，提出调整优化产业结构、增加清洁能源供应等措施，2013 年开始三个超大城市群 $PM_{2.5}$ 年均浓度值均显著下降。水污染防治方面，实施了"水十条"和重点流域水污染防治规划等政策措施，2015 年以后三个超大城市群地表水水质优良比例均稳步上升，劣 V 类水体均逐渐消除。固体废物污染防治方面，实施了全国城镇生活垃圾无害化处理设施建设规划，提出了城市生活垃圾无害化处理率的控制目标，三个超大城市群的生活垃圾无害化处理率和一般工业固体废物综合利用率均显著提升。

第一节 生态保护政策分析

良好的生态环境是人类社会可持续发展的根本基础。第一次全国环境保护会议的召开，揭开了我国环境保护事业的序幕。在过去的 50 年间，我国从国家和地区层面都颁布实施了一系列生态环境保护政策措施，并取得了明显的成效。党的十八大以来，确立了生态文明建设的突出地位，把生态文明建设纳入国家"五位一体"的总体布局，明确了生态文明建设目标，我国生态环境保护事业进入新纪元，全国和重点地区的生态环境质量得到持续显著的改善。本节全面梳理了国家和三个超大城市群层面颁布与实施的生态保护政策，并分析了政策实施对东部三个超大城市群生态建设的保障作用。

一、生态保护政策及具体措施

（一）国家层面生态保护政策及具体措施

在 1972 年联合国第一次人类环境会议召开后，我国开始认识到生态环境问题会对经济社会发展产生重大影响。随后，1973 年第一次全国环境保护会议的成功召开，拉开了我国环境保护工作的序幕。1979 年《中华人民共和国环境保护法（试行）》的颁布，标志着我国环境保护开始步入依法管理的轨道。1983 年，我国在第二次全国环境保护会议上提出环境保护是现代化建设中的一项战略任务，是一项基本国策，并由此确立了环境保护在经济和社会发展中的重要地位。党的十八大以来，以习近平同志为核心的党中央把生态文明建设摆在全局工作的突出位置。2018 年 3 月，第十三届全国人大一次会议通过了《中华人民共和国宪法修正案》，并把"生态文明"和"美丽中国"写入宪法，这为生态文明建设提供了国家根本大法。党的十八大以来，从"山水林田湖草沙的命运共同体"初具规模，到绿色发展理念融入生产生活，再到经济发展与生态改善实现良性互动，以习近平同志为核心的党中央将生态文明建设推向了新高度。

总体来看，我国的生态环境保护政策可分为四个阶段（表 5-1）。第一阶段，起步阶段（1972～1983 年）：随着联合国第一次人类环境会议及第一次全国环境保护会议的召开，我国开始意识到生态环境问题会对经济社会发展产生严重影响。随后，通过《关于保护和改善环境的若干规定（试行）》和《中华人民共和国环境保护法（试行）》的颁布，我国的生态环境保护事业开始进入起步阶段，但由于受发展阶段和意识理念等限制，该阶段只有少量命令控制型政策出台。第二阶段，初创阶段（1984～2002 年）：在此期间，我国召开了第二次全国环境保护会议，并将环境保护上升到基本国策，纳入国民经济和社会发展计划。1992 年，我国颁布了《中华人民共和国环境与发展报告》和《关于出席联合国环境与发展大会的情况及有关对策的报告》，并进一步提出了实施可持续发展战略。同时，我国制定并颁布了《关于环境保护工作的决定》《国务院关于进一步加强环境保护工作的决定》《全国生态环境保护纲要》《国家环境保护"十五"计划》等政策法规，并提出建立和完善适应社会主义市场经济体制的环境政策，确立了生态环境保护与生态环境建设并举，坚持保护优先、预防为主、防治结合的生态保护基本原则。在这一阶段，我国的生态环境政策得到进一步完善，生态环境政策体系初见雏形。第三阶段，提升阶段（2003～2012 年）：在这一阶段，我国提出了科学发展观与建设资源节约型和环境友好型社会的方针，并于 2007 年和 2011 年分别颁布了《国家环境保护"十一五"规划》和《国家环境保护"十二五"规划》，将生态功能保护区建设作为推进形成主体功能区，构建资源节约型、环境友好型社会的重要任务，并提出加强建设重点生态功能区和自然保护区及生物多样性保护等工程。2012 年 11 月，党的十八大报告明确指出，要树立尊重自然、顺应自然、保护自然的生态文明理念，把生态文明建设放在突出地位，并将其融入经济建设、政治建设、社会建设的各方面和全过程。第四阶段，突破阶段（2013 年至今）：在这一阶段，我国将生态文明建设纳入中国特色社会主义事业"五位一体"总体布局，并强调绿色低碳循环发展，实施以改善环境质量为核心的工作方针。2016 年，我国发布了《"十三五"生态环境保护规划》，并提出到 2020 年实现我国生态环境质量总体改善，生产和生活方式绿色低碳水平上升，生态系统稳定性明显增强，生态安全屏障基本形成，生态文明建设水平与全面建成小康社会目标相适应。随后，我国又颁布实施了《大气污染防治行动计划》《水污染防治行动计划》《土壤污染防治行动计划》等计划，进一步强化生态环境保护问责机制，大力推动绿色发展。2018 年 3 月，在第十三届全国人大一次会议上，我国将"生态文明"写入宪法，从而为生态文明建设提供了根本的法律保障。同年 5 月，在全国生态环境保护大会上，习近平总书记明确提出要"加快构建生态文明体系"。至此，我国的生态环境保护事业开始进入新的发展阶段。

表 5-1　国家级生态保护政策及具体措施分析

政策与发布日期	实施时间	主要目标	主要措施概述
《中华人民共和国环境保护法（试行）》（1979 年 9 月）	1979 年以后	保证合理地利用自然环境，防治环境污染和生态破坏	1. 保护和发展森林资源，严禁毁林开荒、乱砍滥伐 2. 大力植树造林，绿化荒山荒地，绿化沙漠区和半沙漠区 3. 保护、发展和合理利用野生动物、野生植物资源
《国务院关于进一步加强环境保护工作的决定》（1990 年 12 月）	1990 年以后	保护和改善生产环境与生态环境，防治环境污染和生态破坏	在资源开发利用中重视生态环境的保护，实行谁开发、谁保护的原则，加强对森林、水资源、农业环境、野生动植物及自然保护区的管理
《全国生态环境保护纲要》（2000 年 11 月）	2000 年以后	遏制生态环境破坏，促进自然资源的合理利用，实现自然生态系统良性循环	1. 加强领导和协调，建立生态环境保护综合决策机制 2. 加强法治建设，提高全民的生态环境保护意识
《国家环境保护"十五"计划》（2001 年 12 月）	2001～2005 年	生态环境恶化趋势得到初步遏制，健全适应社会主义市场经济体制的环境保护法律、政策和管理体系	1. 建立综合决策机制，促进环境与经济的协调发展 2. 完善环境保护法规体系，切实依法保护环境 3. 加强环境管理能力建设，提高环境管理现代化水平
《国家环境保护"十一五"规划》（2007 年 11 月）	2006～2010 年	重点地区和城市的环境质量有所改善，生态环境恶化趋势基本遏制	1. 启动重点生态功能保护区工作，提高自然保护区的建设质量 2. 加强物种资源保护和安全管理 3. 加强开发建设活动的环境监管
《国家环境保护"十二五"规划》（2011 年 12 月）	2011～2015 年	生态环境恶化趋势得到扭转，环境监管体系得到健全	1. 强化生态功能区保护和建设，提升自然保护区建设与监管水平 2. 加强生物多样性保护 3. 推进资源开发生态环境监管
《"十三五"生态环境保护规划》（2016 年 11 月）	2016～2020 年	生态环境质量总体改善，生物多样性下降势头得到基本控制，生态系统稳定性明显增强，生态安全屏障基本形成	1. 启动城市群生态环境保护空间规划研究 2. 加强城市周边和城市群绿化 3. 保护重要生态系统，提升生态系统功能，修复生态退化地区

（二）京津冀城市群生态保护政策

2000～2020 年，京津冀城市群出台了一系列生态保护的政策方案和规划措施，分别是《京津冀地区生态环境保护整体方案》《京津冀协同发展规划纲要》《京津冀协同发展生态环境保护规划》《京津冀区域环境保护率先突破合作框架协议》《"十三五"时期环境保护和生态建设规划》《京津冀清洁生产协同发展战略合作协议》《打赢蓝天保卫战三年行动计划》等生态环境保护政策和措施。

这些生态环境保护政策和措施以提高生态环境质量为核心，以统一规划、统一标准、统一监测和联合联控等方面为突破口，着重解决区域环境治理和生态建设过程中的重点难点问题，推进京津冀地区协同发展，共同改善区域生态环境质量，积极打造京津冀生态环境支撑区和生态修复示范区，加快推进生态环境治理体系和治理能力现代化提升。

(三) 长江三角洲城市群生态保护政策

长江三角洲城市群一直在尝试践行环境治理的生态文明转向，并努力为长江三角洲城市群的生态安全提供保障。近年来，长江三角洲城市群发布了一系列生态环境保护政策，如《长江三角洲区域环境合作倡议书》《长江三角洲地区环境保护工作合作协议 (2008～2010 年)》《长三角城市环境保护合作 (合肥) 宣言》《长三角近岸海域海洋生态环境保护与建设行动计划》《长三角生态绿色一体化发展示范区总体方案》。2019 年，国务院印发了《长江三角洲区域一体化发展规划纲要》，支持长江三角洲区域一体化发展上升为国家战略。在这一背景下，为了聚焦上海、江苏、浙江和安徽共同面临的系统性、区域性与跨界性的突出生态环境问题，加强生态空间共保，推动环境协同治理，夯实长江三角洲城市群绿色发展基础，长江三角洲城市群进一步发布了《长江三角洲区域生态环境共同保护规划》与《长三角生态绿色一体化发展示范区国土空间总体规划 (2019～2035 年)》等生态环境保护政策和措施。

这些生态保护政策将保护和修复生态环境摆在优先位置，坚持环保优先方针，以长江三角洲城市群生态绿色一体化发展示范区建设为突破口，加强一体化发展示范区与周边区域联动发展，促进点上集中突破，打破地区分隔，深化交流合作，共同推动环境政策与制度创新，合力推进区域环境资源的高效利用，解决区域突出的环境问题，提高区域环境管理水平。同时，充分发挥环淀山湖区域生态环境优势，构建蓝绿交织、林田共生的生态网络，统筹生态、生产、生活三大空间，打造"多中心、组团式、网络化、集约型"的空间格局，推动形成面上更大发展带动效应，进一步提升区域生态绿色一体化发展水平。

(四) 粤港澳大湾区城市群生态保护政策

与京津冀和长江三角洲两个城市群相似，粤港澳大湾区城市群早在 2004 年和 2005 年就分别制定了《珠江三角洲环境保护规划纲要 (2004～2020 年)》和《泛珠三角区域环境保护合作协议》，并随后颁布了《泛珠三角区域环境保护合作专项规划 (2005～2010 年)》《广东省环境保护规划纲要 (2006～2020 年)》《珠江三角洲环境保护一体化规划 (2009～2020 年)》《广东省环境保护和生态建设"十二五"规划》《〈珠江三角洲环境保护一体化规划〉2011～2012 年实施计划》《珠江三角洲地区生态安全体系一体化规划 (2014～2020 年)》《2006～2020 年粤港环保合作协议》等生态环境保护政策和措施。

这些生态保护政策以改善生态环境质量为目的，构建区域生态结构体系，保护重要与敏感生态区，实施生态保护分级控制，坚持转变经济增长方式，以环境资源的可持续利用支持社会经济可持续发展，发展循环经济，推行清洁生产，倡导生态文明，走生产发展、生活富裕、生态良好的发展道路，从而促进经济、社会和环境协调发展。

二、生态保护政策有效性分析

（一）京津冀城市群生态保护政策有效性

2000 年以来，京津冀城市群的生态质量持续改善。其中，"十五"时期，京津冀城市群以改善生态环境质量为目标，坚持可持续发展战略和人与自然和谐共处的原则。在这一阶段，该地区的生态环境质量逐步改善，城乡生态系统趋于良性循环。但总体上，京津冀地区的生态环境质量与人民群众日益增长的生态环境需求还有差距，城市快速发展和区域生态退化给京津冀的生态环境造成了较大压力。"十一五"时期，京津冀城市群以改善环境质量为目标，全面加强各项环境安全监管和生态建设工作，积极推动生态造林工程、生态修复工程和国家级自然保护区建设工程，实现了环境质量和生态状况的整体改善。在这一阶段，京津冀地区的植被覆盖度进一步增加，生态环境状况保持良好，生态安全保障水平逐步提高。"十二五"时期，京津冀城市群以改善生态环境质量为目标，全面推进生态环境治理。尤其是在党的十八大召开以后，京津冀城市群开始实施重要生态系统保护和修复重大工程，科学推进荒漠化、水土流失综合治理和历史遗留矿山生态修复，开展大规模国土空间绿化行动，加快推进生物多样性保护优先区域和国家重大战略区域的调查与评估，并进一步建立健全现代化生态环境监测体系。在这一阶段，京津冀城市群通过地方立法形式划定了永久性保护生态区域，该地区的生态保护与建设力度明显加强，生态保护工作成效显著。"十三五"时期，京津冀地区深入贯彻落实习近平生态文明思想，牢固树立"绿水青山就是金山银山"理念，切实加大生态环境保护力度，统筹山水林田湖草沙系统治理，划定并调整生态保护红线，大力实施"三北"防护林、京津风沙源治理、退耕还草还林轮牧、绿色矿山等一系列生态建设工程。在这一阶段，京津冀城市群的生态环境质量持续大幅改善，生态环境支撑能力明显增强，生态环境保护治理体系和治理能力现代化水平进一步提升。

为了评估京津冀城市群实施的生态保护政策的有效性，将 2000～2020 年京津冀城市群实施的多项生态保护政策与该地区的建成区绿化覆盖率、森林覆盖率和自然保护区面积占陆地国土面积比例三项指标进行叠加分析（图 5-1）。结果表明，2000 年以来，京津冀城市群生态质量指标的变化趋势与其实施的政策时间节点一致。

党的十八大以前，京津冀城市群的建成区绿化覆盖率和自然保护区面积占陆地国土面积比例均呈上升趋势，并且建成区绿化覆盖率的上升幅度较大，自然保护区面积占陆地国土面积比例的上升幅度较小，而森林覆盖率呈先下降后上升趋势。该阶段实施的《国家环境保护"十五"计划》《国家环境保护"十一五"规划》《国家环境保护"十二五"规划》有效提高了京津冀城市群的绿化覆盖率及自然保护区面积，进一步形成了绿色生态屏障。

党的十八大以来，京津冀城市群的建成区绿化覆盖率和森林覆盖率继续呈上升趋势，其中，建成区绿化覆盖率的上升幅度较大，森林覆盖率的上升幅度较小。在该阶段，《京津冀地区生态环境保护整体方案》《京津冀协同发展生态环境保护规划》《"十三五"生态

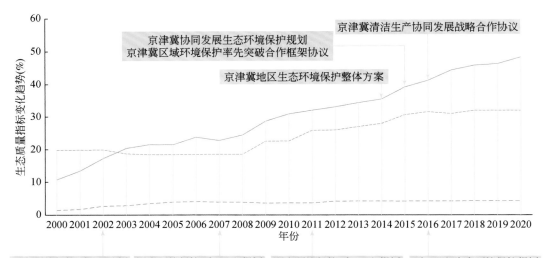

图 5-1　京津冀城市群 2000～2020 年生态质量变化趋势及相应的生态保护政策

环境保护规划》等生态保护政策开始全面实施，其主要目标是推进生态环境建设，增加植被覆盖度，扩大森林绿地面积和绿色休闲空间。

（二）长江三角洲城市群生态保护政策有效性

2000 年以来，长江三角洲城市群的生态质量持续改善。其中，"十五"时期，长江三角洲城市群坚持以科学发展观为指导，积极推动环境保护从传统污染治理向环境优化发展方向转变，使该地区的生态建设取得积极进展，环境质量持续稳定改善，环境保护取得明显成效。在这一阶段，长江三角洲城市群的生态保护和建设得到加强，森林覆盖率和建成区绿化覆盖率分别达到 26.88% 和 24.83%，较"九五"末分别提高 1.28% 和 14.54%。"十一五"时期，长江三角洲城市群坚持环保优先方针，大力加强环境保护，积极推进生态建设，生态环境质量保持基本稳定，生态环境保护得到持续推进。"十二五"时期，长江三角洲城市群通过科学划定生态红线及分级分类管理，进一步加强了生态空间管控与保护力度。此外，通过森林生态网络建设、水土保持和湿地修复等一系列生态保护与建设工程，形成了生态保护与建设的新格局。党的十八大以来，随着区域一体化发展进入新的阶段，长江三角洲城市群紧扣区域一体化高质量发展和生态环境共同保护，以建设美丽中国先行区为引领，把保护和修复长江生态环境摆在突出位置，狠抓生态环境突出问题，以"三线一单"（生态保护红线、环境质量底线、资源利用上线和生态环境准入清单）为基础，加强区域协调联动，优化区域发展与保护格局，建立区域联动、分工协作、协同推进的生态环境共保联治路径。在这一时期，长江三角洲城市群的生态保护与建设进入了新的发展阶段，生态环境保护措施取得了显著成效。"十三五"时期，长江三角洲城市群牢固树立"绿水青山就是金山银山"理念，以改善环境质量为核心，大力推进环境风险防范、生态保护修复和治理能力建设，在经济实力大幅提升的同时，系统推进生态文明体制改革。在这一阶段，长江三角洲城市群通过积极推进生态保护与修复工程、山水林田湖草沙一体化保护和修复试点及国家生态文明示范区建设，生态环境保护取得了显著成效。

为了评估长江三角洲城市群实施的生态保护政策的有效性，将 2000～2020 年长江三角洲城市群实施的多项生态保护政策与该地区的建成区绿化覆盖率、森林覆盖率和自然保护区面积占陆地国土面积比例三项指标进行叠加分析（图 5-2）。结果表明，2000年以来，长江三角洲城市群生态质量指标的变化趋势与其实施的生态保护政策的时间节点一致。

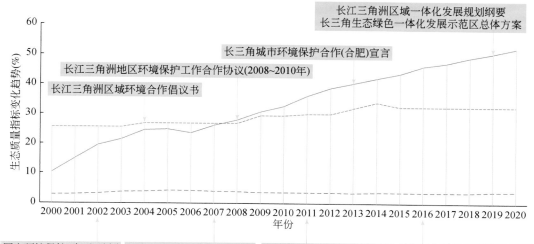

图 5-2   长江三角洲城市群 2000～2020 年生态质量变化趋势及相应的生态保护政策

党的十八大以前，长江三角洲城市群的建成区绿化覆盖率、森林覆盖率和自然保护区面积占陆地国土面积比例均呈上升趋势，并且建成区绿化覆盖率的上升幅度较大，而森林覆盖率和自然保护区面积占陆地国土面积比例的上升幅度较小。在该阶段，《国家环境保护"十五"计划》《国家环境保护"十一五"规划》《国家环境保护"十二五"规划》等生态保护政策开始全面实施，长江三角洲城市群的生态保护与建设力度持续加强，生态恶化趋势得到初步遏制，部分生态功能得到恢复。

党的十八大以来，长江三角洲城市群的建成区绿化覆盖率继续呈上升趋势，上升幅度较之前有所减缓，森林覆盖率和自然保护区面积占陆地国土面积比例基本保持持平。在这一阶段，长江三角洲城市群通过实施《长三角城市环境保护合作（合肥）宣言》《"十三五"生态环境保护规划》《长三角生态绿色一体化发展示范区总体方案》等政策措施，使长江三角洲城市群的绿色空间建设扎实推进。

（三）粤港澳大湾区城市群生态保护政策有效性

2000 年以来，粤港澳大湾区城市群的生态质量持续改善。其中，"十五"时期，粤港澳大湾区城市群生态破坏的趋势初步得到遏制，生态建设和环境保护力度不断加大，环境质量基本保持稳定。截至 2005 年，该地区的森林覆盖率达 57.50%，自然保护区面积占陆地国土面积的 6.50%，比"九五"期末增加了 2.50%。"十一五"时期，粤港澳大湾区城市群大力开展环境整治工作，不断强化环保监管力度，生态环境保护取得了明显成效。在保持经济社会持续较快发展的同时，粤港澳大湾区城市群积极推进珠江三角洲地区环保一体化，该地区的生态环境质量总体保持稳定。"十二五"时期，粤港澳大湾区城市群坚持实施分区控制的环保战略，落实环保规划空间引导要求，粤北生态发展区坚持在保护中发展，进一步实施从严从紧的环保政策，构筑了以粤北南岭山区、粤东凤凰-莲花山区、粤西云雾山区、珠江三角洲环状连绵山体为骨架的生态屏障，并加强了生态公益林建设和水土流失治理力度。党的十八大以来，随着生态文明建设的不断深入，粤港澳大湾区城市群基于城市群发展特征，结合粤港澳大湾区城市群区域协调发展目标，以生态环境政策为抓手，打破区域内外地域的概念，加强粤港澳大湾区城市群生态保护的协调联动，构建面向整个区域的生态环境治理体系，实现生态环境保护共同推进。在这一阶段，粤港澳大湾区城市群全面推进生态文明建设，大力推动绿色发展，在经济保持中高速增长的同时，环境质量得到明显改善。"十三五"时期，粤港澳大湾区城市群坚定新发展理念，推动形成生态环境与经济发展共赢局面，积极构建与珠江三角洲核心区、沿海经济带和北部生态发展区相适应的生态环境保护格局。在这一阶段，粤港澳大湾区城市群依据"面积不减少、功能不降低、性质不转换"的原则，着重加强了重点生态功能区、生态环境敏感区和脆弱区的保护力度，生态环境质量得到了明显改善。

为了评估粤港澳大湾区城市群实施的生态保护政策的有效性，将 2000～2020 年粤港澳大湾区城市群实施的多项生态保护政策与该地区的森林覆盖率和自然保护区面积占陆地国土面积比例两项指标进行叠加分析（图 5-3）。2000 年以来，粤港澳大湾区城市群生态质量指标的变化趋势与其实施的政策时间节点一致。

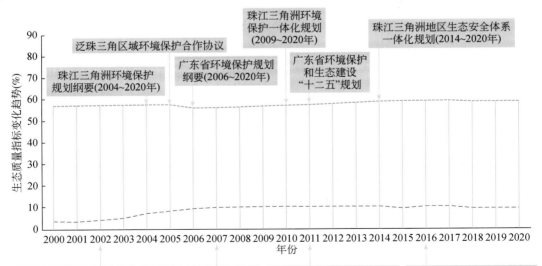

图 5-3　粤港澳大湾区城市群 2000～2020 年生态质量变化趋势及相应的生态保护政策

党的十八大以前，粤港澳大湾区城市群的森林覆盖率基本保持稳定，而自然保护区面积占陆地国土面积比例呈上升趋势。在该阶段，《国家环境保护"十五"计划》《珠江三角洲环境保护规划纲要（2004～2020年）》《广东省环境保护规划纲要（2006～2020年）》《国家环境保护"十一五"规划》《珠江三角洲环境保护一体化规划（2009～2020年）》《国家环境保护"十二五"规划》等生态保护措施开始全面实施，这些措施有效加强了粤港澳大湾区城市群的生态建设和保护力度，使该地区的生态质量得到有效改善。

党的十八大以来，粤港澳大湾区城市群的森林覆盖率和自然保护区面积占陆地国土面积比例基本保持稳定。该阶段实施的《珠江三角洲地区生态安全体系一体化规划（2014～2020年）》和《"十三五"生态环境保护规划》有效改善了粤港澳大湾区城市群的生态质量，提高了该地区的城市绿地建设水平。

（四）不同生态保护政策有效性比较

党的十八大前，我国将环境问题纳入经济可持续发展的重点考虑因素，提出坚持节约资源和保护环境的基本国策，强调加快建设资源节约型、环境友好型社会，积极推进环境保护的历史性转变。党的十八大后，我国从全局出发，大力推进生态文明体制改革，完善生态文明制度体系，并且及时地将生态文明制度体系优势向生态环境治理效能转化，着力提升生态治理体系和治理能力现代化水平。

2000～2020年，在国家级生态保护政策和城市群生态保护政策的双重作用下，京津冀、长江三角洲和粤港澳大湾区城市群积极实施重大生态保护修复工程，筑牢生态安全屏障，生态保护与建设取得显著成效。分阶段来看，"十五"时期，三个超大城市群的生态保护工作取得积极进展，但生态环境整体恶化的趋势仍未得到根本遏制。例如，森林生态系统总体质量不高，生物多样性不断减少，部分重要生态功能不断退化，并且生态监测体系和手段尚不完善。"十一五"时期，我国从重经济增长轻环境保护转变为保护环境与经济增长并重，把建设资源节约型、环境友好型社会作为加快转变经济发展方式的重要着力点。在这一阶段，三个超大城市群以生态功能区划分为基础，坚持保护优先、自然修复为主的治理原则，生态系统稳定性明显增强，生态环境治理体系和治理能力不断提升。"十二五"时期，国家把环境保护摆在了更加重要的战略位置，生态文明工程和生态示范区建设为改善生态环境质量创造了契机。党的十八大以来，党中央把生态文明建设纳入中国特色社会主义事业"五位一体"总体布局，明确了生态文明建设的总体要求、目标愿景、重点任务和制度体系，并将生态文明制度设计和落实作为新时代国家治理的重要内容，我国各地区生态环境保护发生了历史性、转折性、全局性变化。在这一阶段，三个超大城市群以保护优先、适度开发为基本原则，通过采取强化重要生态功能区的保护与建设、规范自然保护区建设与管护等措施，天然林资源保护、退耕还林还草、河湖与湿地保护修复、防沙治沙等重大生态保护与修复工程取得明显成效。"十三五"时期，生态环境状况与人民群众需求之间的差距较大，努力提高环境质量，加强生态环境综合治理，加快补齐生态环境短板依然是核心任务。在这一阶段，三个超大城市群积极推进重点区域和重要生态系统保护与修复，加快构建生态廊道和生物多样性保护网络，全面提升各类生态系统稳定性和生态服务能力，使三个超大城市群的国土空间绿化、水土流失治理及生物多样性保护取得了显著成效。

在国家级生态保护政策和城市群生态保护政策的双重作用下，2000～2020年三个城市群的建成区绿化覆盖率、森林覆盖率和自然保护区面积占陆地国土面积比例均呈上升趋势（图5-4）。从整体变化趋势来看，2000～2020年，京津冀城市群、长江三角洲城市群和粤港澳大湾区城市群的建成区绿化覆盖率、森林覆盖率与自然保护区面积占陆地国土面积比例的明显变化趋势主要分为三个阶段，并且与《国家环境保护"十五"计划》《国家环境保护"十一五"规划》《国家环境保护"十二五"规划》《"十三五"生态环境保护规划》的实施节点相一致。

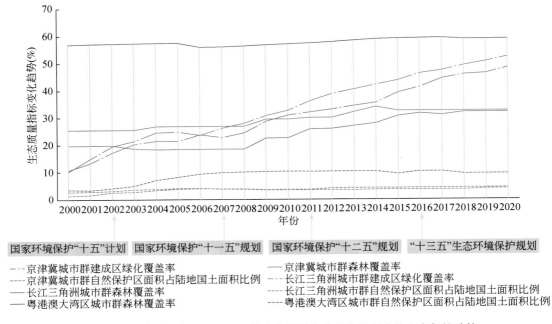

图5-4　不同城市群2000～2020年生态质量变化趋势及相应的生态保护政策

专栏：推进主体功能区划，促进超大城市群一体化协同发展

《全国主体功能区规划》是我国国土空间开发的战略性、基础性和约束性规划。国家在"十二五"规划纲要中首次提出实施主体功能区战略，党的十八大报告进一步明确要求加快实施主体功能区战略，十八届三中全会又提出坚定不移实施主体功能区制度，此后，《全国主体功能区规划》一直是指导我国国土空间保护开发的重大战略。作为国家层面的优先开发区，我国东部沿海的京津冀、长江三角洲与粤港澳大湾区三个超大城市群在主体功能区划的引领下，有序地推进区域社会经济和生态环境保护一体化协同发展。

立足于主体功能区划的战略思想，在《京津冀协同发展生态环境保护规划》中，将京津冀地区的生态空间划分为生态保护红线区、生态功能保障区和生态防护修复区，其中，生态保护红线区主要包括生态功能极重要区域、生态环境极敏感脆弱区和禁止开发区域；生态功能保障区主要包括坝上高原风沙防治地区、燕山-太行山山地水源涵养与水土保持地区和环渤海生物多样性保护地区；生态防护修复区主要包括京津保生态型城市发展地区、燕山山前和黑龙港平原农业地区。构筑区域生态屏障对推进京津冀一体化协同发展具有巨大影响。

在《长江三角洲区域一体化发展规划纲要》中，提出了"三大圈层"的主体功能区分布与管控措施。第一圈层为优化开发区域，分布在以上海为中心的周边城市，包括上海、苏南和浙北环杭州湾等地区；第二圈层为重点开发区域，位于优化开发区南北两侧，包括苏中、浙中、皖江和沿海部分地区；第三圈层为限制开发区域，分布在最外围，是城市群的生态屏障。对于第一圈层，严格管控城镇建设用地增长，而对于第二、三圈层，要强化生态保护与修复。"三大圈层"的分工协作和生态环境共保联治对推进长江三角洲一体化协同发展具有显著影响。

在《粤港澳大湾区发展规划纲要》中，提出了"一核一带一区"区域管控范围与管控措施。加强以云雾山、天露山、莲花山、凤凰山等连绵山体为核心的天然生态屏障保护，强化红树林等滨海湿地保护，实施退耕还湿、退养还滩、退塘还林，重点加强南岭山地保护，推进广东南岭国家公园建设，保护生态系统完整性与生物多样性。"一核一带一区"建设对促进粤港澳大湾区城市群均衡发展与生态环境保护具有明显成效。

第二节　大气污染防治政策分析

PM$_{2.5}$是我国不同城市群的主要大气污染物之一，不仅对生态系统过程和服务产生负面影响，也对人体健康造成损害。党的十八大以来，我国东部三个超大城市群在科学、精准和依法进行大气污染治理方面下大工夫，实施了史上最严格的大气污染防治政策，为坚决打赢蓝天保卫战交出了一份亮眼的"成绩单"（雷宇和严刚，2020）。为了更好地了解我国城市群大气污染防治政策及其落实情况，促进全社会支持和监督政策的实施，为我国"十四五"及未来中长期发展期间持续深入打好污染防治攻坚战、持续改善环境质量提供重要科学依据，本节梳理我国东部三个超大城市群在PM$_{2.5}$污染防治方面的政策，重点分析了具体管理措施及各项政策的实施效果。

一、大气污染防治政策及具体措施

（一）国家层面污染防治政策及具体措施

2000～2020年，我国实施了多项大气污染防治政策（表5-2）。早期的大气污染防治政策主要包含在环境保护政策中，如《国家环境保护"十五"计划》《国家环境保护"十一五"规划》《国家环境保护"十二五"规划》等，这些政策将 SO_2 和 NO_x 排放总量、能源消耗作为主要的控制指标。《重点区域大气污染防治"十二五"规划》是我国首个制定空气质量目标的规划。此后，根据特定的 $PM_{2.5}$ 浓度目标和基准年，我国陆续实施了《大气污染防治行动计划》《"十三五"生态环境保护规划》《打赢蓝天保卫战三年行动计划》。根据国际环保组织亚洲清洁空气中心发布的《大气中国 2015 年：中国大气污染防治进程》报告，《大气污染防治行动计划》中不仅梳理了既有政策，更为切实改善空气质量提出了新的政策措施，形成了自上而下的涵盖基础能力建设、减排措施及保障性措施的大气污染防治政策框架。其中，科技手段的不断创新，包括大气污染来源与成因解析、污染源排放清单制定、污染源控制技术研究及预警预报与应对体系构建等，逐步推进大气污染防治政策科学精准治污措施的提升。与此同时，2015 年我国对《中华人民共和国大气污染防治法》进行了修订，以此保证和辅助以上政策的施行。该法规于 2016 年开始实施，全面贯彻落实了习近平总书记"打好污染防治攻坚战，重中之重是坚决打赢蓝天保卫战，还老百姓蓝天白云、繁星闪烁"的指示要求。总体来说，我国大气污染防治政策经历了烟粉尘污染治理、总量控制和以 $PM_{2.5}$ 为核心的复合型污染防治三个阶段的变化（王文兴等，2019；薛文博等，2021）。

表 5-2 国家级大气污染防治政策及具体措施分析

政策与发布日期	基准年	实施时间	主要目标	主要措施概述
《国家环境保护"十五"计划》（2001 年 12 月）	2000	2001～2005 年（实际为 2001 年开始实施）	SO_2、尘（烟尘及工业粉尘）、化学需氧量、氨氮、工业固体废物等主要污染物排放量比 2000 年减少 10%；酸雨控制区和二氧化硫控制区二氧化硫排放量比 2000 年减少 20%	1. 把消减工业污染物排放总量作为工业污染防治的主线，实施工业污染物排放全面达标工程，促进产业结构调整和升级 2. 提高城市清洁能源比例，改善能源结构，大中城市建设高污染燃料禁燃区，人口稠密市区逐步取消直接燃用原煤，禁止在城市的近郊区内新建燃煤电厂和其他严重污染大气环境的企业 3. 逐步提高并严格执行机动车污染物排放标准 4. 大中城市以及城市群地区要综合控制城市大气污染物的相互影响 5. 建立城市空气质量日报和重点城市空气质量预报制度
《国家环境保护"十一五"规划》（2007 年 11 月）	2005	2006～2010 年（实际为 2007 年开始实施）	SO_2 排放减少 10%	1. 实施燃煤电厂脱硫项目 2. 防治城市 PM_{10} 污染，加快城区工业污染源调整搬迁 3. 加强工业废气污染防治，严格执行重点工业污染源大气污染物排放标准和总量控制制度 4. 控制 SO_2 和烟（粉）尘排放 5. 强化机动车污染防治 6. 提高燃油的质量和效率

政策与发布日期	基准年	实施时间	主要目标	主要措施概述
《国家环境保护"十二五"规划》（2011年12月）	2010	2011～2015年（实际为2011年开始实施）	SO_2排放减少8%，NO_x排放减少10%	1. 落实燃煤电厂和主要工业部门的脱硫脱硝设施建设 2. 深化控制机动车船舶NO_x排放 3. PM和VOCs污染控制，推进城市大气污染防治，协调控制重点区域各类污染物
《重点区域大气污染防治"十二五"规划》（2012年10月）	2010	2010～2015年（实际为2012年开始实施）	重点区域SO_2、NO_x和工业烟（粉）尘排放量分别减少12%、13%和10%，PM_{10}、SO_2、NO_2、$PM_{2.5}$年均浓度分别降低10%、10%、7%、5%	1. 明确区域控制重点，实施分区分类管理；严格环境准入，强化源头管理；加大落后产能淘汰，优化工业布局 2. 优化能源结构，控制煤炭使用；改进用煤方式，推进煤炭清洁化利用 3. 深化SO_2污染治理，全面开展NO_x控制；强化工业烟（粉）尘治理，大力消减颗粒物排放；开展重点行业治理，完善挥发性有机物污染防治体系；加强有毒废气污染控制，切实履行国际公约；强化机动车污染防治，有效控制移动源排放；加强扬尘控制，深化面源污染管理 4. 建立区域大气污染联防联控机制；创新环境管理政策措施；全面加强联防联控的能力建设
《大气污染防治行动计划》（2013年9月）	2012	2013～2017年（实际为2013年开始实施）	到2017年，全国地级及以上城市PM_{10}浓度比2012年下降10%以上，优良天数逐年提高。京津冀、长江三角洲、珠江三角洲等区域$PM_{2.5}$浓度分别下降25%、20%、15%左右，其中北京$PM_{2.5}$年均浓度控制在$60\mu g/m^3$左右	1. 加大综合治理力度，减少多污染物排放，加强工业企业大气污染综合治理，深化面源污染治理，强化移动源污染防治 2. 调整优化产业结构，推动产业转型升级，严控"两高"行业新增产能，加快淘汰落后产能，压缩过剩产能，坚决停建产能严重过剩行业违规在建项目 3. 加快企业技术改造，提高科技创新能力，全面推行清洁生产，大力发展循环经济，大力培育节能环保产业 4. 加快调整能源结构，控制煤炭消费总量，加快清洁能源替代利用，推进煤炭清洁利用，提高能源使用效率 5. 严格节能环保准入，优化产业空间布局 6. 发挥市场机制作用，完善价格税收政策，拓宽投融资渠道 7. 健全法律法规体系，严格依法监督管理，实行环境信息公开 8. 建立区域协作机制，统筹区域环境治理，分解目标任务，实行严格责任追究 9. 建立监测预警应急体系，妥善应对重污染天气 10. 明确政府、企业和社会的责任，加强部门协调联动，强化企业施治，广泛动员社会参与

政策与发布日期	基准年	实施时间	主要目标	主要措施概述
《中华人民共和国大气污染防治法》修订（2016 年 1 月）		2016 年至今（实际为 2016 年开始实施）		1. 重点区域联合防治：国家建立重点区域大气污染联防联控机制，统筹协调重点区域内大气污染防治工作。重点区域内有关省、自治区、直辖市人民政府应当确定牵头的地方人民政府，定期召开联席会议，开展大气污染联合防治，落实大气污染防治目标责任。国务院生态环境主管部门应当加强指导督促 2. 增加移动源治理内容：国家采取财政、税收、政府采购等措施推广应用节能环保型和新能源机动车船、非道路移动机械，限制高油耗、高排放机动车船、非道路移动机械的发展，减少化石能源的消耗 3. 大幅提升违法处罚额度：法律责任30条，涉及10个执法部门，监管违法行为90余种，超标排放最高罚款100万元
《"十三五"生态环境保护规划》（2016 年 11 月）	2015	2016～2020 年（实际为 2016 年开始实施）	地级及以上城市空气质量优良天数比率高于80%，$PM_{2.5}$未达标地级及以上城市浓度累计下降18%	1. 大力推进煤炭清洁化利用，大气污染重点区域气化，到2020年煤炭入洗率提高到75%以上，到2017年全国地级及以上城市建成区基本淘汰10蒸吨以下燃煤锅炉 2. 实施工业污染源全面达标排放计划，工业污染源全面开展自行监测和信息公开，排查并公布未达标工业污染源名单，实施重点行业企业达标排放限期改造 3. 深入推进重点污染物减排，改革完善总量控制制度，推动治污减排工程建设，控制重点地区重点行业挥发性有机物排放 4. 分区施策改善大气环境质量，实施大气环境质量目标管理和限期达标规划，加强重污染天气应对，深化区域大气污染联防联控 5. 加快农业农村环境综合治理，强化秸秆综合利用与禁烧

续表

政策与发布日期	基准年	实施时间	主要目标	主要措施概述
《打赢蓝天保卫战三年行动计划》（2018年7月）	2015	2018～2020年（实际为2018年开始实施）	PM$_{2.5}$未达标地级及以上城市浓度比2015年下降18%以上，地级及以上城市空气质量优良天数比例达到80%，重度及以上污染天数比例比2015年下降25%以上；提前完成"十三五"目标的省份，要保持和巩固改善成果；尚未完成的省份，要确保全面实现"十三五"约束性目标；北京环境空气质量改善目标应在"十三五"目标基础上进一步提高	1. 调整优化产业结构，严控"两高"行业产能，强化"散乱污"企业综合整治，深化工业污染治理，大力培育绿色环保产业 2. 加快调整能源结构，构建清洁高效能源体系，有效推进北方地区清洁取暖，重点区域继续实施煤炭消费总量控制，开展燃煤锅炉综合整治，提高能源利用效率，加快发展清洁能源和新能源 3. 积极调整运输结构，发展绿色交通体系，大幅提升铁路货运比例，加快车船结构升级，加快油品质量升级，强化移动源污染防治 4. 优化调整用地结构，推进面源污染治理，实施防风固沙绿化工程，推进露天矿山综合整治，加强扬尘综合治理，加强秸秆综合利用和氨排放控制 5. 实施重大专项行动，大幅降低污染排放，开展重点区域秋冬季攻坚行动，打好柴油货车污染治理攻坚战，开展工业炉窑治理专项行动，实施挥发性有机物专项整治 6. 强化区域联防联控，有效应对污染天气，建立完善区域大气污染防治协作机制，加强重污染天气应急联动，夯实应急减排措施 7. 健全法律法规体系，完善环境经济政策 8. 加强基础能力建设，严格环境执法督察 9. 明确落实各方责任，构建全民共治格局

（二）京津冀城市群污染防治政策

响应《大气污染防治行动计划》，京津冀城市群出台了相应的城市群大气污染防控政策，分别是《京津冀及周边地区落实大气污染防治行动计划实施细则》《京津冀及周边地区重点行业大气污染限期治理方案》《京津冀及周边地区秸秆综合利用和禁烧工作方案（2014～2015年）》《京津冀大气污染防治强化措施（2016～2017年）》《京津冀及周边地区2017年大气污染防治工作方案》《京津冀及周边地区2017～2018年秋冬季大气污染综合治理攻坚行动方案》。在《打赢蓝天保卫战三年行动计划》发布后，《京津冀及周边地区2018～2019年秋冬季大气污染综合治理攻坚行动方案》《京津冀及周边地区2019～2020年秋冬季大气污染综合治理攻坚行动方案》《京津冀及周边地区、汾渭平原2020～2021年秋冬季大气污染综合治理攻坚行动方案》也逐步实施。

（三）长江三角洲城市群污染防治政策

《大气污染防治行动计划》出台后，长江三角洲城市群也制定了相应的城市群大气污染防控政策，分别是《长三角区域落实大气污染防治行动计划实施细则》《长三角地区重点行业大气污染限期治理方案》《长三角区域协同推进高污染车辆环保治理的行动计划》《长三角区域协同推进港口和船舶大气污染防治的工作方案》。依据《打赢蓝天保卫战三年行动计划》，长江三角洲城市群制定了针对大气污染实际情况的《长三角地区 2018 ～ 2019 年秋冬季大气污染综合治理攻坚行动方案》《长三角地区 2019 ～ 2020 年秋冬季大气污染综合治理攻坚行动方案》《长三角地区 2020 ～ 2021 年秋冬季大气污染综合治理攻坚行动方案》。

（四）粤港澳大湾区城市群污染防治政策

与京津冀城市群和长江三角洲城市群不同，粤港澳大湾区城市群早于 2002 年和 2004 年即分别制定了《珠江三角洲地区空气质素管理计划》和《珠江三角洲环境保护规划纲要（2004 ～ 2020 年）》，并于 2009 年颁布了《广东省珠江三角洲大气污染防治办法》。随后几年中，粤港澳大湾区城市群相继提出《广东省珠江三角洲清洁空气行动计划》《珠江三角洲环境保护一体化规划（2009 ～ 2020 年）》《珠江三角洲地区空气质素管理计划（2011 ～ 2020 年）》。为贯彻落实《大气污染防治行动计划》，粤港澳大湾区城市群于 2014 年颁布了《珠江三角洲区域大气重污染应急预案》和《粤港澳区域大气污染联防联治合作协议书》。2019 年，广东省依据《打赢蓝天保卫战三年行动计划》制定了《广东省打赢蓝天保卫战行动方案（2018 ～ 2020 年）》。

二、大气污染防治政策有效性分析

（一）不同超大城市群政策评价模型构建

TAP 数据集是基于机器学习算法和多源数据资料，融合了地面观测数据、卫星遥感信息、高分辨率排放清单、空气质量模型模拟等多源信息，构建的多尺度、近实时的中国大气气溶胶和气态污染物浓度数据集，为空气污染健康影响、清洁空气政策评估等相关科学研究和环境管理工作提供了基础数据支持。以 TAP 数据集的 $PM_{2.5}$ 浓度预测数据为因变量，研究建立了针对三个城市群总体和不同土地利用类型（农用地、草地、森林和建设用地）的多元线性回归政策有效性分析模型。该模型综合考虑了气候变化、土地利用及社会经济因素对 $PM_{2.5}$ 浓度变化的年际潜在影响。模型中输入的自变量包括气象参数（地表温度、相对湿度、10m 风速、辐射量、边界层厚度、云量和降雨量）、土地利用参数（道路总长、建设用地的面积比例和森林的面积比例）、人口密度及三个城市群实施不同层级政策参数等。本报告中，在同一时间段内实施的或遵循相同设计框架的政策被合并到一个二进制指标变量中。例如，《重点区域大气污染防治"十二五"规划》《国家环境保护"十二五"规划》及其相应的省级政策都是基于"十二五"规划设计的，且这些政策的实际开始实施时间都是在 2012 年，因此将这些政策结合到一个变量中。本研究还分别构建了针对每个土地利用类型（建设用地、森林、农用地和草地）的政策分析模型。政策分析模型的公式如下：

$$PM_{2.5q,y} = \beta_0 + \beta_1 T_{q,y} + \beta_2 RH_{q,y} + \beta_3 Si_{10q,y} + \beta_4 UVB_{q,y} + \beta_5 BLH_{q,y} +$$
$$\beta_6 TCC_{q,y} + \beta_7 Tp_{q,y} + \beta_8 Pop_{q,y} + \beta_9 RoadSum_{q,y} + \beta_{10} Developed_{q,y} +$$
$$\beta_{11} Forest_{q,y} + \beta_{12} Firepoint_{q,y} + \beta_{13} Policy_{1q,y} + \beta_{14} Policy_{2q,y} +$$
$$\beta_{15} Policy_{3q,y} + \cdots + \beta_{n+12} Policy_{nq,y} + \varepsilon_{q,y}$$

式中，$PM_{2.5q,y}$ 为网格 q 在第 y 年的 $PM_{2.5}$ 浓度；$T_{q,y}$ 为网格 q 在第 y 年的地表温度；$RH_{q,y}$ 为网格 q 在第 y 年的相对湿度；$Si_{10q,y}$ 为网格 q 在第 y 年的 10m 风速；$UVB_{q,y}$ 为网格 q 在第 y 年的向下紫外线辐射；$BLH_{q,y}$ 为网格 q 在第 y 年的边界层厚度；$TCC_{q,y}$ 为网格 q 在第 y 年的总云量；$Tp_{q,y}$ 为网格 q 在第 y 年的总降雨量；$Pop_{q,y}$ 为网格 q 在第 y 年的人口密度；$RoadSum_{q,y}$ 为网格 q 在第 y 年的道路总长；$Developed_{q,y}$ 为网格 q 在第 y 年的建设用地占比；$Forest_{q,y}$ 为网格 q 在第 y 年的森林占比；$Firepoint_{q,y}$ 为网格 q 在第 y 年的总火点数；$Policy_{1,\cdots,n}$ 为政策 n 的施行情况；β 为系数；$\varepsilon_{q,y}$ 为误差项。

（二）京津冀城市群 $PM_{2.5}$ 污染长期趋势分析与防治政策有效性分析

为探明大气污染政策对控制京津冀城市群 $PM_{2.5}$ 污染的作用，本研究将 2000～2020 年京津冀城市群实施的多项大气污染防治政策与 20 年来的 $PM_{2.5}$ 年均浓度值和年均人口加权暴露浓度值进行叠加分析（图 5-5）。结果表明，2000 年以来，京津冀城市群的两项 $PM_{2.5}$ 指标值变化趋势与其实施的政策时间节点一致。根据两项 $PM_{2.5}$ 指标值的变化趋势及政策实施的时间节点将京津冀城市群 $PM_{2.5}$ 浓度变化分为四个主要阶段：第一阶段为 2000～2005 年，京津冀城市群 $PM_{2.5}$ 年均浓度值和年均人口加权暴露浓度值持续上升，该阶段实施的《国家环境保护"十五"计划》未设置任何针对 $PM_{2.5}$ 的控制目标。第二阶段为 2006～2012 年，该阶段两项 $PM_{2.5}$ 指标值呈小幅上下波动状态。虽然"十一五"和"十二五"期间针对大气污染防治的措施控制了 $PM_{2.5}$ 的部分前体物，但由于 $PM_{2.5}$ 的组成较为复杂，这一阶段实施的污染防治政策虽然遏制了 $PM_{2.5}$ 污染的上升趋势，但对 $PM_{2.5}$ 污染控制的有效性仍然有限。第三阶段为 2013～2017 年，在《大气污染防治行动计划》《京津冀及周边地区落实大气污染防治行动计划实施细则》《京津冀及周边地区重点行业大气污染限期治理方案》《京津冀及周边地区秸秆综合利用和禁烧工作方案（2014～2015 年）》的实施下，京津冀城市群的两项 $PM_{2.5}$ 指标值开始下降，并达到了 2005 年来的最低值。随后，《"十三五"生态环境保护规划》《京津冀大气污染防治强化措施（2016～2017 年）》《京津冀及周边地区 2017 年大气污染防治工作方案》《京津冀及周边地区 2017～2018 年秋冬季大气污染综合治理攻坚行动方案》相继推出，京津冀城市群的两项 $PM_{2.5}$ 指标值持续大幅下降。与此同时，为了辅助和加强现有政策的实施，我国在 2016 年对《中华人民共和国大气污染防治法》进行了修订。第四阶段为 2018 年以后，《打赢蓝天保卫战三年行动计划》与京津冀城市群连续三年相应推出的秋冬季大气污染综合治理攻坚行动方案促使京津冀城市群两项 $PM_{2.5}$ 指标值逐步下降。

基于政策分析模型中京津冀城市群实施的各政策变量与不同土地利用类型和所有用地年均 $PM_{2.5}$ 浓度的回归分析得出，京津冀城市群 2013 年后的大气污染防治政策均与 $PM_{2.5}$ 浓度呈显著的负相关（图 5-6），说明这些政策均有效减轻了 $PM_{2.5}$ 污染。政策分析模型中各政策变量的回归系数显示，党的十八大以来实施的《打赢蓝天保卫战三年行动计划》、

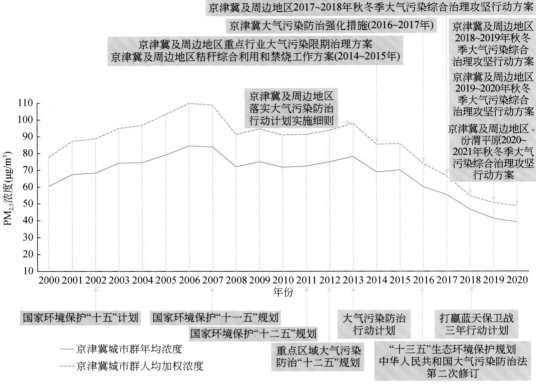

图 5-5　京津冀城市群 2000～2020 年 PM$_{2.5}$ 浓度变化趋势及相应的大气污染控制政策

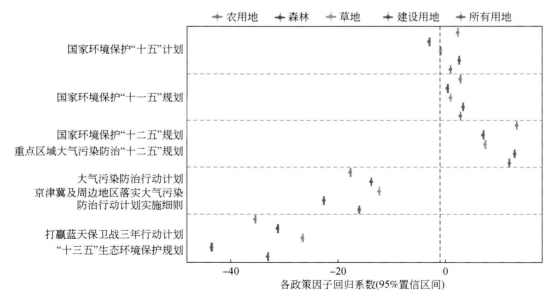

图 5-6　京津冀城市群大气污染控制政策实施情况与 PM$_{2.5}$ 浓度相关系数（95% 置信区间）

《"十三五"生态环境保护规划》和《大气污染防治行动计划》及其京津冀具体实施细则的回归系数绝对值最大，因此这三项政策为京津冀城市群最有效的控制政策。然而，针对不同土地利用类型的政策有效性分析结果显示，各项政策对四种土地利用类型 $PM_{2.5}$ 污染防治的有效性存在差异，且政策越有效，差异越大。其中，《打赢蓝天保卫战三年行动计划》、《"十三五"生态环境保护规划》和《大气污染防治行动计划》对建设用地 $PM_{2.5}$ 浓度的消减作用最大。

（三）长江三角洲城市群 $PM_{2.5}$ 污染长期趋势分析与防治政策有效性分析

将 2000～2020 年长江三角洲城市群实施的多项大气污染防治政策与其 20 年来的 $PM_{2.5}$ 年均浓度值和年均人口加权暴露浓度值进行叠加分析，研究结果表明长江三角洲城市群的两项 $PM_{2.5}$ 指标值变化趋势与其实施的政策特别是 2013 年后的政策时间节点较为一致（图 5-7）。根据两项 $PM_{2.5}$ 指标值的变化趋势及政策实施的时间节点将长江三角洲城市群 $PM_{2.5}$ 浓度变化分为四个主要阶段：第一阶段为 2000～2005 年，长江三角洲城市群 $PM_{2.5}$ 年均浓度值和年均人口加权暴露浓度值在此阶段主要呈上升趋势，该阶段实施的《国家环境保护"十五"计划》未有针对 $PM_{2.5}$ 的控制目标。第二阶段为 2006～2012 年，《国家环境保护"十二五"规划》的施行虽逐步加严控制了 $PM_{2.5}$ 的部分前体物，但依旧未重点关注 $PM_{2.5}$，并且由于 $PM_{2.5}$ 的组成较为复杂，这一阶段实施的污染防治政策对长江三角洲城市群 $PM_{2.5}$ 污染控制的有效性也较为有限。第三阶段为 2013～2017 年，该阶段两项 $PM_{2.5}$ 指标值呈逐步下降趋势。2013 年后在《大气污染防治行动计划》及相应长江三角

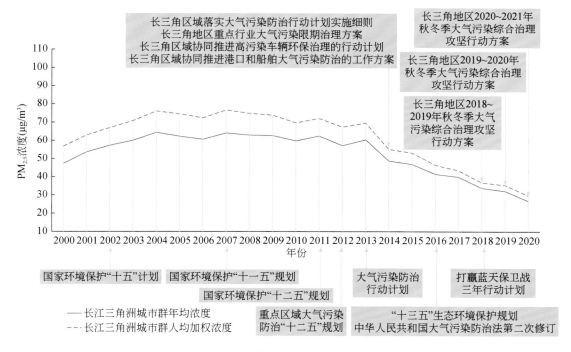

图 5-7 长江三角洲城市群 2000～2020 年 $PM_{2.5}$ 浓度变化趋势及相应的大气污染控制政策

洲城市群实施方案《长三角区域落实大气污染防治行动计划实施细则》等政策的推动下，长江三角洲城市群两项 $PM_{2.5}$ 指标值开始大幅下降，并达到了自 2000 年以来的最低值。第四阶段为 2018 年以后，《打赢蓝天保卫战三年行动计划》及相应的《长三角地区 2018~2019 年秋冬季大气污染综合治理攻坚行动方案》、《长三角地区 2019~2020 年秋冬季大气污染综合治理攻坚行动方案》和《长三角地区 2020~2021 年秋冬季大气污染综合治理攻坚行动方案》的施行逐年改善了两项 $PM_{2.5}$ 指标值。

基于政策分析模型中长江三角洲城市群实施的各政策变量与不同土地利用类型和所有用地年均 $PM_{2.5}$ 浓度的回归分析得出，党的十八大以来长江三角洲城市群实施的大气污染防治政策均与 $PM_{2.5}$ 浓度呈显著负相关（图 5-8），说明这些政策均在不同程度上减轻了 $PM_{2.5}$ 污染。其中，党的十八大以来实施的《打赢蓝天保卫战三年行动计划》、《"十三五"生态环境保护规划》和《大气污染防治行动计划》及其长江三角洲具体实施细则的回归系数绝对值最大，因此这三项政策为长江三角洲城市群最有效的控制政策。针对不同土地利用类型的政策有效性分析结果也显示出各项政策对四种土地利用类型 $PM_{2.5}$ 污染防治有效性的差异性，且政策有效性越高，区域差异性越大。同时，党的十八大以来长江三角洲城市群实施的所有大气污染防治政策对建设用地 $PM_{2.5}$ 浓度的消减作用最为显著。

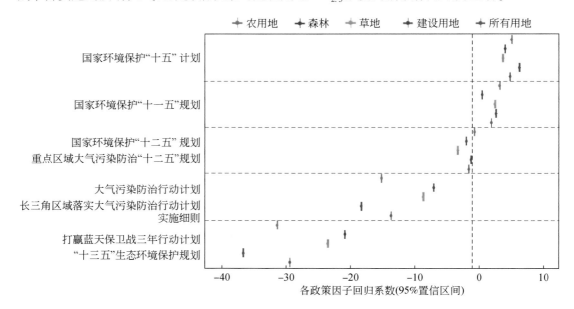

图 5-8　长江三角洲城市群大气污染控制政策实施情况与 $PM_{2.5}$ 浓度相关系数（95%置信区间）

（四）粤港澳大湾区城市群 $PM_{2.5}$ 污染长期趋势分析与防治政策有效性分析

2000~2020 年粤港澳大湾区城市群实施的各项大气污染防治政策与 20 年来该区域的 $PM_{2.5}$ 年均浓度值和年均人口加权暴露浓度值叠加分析结果显示，2000 年以来粤港澳大湾区城市群两项 $PM_{2.5}$ 指标值的变化趋势与其实施的政策时间节点基本一致（图 5-9）。根据两项 $PM_{2.5}$ 指标值的变化趋势及政策实施的时间节点将粤港澳大湾区城市群 $PM_{2.5}$ 浓度变化分为四个主要阶段：第一阶段为2000～2006年，该阶段两项PM$_{2.5}$指标值在2000～2004年持续上升，但2004年《珠江三角洲环境保护规划纲要（2004～2020年）》发布之后遏制了两项PM$_{2.5}$指标值的上升趋势并使其于2004～2006年趋于平稳。第二阶段为2007～2012年，在《国家环境保护"十一五"规划》《国家环境保护"十二五"规划》《重点区域大气污染防治"十二五"规划》《广东省珠江三角洲大气污染防治办法》《广东省珠江三角洲清洁空气行动计划》《珠江三角洲环境保护一体化规划（2009～2020年）》《珠江三角洲地区空气质素管理计划（2011～2020年）》的颁布过程中，粤港澳大湾区城市群的两项PM$_{2.5}$指标值大幅下降。第三阶段为2013～2017年，在《大气污染防治行动计划》《珠江三角洲区域大气重污染应急预案》《粤港澳区域大气污染联防联治合作协议书》实施后，粤港澳大湾区城市群的两项PM$_{2.5}$指标值于2016年达到了2000年来的最低值，但在2016年后又出现轻微反弹现象。第四阶段为2018年后，《打赢蓝天保卫战三年行动计划》《"十三五"生态环境保护规划》及相应的城市群行动方案实施后，粤港澳大湾区城市群的两项PM$_{2.5}$指标值重新呈现逐步下降趋势。

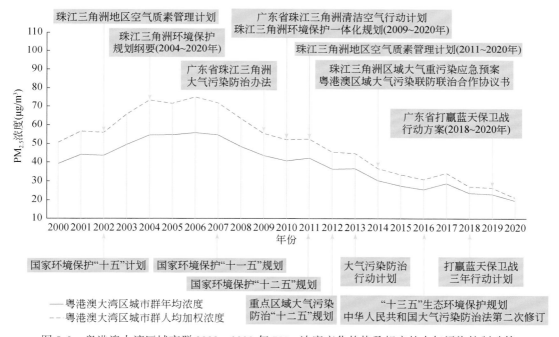

图5-9　粤港澳大湾区城市群2000～2020年PM$_{2.5}$浓度变化趋势及相应的大气污染控制政策

　　基于政策分析模型中粤港澳大湾区城市群实施的各政策变量与不同土地利用类型和所有用地年均PM$_{2.5}$浓度的回归分析得出，粤港澳大湾区城市群实施的《珠江三角洲地区空气质素管理计划》（加强政策期）、《广东省珠江三角洲大气污染防治办法》、《广东省珠江三角洲清洁空气行动计划》、《珠江三角洲环境保护一体化规划（2009～2020年）》《珠江三角洲地区空气质素管理计划（2011～2020年）》、《珠江三角洲区域大气重污染应急预案》、《粤港澳区域大气污染联防联治合作协议书》，以及党的十八大以来国家层面上的《大气污染防治行动计划》、《打赢蓝天保卫战三年行动计划》、《"十三五"生态环境保护规划》及相应的城市群行动方案等政策与PM$_{2.5}$浓度呈显著的负相关（图5-10），表明这些政策均有效降低了PM$_{2.5}$浓度。其中《打赢蓝天保卫战三年行动计划》、《"十三五"生态环境保护规划》及相应的城市群行动方案和《珠江三角洲地区空气质素管理计划》（加强政策期）是粤港澳大湾区城市群最有效的PM$_{2.5}$污染防治政策。与京津冀城市群、长江三角洲城市群一致，针对粤港澳大湾区城市群不同土地利用类型的政策有效性分析结果也显示出不同政策对PM$_{2.5}$污染防治的有效性存在区域差异性。政策越有效，对不同土地利用类型PM$_{2.5}$浓度消减作用的差异越大，且对建设用地PM$_{2.5}$浓度的消减作用最为显著。

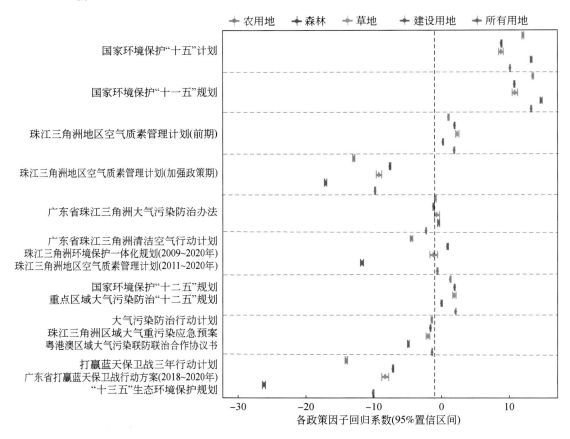

图5-10　粤港澳大湾区城市群大气污染控制政策实施情况与PM$_{2.5}$浓度相关系数（95%置信区间）

（五）主要政策有效性比较分析

在国家级大气污染防治政策和相应的城市群大气污染防治政策双重作用下，2000～2020年三个城市群的PM$_{2.5}$年均浓度值和年均人口加权暴露浓度值均有明显下降（图5-11）。在《大气污染防治行动计划》施行后，2017年京津冀城市群、长江三角洲城市群和粤港澳大湾区城市群的PM$_{2.5}$年均浓度值较基准年2012年分别下降19.51μg/m³、17.25μg/m³和7.53μg/m³，年均人口加权暴露浓度值则分别下降27.28μg/m³、23.98μg/m³和11.13μg/m³。而在《打赢蓝天保卫战三年行动计划》施行后，2020年京津冀城市群、

长江三角洲城市群和粤港澳大湾区城市群的 $PM_{2.5}$ 年均浓度值较基准年 2015 年分别下降
$31.01\mu g/m^3$、$20.29\mu g/m^3$ 和 $7.95\mu g/m^3$，年均人口加权暴露浓度值分别下降 $37.14\mu g/m^3$、
$23.60\mu g/m^3$ 和 $12.18\mu g/m^3$。

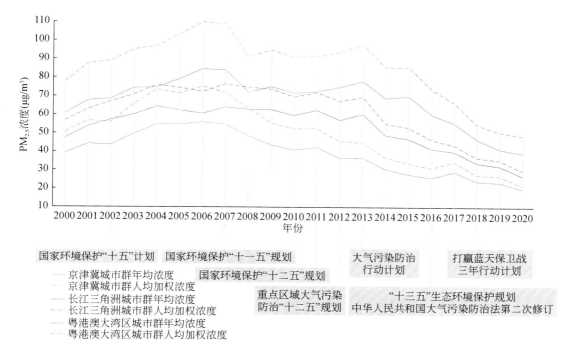

图 5-11 不同城市群的政策有效性分析结果比较

2000～2020 年在三个城市群施行的所有大气污染防治政策对 $PM_{2.5}$ 浓度的消减作用均
具空间异质性，总体呈现政策越有效，对不同土地利用类型 $PM_{2.5}$ 浓度消减作用差异越大
的特征。其中，京津冀城市群和长江三角洲城市群实施的最有效政策，包括《大气污染防
治行动计划》、《打赢蓝天保卫战三年行动计划》、《"十三五"生态环境保护规划》及相应
城市群细则，对建设用地 $PM_{2.5}$ 浓度的消减作用最大。粤港澳大湾区城市群实施的《珠江
三角洲地区空气质素管理计划》（加强政策期）、《打赢蓝天保卫战三年行动计划》和
《"十三五"生态环境保护规划》，对建设用地 $PM_{2.5}$ 浓度的消减作用也最为显著。

专栏：《大气污染防治行动计划》

党的十八大以来我国的生态文明建设力度显著加大，其中大气污染防治也进入了高
速前进阶段，国务院于 2013 年印发了 2013～2017 年我国大气污染防治的纲领性文件，
即《大气污染防治行动计划》。为了减少由于 $PM_{2.5}$ 暴露造成的人群疾病负担，保护人民
群众身体健康，该文件确立了以大气颗粒物浓度为核心控制目标的大气污染防治模式，

将颗粒物浓度的下降比例作为严格控制指标，并提出了全国及重点区域空气质量的改善要求。《大气污染防治行动计划》提出了加大综合治理力度，减少多污染物排放；调整优化产业结构，推动产业转型升级；加快企业技术改造，提高科技创新能力；加快调整能源结构，增加清洁能源供应；严格节能环保准入，优化产业空间布局；发挥市场机制作用，完善环境经济政策；健全法律法规体系，严格依法监督管理；建立监测预警应急体系，妥善应对重污染天气等十大措施。通过《大气污染防治行动计划》的实施，我国三个超大城市群实现了快速而显著的大气环境改善，被联合国赞誉"在应对国内空气污染方面表现出了无与伦比的领导力"。

专栏：《打赢蓝天保卫战三年行动计划》

《打赢蓝天保卫战三年行动计划》是在《大气污染防治行动计划》完美收官的基础上，进一步延续和深化以 $PM_{2.5}$ 污染为核心的管控思路。以 SO_2、NO_x 排放总量、$PM_{2.5}$ 年均浓度及空气质量优良天数比例为核心控制指标，《打赢蓝天保卫战三年行动计划》提出了调整优化产业结构、能源结构、运输结构、用地结构和实施重大专项行动、强化区域联防联控等六大措施。这些措施均明确量化了指标和完成时限，并分解落实到每个国家相关部门。此外，为了辅助《打赢蓝天保卫战三年行动计划》的实施，环境保护部门以秋冬季 $PM_{2.5}$ 浓度下降和重污染天数减少为主要目标，发布了京津冀及周边、长江三角洲和汾渭平原三个重点区域的逐年秋冬季大气污染综合治理攻坚行动方案，着力改善秋冬季的空气质量。经过三年的努力，京津冀城市群、长江三角洲城市群和粤港澳大湾区城市群空气质量进一步改善，为未来协同降低 O_3 浓度打下良好基础。

第三节　水污染防治政策分析

水是城市与城市之间相互作用的关键环境介质，其污染防治是超大城市群生态环境协同治理的重要抓手。党的十八大以来，水生态保护修复全面加强，"节水优先、空间均衡、系统治理、两手发力"的新时期水利工作方针被提出。我国东部三个超大城市群打破地域限制，采用集团式作战方式，统筹推进流域水污染协同治理。超大城市群水污染防治在顶层设计上以国家政策作为共同遵循的纲领，在贯彻落实上以省级（直辖市）政策作为协同实施的纽带。对此，本节从国家和省级两个层面分析超大城市群水污染防治政策，以期为未来推行高效的水污染防治措施提供重要科学依据。

一、水污染防治政策及具体措施

（一）国家层面水污染防治政策及具体措施

2000～2020 年，我国实施了 12 项水污染防治政策，其中实施与修订法规四项（表 5-3）。2000～2020 年我国水污染防治历程主要经历两个阶段：①2015 年前水污染防治坚持全流域系统考虑，零点行动等运动式治污短期效果明显，但缺乏长效机制；②2015 年后水污染防治行动计划开启以水环境质量为主、强化地方政府考核新时代，通过不断实践逐步发现水污染防治的真理。

表 5-3　国家水污染防治政策

阶段	国家政策	京津冀	长江三角洲	粤港澳大湾区
《国家环境保护"十五"计划》时期 2001～2005 年	《中华人民共和国水法》2002～2016 年			①《关于加强珠江综合整治工作的决定》2002～2011 年 ②《珠江流域（深圳）水环境综合整治实施方案》2003～2010 年 ③《广东省珠江三角洲水资源管理条例》2003 年～
《国家环境保护"十一五"规划》时期 2006～2010 年	《中华人民共和国水污染防治法》修订 2008～2017 年			《关于环境保护工作促进全省加快经济发展方式转变的意见》2010 年～
《国家环境保护"十二五"规划》时期 2011～2015 年	①《全国重要江河湖泊水功能区划（2011～2030 年）》2011～2030 年 ②《水污染防治行动计划》2015～2030 年 ③《中华人民共和国水法》修订 2016 年～	①《京津冀水污染突发事件联防联控机制合作协议》2014 年～ ②《河北省水污染防治工作方案》2015～2030 年 ③《天津市水污染防治工作方案》2015～2030 年 ④《北京市水污染防治工作方案》2015～2030 年 ⑤《京津冀区域环境保护率先突破合作框架协议》2015 年～	①《江苏省水污染防治工作方案》2015～2030 年 ②《上海市水污染防治行动计划实施方案》2015～2030 年 ③《安徽省水污染防治工作方案》2015～2030 年 ④《浙江省水污染防治行动计划》2016～2030 年	①《南粤水更清行动计划（2013～2020 年）》2013～2020 年 ②《广东省水污染防治行动计划实施方案》2015～2030 年

阶段	国家政策	京津冀	长江三角洲	粤港澳大湾区
《"十三五"生态环境保护规划》时期 2016~2020年	①《中华人民共和国水污染防治法》修订 2017年~ ②《重点流域水污染防治规划》 2016~2020年 ③《关于全面加强生态环境保护坚决打好污染防治攻坚战的意见》 2018~2020年	《关于引滦入津上下游横向生态补偿的协议》 2017年~	①《长三角区域水污染防治协作机制工作章程》 2016年~ ②《长三角区域水污染防治协作实施方案（2018~2020年）》 2018~2020年 ③《长三角区域水污染防治协作2018年工作重点》 2018年 ④《加强长三角临界地区省级以下生态环境协作机制建设工作备忘录》 2019年~ ⑤《长江三角洲区域生态环境共同保护规划》 2019年~	

党的十八大召开后以习近平同志为核心的党中央以前所未有的力度抓生态文明建设。"十二五"期间为加强全国水资源开发利用与保护、水污染防治和水环境综合治理颁布了《全国重要江河湖泊水功能区划（2011~2030年)》，同时为全面贯彻党的十八大和十八届二中、三中、四中全会精神，大力推进生态文明建设，颁布了《水污染防治行动计划》等政策。这些政策的实施使水环境的治理从化学需氧量和氨氮等常规污染物控制向痕量、有毒有害持久性污染物控制转变，从水质提升向水生态修复转变。"十三五"期间各地区、各部门以改善水环境质量为核心，保护优良水质，整治"黑臭"水体，出台《重点流域水污染防治规划》《关于全面加强生态环境保护坚决打好污染防治攻坚战的意见》等配套政策措施，加快推进水污染治理，落实各项目标任务，全国水环境质量持续改善（表5-4）。

表5-4　国家及各大城市群层面水污染防治主要措施

层面	政策	主要措施概述
国家	《国家环境保护"十五"计划》	1. 城市制定改善水质计划，重点保护饮用水源 2. 严格控制地下水开采量，严禁超采地下水 3. 推行城市节水、污水处理及其资源化，创建节水型城市
	《中华人民共和国水法》	
	《国家环境保护"十一五"规划》	1. 确保实现化学需氧量减排目标 2. 全力保障饮用水水源安全 3. 推进重点流域水污染防治

层面	政策	主要措施概述
国家	《中华人民共和国水污染防治法》修订	1. 优先保护饮用水源 2. 严格控制工业污染、城镇生活污染，防治农业面源污染 3. 积极推进生态治理工程建设 4. 预防、控制和减少水环境污染与生态破坏
	《国家环境保护"十二五"规划》	1. 严格保护饮用水水源地 2. 深化并抓好重点流域与其他流域水污染防治 3. 综合防控海洋环境污染和生态破坏 4. 推进地下水污染防控
	《全国重要江河湖泊水功能区划（2011~2030年)》	
	《水污染防治行动计划》	1. 全面控制污染物排放 2. 推动经济结构转型升级 3. 着力节约保护水资源 4. 强化科技支撑 5. 充分发挥市场机制作用 6. 严格环境执法监管 7. 切实加强水环境管理 8. 全力保障水生态环境安全 9. 明确和落实各方责任 10. 强化公众参与和社会监督
	《中华人民共和国水法》修订	
	《"十三五"生态环境保护规划》	1. 实施以控制单元为基础的水环境质量目标管理 2. 实施流域污染综合治理 3. 优先保护良好水体 4. 推进地下水污染综合防治 5. 大力整治城市黑臭水体 6. 改善河口和近岸海域生态环境质量
	《中华人民共和国水污染防治法》再次修订	1. 优先保护饮用水水源 2. 严格控制工业污染、城镇生活污染 3. 防治农业面源污染 4. 积极推进生态治理工程建设 5. 预防、控制和减少水环境污染与生态破坏
	《重点流域水污染防治规划》	1. 促进产业转型发展，提升工业清洁生产水平，实施工业污染源全面达标排放计划 2. 推进城镇化绿色发展，完善污水处理厂配套管网建设，推进污水处理设施建设，强化污泥安全处理处置，综合整治城市黑臭水体 3. 加强养殖污染防治，推进农业面源污染治理，开展农村环境综合整治 4. 严格水资源保护，防治地下水污染，保护河湖湿地，防治富营养化 5. 加快推进饮用水水源规范化建设，加强监测能力建设和信息公开，加大饮用水水源保护与治理力度

层面	政策	主要措施概述
国家	《关于全面加强生态环境保护坚决打好污染防治攻坚战的意见》	1. 打好水源地保护攻坚战 2. 打好城市黑臭水体治理攻坚战 3. 打好长江保护修复攻坚战 4. 打好渤海综合治理攻坚战 5. 打好农业农村污染治理攻坚战
京津冀	《京津冀水污染突发事件联防联控机制合作协议》	以联合执法、统一规划、统一标准、统一监测、协同治污等10个方面作为突破口进行联防联控
京津冀	《京津冀区域环境保护率先突破合作框架协议》	1. 共同制定水专项规划，统筹区域污染治理，统一区域污染物排放标准 2. 生态环境统一监测、协同治污、执法联动、应急联动和环评会商 3. 信息共享、联合宣传
京津冀	《关于引滦入津上下游横向生态补偿的协议》	明确上下游地区的责任和义务，加快建立流域生态补偿机制、逐步形成滦河流域水污染防治长效机制
长江三角洲	《长三角区域水污染防治协作机制工作章程》	组建长江三角洲区域水污染防治协作小组，推进重点流域治理、黑臭水体整治和水源地保护
长江三角洲	《长三角区域水污染防治协作实施方案（2018～2020年)》 《长三角区域水污染防治协作2018年工作重点》	1. 保好水、治污水 2. 突出精准减排，聚焦关键污染物，加强减排对策研究，提高治污的针对性、有效性
长江三角洲	《加强长三角临界地区省级以下生态环境协作机制建设工作备忘录》	1. 增强全局意识 2. 深化协作联动 3. 推进标准建设 4. 强化机制建设
长江三角洲	《长江三角洲区域生态环境共同保护规划》	1. 协同推进流域水环境治理 2. 陆海统筹实施河口海湾综合治理
粤港澳	《关于加强珠江综合整治工作的决定》	
粤港澳	《珠江流域（深圳）水环境综合整治实施方案》	1. 强化管理，提高城市水环境管理水平，向管理要效益 2. 加快水污染治理工程建设，增强污染防治能力 3. 生态恢复与建设
粤港澳	《广东省珠江三角洲水资源管理条例》	
粤港澳	《关于环境保护工作促进全省加快经济发展方式转变的意见》	1. 实行环保分区控制，引导产业合理布局 2. 强化污染减排，为经济结构转型升级腾出环境容量 3. 严格环保准入，推动现代产业体系建立 4. 加强环境监管，为经济发展营造公平诚信的市场环境 5. 健全环境经济政策，促进经济绿色发展 6. 优化环保服务，提高推动经济发展方式转变执行力

续表

层面	政策	主要措施概述
粤港澳	《南粤水更清行动计划（2013～2020年)》	1. 实施分区控制，优化社会经济布局 2. 严格环境准入，倒逼产业转型升级 3. 加强饮用水源保护，确保饮水安全 4. 推进环境综合整治，持续改善水环境质量 5. 强化环境监管，提高水污染防治水平 6. 加强监测预警能力建设，提升科学决策水平 7. 创新机制体制，强化水环境管理

注：表中各地区政策按发布顺序排列

（二）京津冀城市群水污染防治政策

京津冀城市群在"十二五"和"十三五"期间统筹推进了区域水资源管理、水生态保护和水污染防治。"十二五"期间，先后签署了《京津冀水污染突发事件联防联控机制合作协议》《京津冀区域环境保护率先突破合作框架协议》，三地生态环境部门每年轮流作为组长，组织协调三地开展有关工作，有效推动了区域水污染联防联控机制的进一步完善。此外，京津冀三地还在《水污染防治行动计划》出台后，分别制定了相应的水污染防控政策，分别是《北京市水污染防治工作方案》《天津市水污染防治工作方案》《河北省水污染防治工作方案》，因地制宜制定目标并采取防治措施。"十三五"期间天津与河北签订《关于引滦入津上下游横向生态补偿的协议》，通过深化跨界流域横向生态补偿机制，推进生态环境联防联控和流域共治，确保两地水质基本稳定并持续改善。

（三）长江三角洲城市群水污染防治政策

长江三角洲城市群自"十二五"后推进共保联治，进行区域协同治水。在"十二五"期间为响应国家《水污染防治行动计划》，制定了相应的水污染防控政策，分别是《江苏省水污染防治工作方案》《浙江省水污染防治行动计划》《上海市水污染防治行动计划实施方案》《安徽省水污染防治工作方案》。"十三五"期间为提升区域间政府合作水平和解决跨界水污染防治问题，2016年长江三角洲三省一市和中央12个部委等新组成了长三角区域水污染防治协作机制，印发了《长三角区域水污染防治协作机制工作章程》，力求协同、高效治污。2018年审议通过《长三角区域水污染防治协作实施方案（2018～2020年)》和《长三角区域水污染防治协作2018年工作重点》。2019年长江三角洲三省一市签署《加强长三角临界地区省级以下生态环境协作机制建设工作备忘录》。2020年，生态环境部会同国家发展和改革委员会、中国科学院编制了《长江三角洲区域生态环境共同保护规划》。

（四）粤港澳大湾区城市群水污染防治政策

同京津冀与长江三角洲城市群相比，粤港澳大湾区城市群最早制定了区域整体性的水污染防治政策。"十五"期间《关于加强珠江综合整治工作的决定》《珠江流域（深圳水环境综合整治实施方案》《广东省珠江三角洲水资源管理条例》的制定以统筹规划、分步实施，突出重点与整体推进相结合的原则对珠江流域水环境进行综合治理。"十一五"期间广东颁布《关于环境保护工作促进全省加快经济发展方式转变的意见》，首次提出尝试建立跨流域的生态补偿机制。"十二五"期间《南粤水更清行动计划（2013～2020年)》及《广东省水污染防治行动计划实施方案》的提出进一步提升了全省水环境质量，并切实保障饮用水源和生态环境安全。

总体而言，三个超大城市群整体性的水污染防治政策存在南北差异。粤港澳大湾区城市群较早对珠江流域实施整体性政策，京津冀城市群与长江三角洲城市群在"十二五"后才实施相应的区域协同治理政策。此外，三个超大城市群政策各有侧重，京津冀城市群着重加强区域联防联控，长江三角洲城市群以共保联治、夯实绿色发展生态本底为目标，粤港澳大湾区城市群旨在提升区域环境质量。

二、水污染防治政策有效性分析

（一）京津冀城市群水污染防治政策有效性分析

为分析京津冀城市群实施的水污染防治政策的有效性，本研究将 2000～2020 年京津冀城市群实施的多项政策与该地区地表水水质指标进行叠加分析（图 5-12）。2000 年以来，京津冀城市群的水污染防治效果较为突出，水质整体趋好。根据政策实施节点，将京津冀城市群的地表水水质变化分为两个阶段。

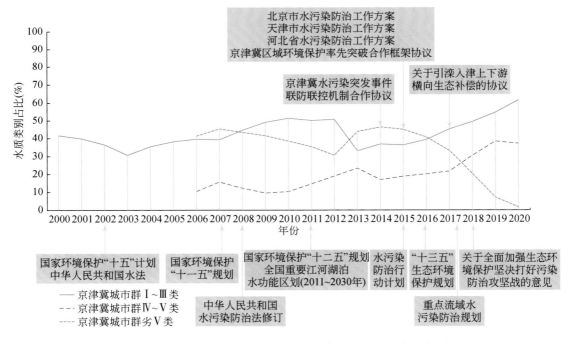

图 5-12　水污染防治政策支撑下的京津冀城市群水环境改善趋势

第一阶段为 2000～2013 年。该阶段在国家"十五"和"十一五"政策的指导下，京津冀水污染防治取得了积极进展，但是形势仍不容乐观，距离实现"让江河湖泊休养生息"的目标有很大差距。重发展轻环保的问题依然存在，主要体现在京津冀城市群地表水劣 V 类水质占比较大，约 40%。"十二五"期间的 2011～2013 年，京津冀地区实施了水专项工作，但地表水水质依旧呈现持续恶化的趋势。

第二阶段为 2014～2020 年。2014 年，国家有关部委牵头成立了京津冀及周边地区水污染防治协作小组，三地签署了《京津冀水污染突发事件联防联控机制合作协议》，建立环境执法联动工作机制，开展水污染防治联合督导检查和渔政联合执法行动，水质开始好转。"十三五"初期，京津冀地区三地相继发布了《北京市水污染防治工作方案》《天津市水污染防治工作方案》《河北省水污染防治工作方案》并共同签署了流域协同治理的《京津冀区域环境保护率先突破合作框架协议》。随着政策的实施，京津冀地区水质得到明显改善，主要体现在地表水水质优良比例出现了逐年上升以及劣 V 类水质比例呈现明显下降的趋势。2017 签订的《关于引滦入津上下游横向生态补偿的协议》进一步巩固了水污染防治的成果，补偿资金主要支持上游河北张承地区开展水环境治理、水生态修复及水资源保护等工作，区域水污染协同治理效果尤为显著，充分体现在大部分地表水劣 V 类水体好转为 IV 类水体，截至 2020 年基本消除了劣 V 类水体。

（二）长江三角洲城市群水污染防治政策有效性分析

为分析长江三角洲城市群实施的水污染防治政策的有效性，本研究将 2000～2020 年长江三角洲城市群实施的多项政策与该地区地表水水质指标进行叠加分析（图 5-13）。根据政策实施节点将长江三角洲城市群的地表水水质变化分为两个阶段。

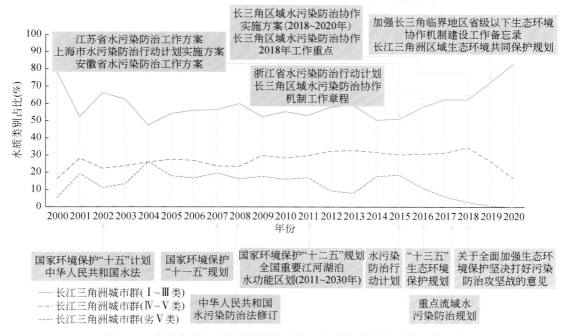

图 5-13　水污染防治政策支撑下的长江三角洲城市群水环境改善趋势

第一阶段为2000～2013年。该阶段为"十五"至"十二五"中期。其中，"十五"期间，长江三角洲城市群地表水水质在初期有明显恶化的趋势，而后期水质情况得到了一定程度的提升，截至2005年该地区地表水水质优良比例达54.30%，劣Ⅴ类水总体小幅度下降。"十一五"期间，长江三角洲城市群地表水各类水质无明显变化。"十二五"期间各省份相应的水污染防治行动计划相继颁布，地表水水质优良比例有小幅度波动，开始保持上升趋势，随后较小程度下降，同时劣Ⅴ类水总体呈先波动下降后上升趋势。

第二阶段为2014～2020年。"十三五"期间，《长三角区域水污染防治协作机制工作章程》《长三角区域水污染防治协作实施方案（2018～2020年）》《长三角区域水污染防治协作2018年工作重点》《加强长三角临界地区省级以下生态环境协作机制建设工作备忘录》《长江三角洲区域生态环境共同保护规划》等政策相继出台。这些政策制定了具体的地表水防治任务，明确了相关的保障措施并落实对应的组织实施。通过地方性法规标准的完善，实现了地方监管水平的全面提升（包括环境管理制度的完善、环境监测体系的健全、市场机制的发挥、科技创新的有效支撑及社会公众的广泛参与），为城市地表水污染的防治工作，尤其为"十三五"期间长江三角洲城市群地表水的水质提升提供了有力支撑和政策保障。该阶段长江三角洲城市群地表水水质整体提升效果明显。其中，水质优良比例开始保持较大幅度的提升，同时，劣Ⅴ类水总体呈明显下降趋势，并于2020年首次消灭劣Ⅴ类水体。

（三）粤港澳大湾区城市群水污染防治政策有效性分析

为分析粤港澳大湾区城市群实施的水污染防治政策的有效性，本研究将2000～2020年粤港澳大湾区城市群实施的多项政策与该地区地表水水质指标进行叠加分析（图5-14）。根据政策实施节点将粤港澳大湾区城市群的地表水水质变化分为两个阶段。

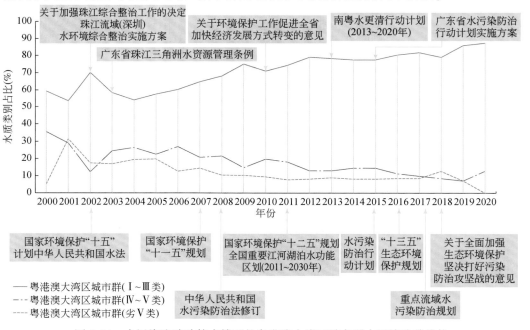

图5-14　水污染防治政策支撑下的粤港澳大湾区城市群水环境改善趋势

第一阶段为2000~2013年。该阶段地表水水质达标率有所波动，但波动幅度由"十五"期间的较大逐渐转小。"十五"期间在《关于加强珠江综合整治工作的决定》和《珠江流域（深圳）水环境综合整治实施方案》的指导下，粤港澳大湾区城市群水污染防治取得了初步进展，截至2005年该地区的地表水水质优良比例达到57.60%，劣V类水得到有效控制。"十一五"期间，粤港澳大湾区城市群大力开展水环境整治，不断强化环保监管，取得了明显成效。"十二五"期间，粤港澳大湾区城市群坚持实施分区控制的环保战略，落实环保规划空间引导要求，进一步实施从严从紧的水污染防治政策，地表水水质优良比例在"十二五"初期继续波动上升。

第二阶段为2014~2020年。2013年和2015年分别颁布实施的《南粤水更清行动计划（2013~2020年）》与《广东省水污染防治行动计划实施方案》使粤港澳大湾区城市群在经济保持中高速增长的同时，水环境质量明显改善，2015年劣V类水质仅占8.10%。"十三五"期间，粤港澳大湾区城市群坚定新发展理念，推动形成生态环境与经济发展共赢局面，推动构建与珠江三角洲核心区、沿海经济带和北部生态发展区相适应的生态环境保护格局。粤港澳大湾区城市群水环境质量得到了明显改善，至2020年劣V类水基本消除。

（四）主要政策有效性比较分析

在国家水污染防治政策和相应的城市群各省市水污染防治政策的双重作用下，2000~2020年三个城市群地表水水质优良比例出现了明显上升的趋势，劣V类水体基本消除（图5-15）。2012年之前在"十五"计划、"十一五"规划以及水法的实施下，水体质量虽有上升趋势

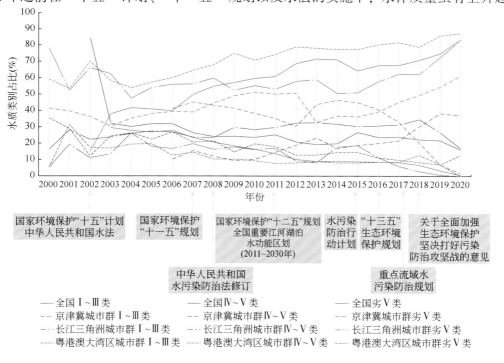

图5-15　水污染防治政策支撑下的不同城市群水环境改善趋势

但呈现反复波动，三个超大城市群中以京津冀城市群和长江三角洲城市群波动较为显著。党的十八大以来，三个城市群为落实国家提出的防控目标颁布各项具有区域城市特色的水污染防治政策，水治理成效显著，尤其是 2015 年后水质优良比例稳步上升：2000~2014 年，京津冀、长江三角洲城市群水质优良比例的年增长率呈负数，粤港澳大湾区城市群水质优良比例的年增长率为 1.20%；2015~2020 年京津冀、长江三角洲与粤港澳大湾区城市群水质优良比例的年增长率分别为 4.18%、5.33% 与 1.17%。这与《水污染防治行动计划》《重点流域水污染防治规划》《关于全面加强生态环境保护坚决打好污染防治攻坚战的意见》等政策的施行密不可分。这些政策抓住了水污染防治的主要矛盾，明确了地方政府水环境质量目标责任，对水环境实施系统治理并达到良好效果。

专栏：京津冀城市群特色水污染治理措施

北京依据习近平总书记的"节水优先、空间均衡、系统治理、两手发力"十六字方针进行系统生态治理。2017 年底"河长制、河长通"的实施有效保证了水质情况的实时性与智能性，推动河湖环境持续改善。天津于 2017 年对所有河湖水域全面实行市、区、乡镇（街道）三级"双总河（湖）长"制，治水治本，集中整治"黑水河"。河北为解决水资源短缺的问题，以刚性手段从 2016 年起实施水资源税改革试点。在水资源税征管模式上，河北实现了两个"首创"，一是首创税务、水利联合管税模式，形成治税合力；二是首创"水随电走、终端计量、以电折水"的纳税人认定方式，开启了农业生产超限额用水水资源税征管先例，实现了水资源税征收全覆盖。水资源税的试点在抑制地下水超采、促进节约用水、助力水资源保护方面逐步显效，水资源短缺的情况有所缓解。

专栏：长江三角洲城市群特色水污染治理措施

为建设美丽浙江，2013 年底浙江省委、省政府作出了治污水、防洪水、排涝水、保供水、抓节水"五水共治"的决策部署。按照三年（2014~2016 年）解决突出问题，明显见效；五年（2014~2018 年）基本解决问题，全面改观；七年（2014~2020 年）基本不出问题，实现质变，决不把污泥浊水带入全面小康的"三五七"时间表要求创建"治水三部曲"。"五水共治"已成为浙江的一张金名片，该措施的实施不仅使浙江水环境质量显著改善，也让群众幸福感增强，产业加速转型，干部作风转变。江苏作为全国唯一拥有"大江、大河、大湖、大海、大运河"的省份，2007 年的太湖水污染危机，让江苏成为全国最早探索河长制的地区，2017 年《江苏省河道管理条例》的出台第一次将河长制写入地方性法规，随着河长制从全面建立到全面见效，江苏河湖面貌明显改观，生态系统逐步恢复。

专栏：粤港澳大湾区城市群特色水污染治理措施

2013 年广东开展《南粤水更清行动计划（2013～2020 年)》，实施联合治水、饮水安全、水源保护、设施提效、亲水景观、数字监管、全民爱水七大类工程项目，坚持治水、治城、治产一体推进，通过战略层面抓统筹、主体层面抓协同、流域治理包干、环节治理贯通等举措，努力补上水环境治理欠账。2017 年底全面推行河长制，进行网格化治水，并逐步推动"河长领治、社会共治"成为治水新常态，河湖长制朝着"有名""有实""有能"的方向坚定迈进，2018～2020 年连续获得国务院督查激励。在各项水污染治理政策实施后，广东已基本消除黑臭水体，水环境质量明显改善，并探索出了一套具有岭南特色的特大城市治水之路。

第四节　固体废物污染防治政策分析

党中央、国务院高度重视固体废物污染防治工作，自 2000 年以来，我国不断健全法规制度、完善政策体系、加强示范引领，持续推进固体废物源头减量、资源化利用和无害化处置，各项工作取得积极成效。特别是党的十八大以来，大力推进相关领域深化改革，固体废物治理体系和治理能力得到显著提升。党的十九大报告明确将加强固体废物和垃圾处置作为着力解决突出环境问题的重要内容。本节系统梳理国家和东部三大城市群在固体废物污染防治方面的政策措施，并分析其有效性，以期为制定和推行更加高效的固体废物污染防治措施提供参考借鉴，进而促进固体废物处理实现绿色低碳循环和可持续发展。

一、固体废物污染防治政策及具体措施

（一）国家层面固体废物污染防治政策及具体措施

固体废物污染防治工作，是生态文明建设的重要内容，也是深入打好污染防治攻坚战的重要任务。2000～2020 年，我国实施了多项政策措施来推动固体废物污染防治和综合利用（表 5-5）。

表 5-5　国家层面固体废物污染防治政策及具体措施分析

政策与发布日期	实施时间	主要目标	主要措施概述
《国家环境保护"十五"计划》（2001 年 12 月）	2001～2005 年	工业固体废物排放量比 2000 年减少 10%；工业固体废物综合利用率达到 50%	1. 加快城市生活垃圾处理及综合利用等城市环保基础设施建设 2. 建立垃圾分类收集、储运和处理系统 3. 淘汰污染严重的落后生产能力 4. 推行清洁生产，提倡循环经济发展模式

政策与发布日期	实施时间	主要目标	主要措施概述
《中华人民共和国固体废物污染环境防治法》（2004 年 12 月第一次修订）	2005 年 4 月	防治固体废物污染环境，保障人体健康，维护生态安全，促进经济社会可持续发展	1. 促进清洁生产，促进固体废物污染防治产业发展和循环经济发展 2. 建立生产者责任延伸制度 3. 完善危险废物、进口废物管理制度，增加对农业和农村的固体废物污染防治的规定
《国家环境保护"十一五"规划》（2007 年 11 月）	2006～2010 年	工业固体废物综合利用率达到 60%；城市生活垃圾无害化处理率不低于 60%	1. 推进大宗工业固体废物的综合利用 2. 完善再生资源回收利用体系 3. 加快城市生活垃圾无害化处理设施建设 4. 推行垃圾分类，强化垃圾处置设施的环境监管
《国家环境保护"十二五"规划》（2011 年 12 月）	2011～2015 年	工业固体废物综合利用率达到 72%；城市生活垃圾无害化处理率达到 80%	1. 强化工业固体废物综合利用和处置技术开发 2. 建设废旧物品回收体系和集中加工处理园区，推进资源综合利用 3. 加快城镇生活垃圾处理设施建设 4. 健全生活垃圾分类回收制度
《"十二五"全国城镇生活垃圾无害化处理设施建设规划》（2012 年 4 月）	2012 年	城市生活垃圾无害化处理率达到 90% 以上	1. 加大城镇生活垃圾无害化处理设施建设力度 2. 加大生活垃圾收集力度，提高收集率和收运效率 3. 推进餐厨垃圾分类处理
《生活垃圾分类制度实施方案》（2017 年 3 月）	2017 年	2020 年底，在实施生活垃圾强制分类的城市，生活垃圾回收利用率达到 35% 以上	1. 加强生活垃圾分类配套体系建设 2. 引导居民自觉开展生活垃圾分类 3. 部分范围内先行实施生活垃圾强制分类
《"十三五"生态环境保护规划》（2016 年 11 月）	2016～2020 年	工业固体废物综合利用率提高到 73%；城市生活垃圾无害化处理率达到 95% 以上	1. 推动循环发展 2. 建设产业固体废物综合利用和资源再生利用示范工程 3. 健全再生资源回收利用网络；推广"互联网+回收"、智能回收等新型回收方式 4. 实现城镇垃圾处理全覆盖和处置设施稳定达标运行 5. 支持水泥窑协同处置城市生活垃圾
《中华人民共和国固体废物污染环境防治法》（2020 年 4 月第二次修订）	2020 年 9 月	防治固体废物污染环境，保障人体健康，维护生态安全，促进经济社会可持续发展	1. 推行跨行政区域的联防联控机制 2. 强化产生者的固体废物处理处置责任：排污许可管理制度、生产者责任延伸制度、台账制度，全链条多角度协同管控 3. 突出违法者需要承担的法律责任：通过完善查封扣押、按日连续处罚、企业和负责人双处罚、打击环境犯罪等措施

党的十八大以来，以习近平同志为核心的党中央高度重视固体废物污染环境防治工

作，习近平总书记多次就固体废物污染环境防治工作作出重要指示批示，国家重点部署了生活垃圾分类、禁止洋垃圾入境、"无废城市"建设等工作。为提高城镇生活垃圾无害化处理水平，2012年编制实施了《"十二五"全国城镇生活垃圾无害化处理设施建设规划》。为积极推进生活垃圾分类、促进资源回收利用，2017年印发的《生活垃圾分类制度实施方案》对生活垃圾分类制度进行全面部署，在部分范围内先行实施生活垃圾强制分类。《关于在全国地级及以上城市全面开展生活垃圾分类工作的通知》规定自2019年起在全国地级及以上城市全面启动生活垃圾分类工作。2020年又相继印发了《城镇生活垃圾分类和处理设施补短板强弱项实施方案》《关于进一步推进生活垃圾分类工作的若干意见》。为促进国内固体废物无害化、资源化利用，制定《禁止洋垃圾入境推进固体废物进口管理制度改革实施方案》，严格固体废物进口管理。为探索固体废物资源化利用的典型模式，国务院办公厅印发《"无废城市"建设试点工作方案》，通过"无废城市"试点建设，统筹经济社会发展中的固体废物管理，持续推进固体废物源头减量和资源化利用。

在历次国家环境保护规划中，都对固体废物防治提出了明确的目标，如从国家环境保护"十五"计划到"十三五"规划，对工业固体废物综合利用率的要求从50%逐渐提高到73%。《国家环境保护"十五"计划》以控制污染物排放总量为主线，提出到2005年工业固体废物比2000年减少10%的具体目标。针对城市垃圾产量快速增加、仅少数垃圾经过无害化处理、垃圾围城较普遍的问题，提出加快城市生活垃圾处理及综合利用等城市环保基础设施建设。《国家环境保护"十一五"规划》将防治固体废物污染作为建设资源节约型、环境友好型社会的重点领域，实施危险废物和医疗废物处置工程、生活垃圾无害化处置工程。《国家环境保护"十二五"规划》通过加大工业固体废物污染防治力度、提高生活垃圾处理水平、加强危险废物防治推进固体废物的安全处理处置。《"十三五"生态环境保护规划》通过实施循环发展引领计划、深化工业固体废物综合利用基地建设试点等措施促进固体废物综合利用。加快县城垃圾处理设施建设，实现城镇垃圾处理设施全覆盖。

《中华人民共和国固体废物污染环境防治法》自1995年通过以来，先后经历五次修改，是生态环境保护领域法律中修改次数最多的一部法律。2004年12月第一次修订，增加了促进清洁生产、促进固体废物污染防治产业发展和循环经济发展，建立生产者责任延伸制度等规定。2005年实施以来，国务院制定、修订了一系列配套法规政策，如《医疗废物管理条例》《废弃电器电子产品回收处理条例》等。在2013年、2015年和2016年分别做了三次修正后，2020年4月《中华人民共和国固体废物污染环境防治法》第二次修订，明确固体废物污染环境防治坚持减量化、资源化和无害化原则，完善工业固体废物、生活垃圾、建筑垃圾、农业固体废物、危险废物污染环境防治制度，加强农村生活垃圾污染环境防治。强调通过形成绿色生产和生活方式推进源头减量，体现了固体废物环境管理思路从污染控制向绿色引导的转变。

（二）京津冀城市群固体废物污染防治政策

京津冀及周边地区工业固体废物产生强度高，综合利用潜力大，2015年启动实施《京津冀及周边地区工业资源综合利用产业协同发展行动计划（2015~2017年）》，为京津冀废物协同处置探索了有效路径。为防治固体废物污染、加强生活垃圾管理，京津冀三地相继出台了《河北省固体废物污染环境防治条例》《北京市生活垃圾管理条例》《天津市生活垃圾管理条例》《河北省城乡生活垃圾分类管理条例》。北京高度重视工业固体废物产业发展，《北京市污染防治攻坚战 2020 年行动计划》提出工业固体废物堆存场所污染防治、加快废物综合利用和处置设施建设、完善废物收集运输网络等重点任务。

（三）长江三角洲城市群固体废物污染防治政策

2000～2020 年，长江三角洲城市群采取了一系列政策措施加强固体废物环境管理。江浙两省分别出台了《浙江省固体废物污染环境防治条例》《江苏省固体废物污染环境防治条例》，为防治固体废物污染提供了强有力的法律支撑。《长江三角洲地区区域规划（2010～2015 年)》要求提高工业固废综合利用率，推进城乡垃圾资源化、无害化处理。针对固体废物危险废物领域，《长江三角洲区域一体化发展规划纲要》提出要加强固体废物危险废物污染联防联治。为深化长江三角洲城市群固体废物危险废物协同管理，长江三角洲城市群出台了《推进长江三角洲区域固体废物和危险废物联防联治实施方案》《关于聚焦长江经济带坚决遏制固体废物非法转移和倾倒专项行动方案》，推动实现区域间固体废物和危险废物管理信息互联互通，开展联合执法专项行动，严厉打击危险废物非法跨界转移、倾倒等违法犯罪活动。《浙江省全域"无废城市"建设工作方案》率先发布，使浙江成为全国第一个在全省域开展"无废城市"建设的省份。

（四）粤港澳大湾区城市群固体废物污染防治政策

广东早在 2004 年就制定与颁布了《广东省固体废物污染环境防治条例》和《珠江三角洲环境保护规划纲要（2004～2020 年)》。纲要提出要加大对废物跨境转移的监管力度，加强资源循环利用技术交流与合作，推进废物无害化、减量化、资源化方面的合作。2017年粤澳签署《2017～2020 年粤澳环保合作协议》，以加强双方在固体废物处理、推进生活垃圾分类、监管废物跨境转移等方面的交流合作。2018 年广东又实施了《固体废物污染防治三年行动计划（2018～2020 年)》，着力解决固体废物污染突出问题。

二、固体废物污染防治政策有效性分析

（一）京津冀城市群污染防治政策有效性分析

为分析京津冀城市群实施的固体废物污染防治政策的有效性，本研究将 2002～2020 年京津冀城市群实施的多项政策与该地区的生活垃圾无害化处理率和一般工业固体废物综合利用率两项指标进行叠加分析（图 5-16）。2002 年以来，京津冀的生活垃圾无害化处理率呈现波动上升趋势，一般工业固体废物综合利用率整体呈现小幅上升。根据两项指标的变化趋势和政策实施的时间节点将京津冀城市群的固体废物污染防治指标变化趋势分为两个主要阶段。

图 5-16　京津冀城市群 2002～2020 年固体废物指标变化趋势及相应的固体废物污染防治政策

第一阶段为 2002～2011 年，该阶段京津冀城市群的生活垃圾无害化处理率呈现波动上升趋势，除了在 2003 年出现一次低值，其他年份均较高。一般工业固体废物综合利用率呈现稳步上升趋势，多在 70% 以上。在这一阶段，《国家环境保护"十五"计划》主要目标是减少工业固体废物等主要污染物的排放量，未设置针对生活垃圾无害化处理的控制指标。2007 年后实施的《国家环境保护"十一五"规划》把加强环境保护作为调整经济结构、转变经济增长方式的重要手段，设定了工业固体废物综合利用率、生活垃圾无害化处理率均达到 60% 的控制目标。通过规划引导，京津冀城市群的固体废物污染治理水平不断提高。同时，2005 年第一次修订实施的《中华人民共和国固体废物污染环境防治法》健全了固体废物污染环境防治长效机制，对京津冀固体废物治理发挥了积极作用。

第二阶段为 2012～2020 年，该阶段京津冀城市群的一般工业固体废物综合利用率呈现波动上升趋势。这一阶段相继发布实施的《国家环境保护"十二五"规划》《"十三五"生态环境保护规划》分别设置了工业固体废物综合利用率达到 72%、73% 的控制目标，京津冀城市群均达到规划目标。2015 年起实施了《京津冀及周边地区工业资源综合利用产业协同发展行动计划（2015～2017 年)》《河北省固体废物污染环境防治条例》。

党的十八大以来，京津冀城市群生活垃圾无害化处理率一直呈现上升趋势，在 2017～2020 年接近 100%。《国家环境保护"十二五"规划》《"十三五"生态环境保护规划》分别设置了城市生活垃圾无害化处理率达到 80%、95% 的控制目标。《生活垃圾分类制度实施方案》和《中华人民共和国固体废物污染环境防治法》（第二次修订）等相关法律、政策的实施都对京津冀城市群的生活垃圾治理水平提升发挥了积极作用。

（二）长江三角洲城市群固体废物污染防治政策有效性分析

为分析长江三角洲城市群实施的固体废物污染防治政策的有效性，本研究将 2000 ~ 2020 年长江三角洲城市群实施的多项政策与该地区的生活垃圾无害化处理率和一般工业固体废物综合利用率两项指标进行叠加分析（图 5-17）。2000 年以来，长江三角洲城市群的两项固体废物污染防治指标的变化趋势与其实施的政策时间节点一致。根据两项固体废物污染防治指标的变化趋势和政策实施的时间节点将长江三角洲城市群的固体废物污染防治指标变化趋势分为两个主要阶段。

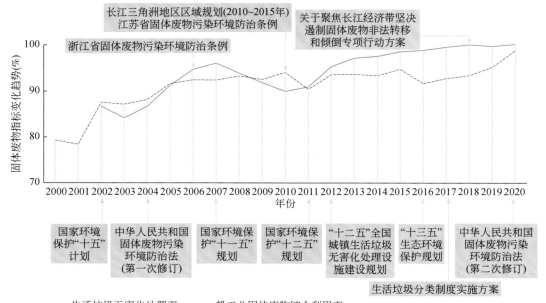

图 5-17 长江三角洲城市群 2000 ~ 2020 年固体废物指标变化趋势及相应的固体废物污染防治政策

第一阶段为 2000 ~ 2011 年，该阶段长江三角洲城市群的生活垃圾无害化处理率和一般工业固体废物综合利用率均呈波动上升趋势。其中，一般工业固体废物综合利用率的上升幅度较大，年均增长 1.33%，而生活垃圾无害化处理率的整体上升幅度较小，年均增长 0.35%。《国家环境保护"十五"计划》、《中华人民共和国固体废物污染环境防治法》（第一次修订）、《国家环境保护"十一五"规划》和《浙江省固体废物污染环境防治条例》等相关规划与法律法规的颁布使固体废物处置更为规范化，提高了长江三角洲城市群的固体废物处置、利用能力和监管水平。

第二阶段为 2012 ~ 2020 年。党的十八大以来，长江三角洲城市群的生活垃圾无害化处理率和一般工业固体废物综合利用率均处在较高水平，多在 90% 以上。在这一阶段，《"十二五"全国城镇生活垃圾无害化处理设施建设规划》加大了城镇生活垃圾无害化处理设施建设力度。《"十三五"生态环境保护规划》设置了城市生活垃圾无害化处理率达到95%的控制目标。这些污染防治政策促使长江三角洲城市群生活垃圾无害化处理率持续提高。2010年后一般工业固体废物综合利用率波动上升，同年起实施的《江苏省固体废物污染环境防治条例》对长江三角洲工业固体废物综合利用发挥了积极作用。得益于《关于聚焦长江经济带坚决遏制固体废物非法转移和倾倒专项行动方案》的实施，长江三角洲城市群一般工业固体废物综合利用率增速进一步提高。

（三）粤港澳大湾区城市群固体废物污染防治政策有效性分析

为分析粤港澳大湾区城市群实施的固体废物污染防治政策的有效性，将2000～2020年粤港澳大湾区城市群实施的多项政策与该地区的生活垃圾无害化处理率和一般工业固体废物综合利用率两项指标进行叠加分析（图5-18）。2000年以来，粤港澳大湾区城市群的两项固体废物污染防治指标的变化趋势与其实施的政策时间节点一致。根据两项固体废物污染防治指标的变化趋势和政策实施的时间节点将粤港澳大湾区城市群的固体废物污染防治指标变化趋势分为两个主要阶段。

图5-18　粤港澳大湾区城市群2000～2020年固体废物指标变化趋势及相应的固体废物污染防治政策

第一阶段为2000～2012年，粤港澳大湾区城市群的生活垃圾无害化处理率波动较大，该阶段国家层面颁布的《国家环境保护"十五"计划》、《中华人民共和国固体废物污染环境防治法》（第一次修订）和《国家环境保护"十一五"规划》对粤港澳大湾区城市群生活垃圾无害化处理收效甚微。在此阶段，一般工业固体废物综合利用率呈波动上升趋势，增幅缓慢。2004 年施行的《广东省固体废物污染环境防治条例》有效加强了粤港澳大湾区城市群的固体废物污染治理力度。

第二阶段为 2013~2020 年。党的十八大以来，粤港澳大湾区城市群的生活垃圾无害化处理率持续上升。《国家环境保护"十二五"规划》设置了城市生活垃圾无害化处理率达到 80% 的控制目标。《广东省城市生活垃圾无害化处理设施建设"十二五"规划》计划每县均建成生活垃圾无害化处理场，50% 的建制镇实现生活垃圾无害化处理。政策实施后，粤港澳大湾区城市群的生活垃圾无害化处理能力大幅提升，2016 年以后粤港澳大湾区城市群的生活垃圾无害化处理率接近 100%。广东《固体废物污染防治三年行动计划（2018~2020 年）》的实施提高了粤港澳大湾区城市群的固废污染治理水平，推动粤港澳大湾区城市群一般工业固体废物综合利用率自 2018 年起大幅提高。

（四）主要政策有效性比较分析

在国家层面固体废物污染防治政策和各城市群固体废物污染防治政策的双重作用下，2000~2020 年三个城市群的生活垃圾无害化处理率和一般工业固体废物综合利用率两项指标均呈上升趋势（图 5-19）。特别是党的十八大以来，三个城市群的生活垃圾无害化处理率和一般工业固体废物综合利用率都显著提升。

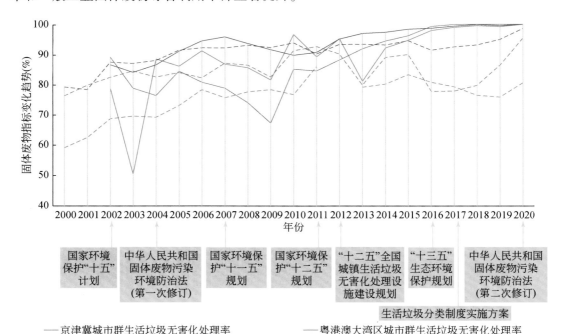

图 5-19　不同城市群 2000~2020 年固体废物指标变化趋势及相应的固体废物污染防治政策

三个城市群的一般工业固体废物综合利用率变化趋势相似，都呈现出波动上升趋势，长江三角洲城市群对一般工业固体废物的综合利用能力高于粤港澳大湾区城市群和京津冀城市群。历次国家重点环境保护规划均针对固体废物污染防治提出了具体的控制目标，从"十五"到"十二五"，对工业固体废物综合利用率的要求从50%逐渐提高到72%。在此过程中，三个超大城市群的一般工业固体废物综合利用率逐渐提高，成效显著。

2012年实施的《"十二五"全国城镇生活垃圾无害化处理设施建设规划》，通过加快城镇生活垃圾无害化处理设施建设，大幅提高了京津冀城市群和粤港澳大湾区城市群的生活垃圾处理水平。在2016年前，长江三角洲城市群的城市生活垃圾无害化处理能力基本高于京津冀城市群和粤港澳大湾区城市群。《"十三五"生态环境保护规划》要求城市生活垃圾无害化处理率要达到95%的控制目标。该规划实施后，三个城市群的生活垃圾无害化处理率都接近100%。

专栏：无废城市

2018年12月29日，国务院办公厅印发《"无废城市"建设试点工作方案》。"无废城市"是一种先进的城市管理理念。"无废"并不是没有固体废物产生，也不意味着固体废物能被完全资源化利用，而是指以创新、协调、绿色、开放、共享的新发展理念为引领，通过推动形成绿色发展方式和生活方式，持续推进固体废物源头减量和资源化利用，最大限度减少填埋量，将固体废物环境影响降至最低的城市发展模式。

"无废城市"建设的重要内容是推进生产方式和生活方式的绿色发展。这包括实施工业绿色生产，推动大宗工业固体废物储存处置总量趋零增长；推行农业绿色生产，促进主要农业废弃物全量利用；践行绿色生活方式，推动生活垃圾源头减量和资源化利用；提升风险防控能力，强化危险废物全面安全管控；激发市场主体活力，培育产业发展新模式等主要任务。

自2019年以来，通过在深圳等"11+5"个城市和地区开展"无废城市"试点建设，构建指标体系，初步形成了一批可复制、可推广的"无废城市"建设示范模式。试点工作不仅取得了较好的生态环境效益、社会效益和经济效益，更充分发挥了示范带动作用。2020年浙江率先在全省域开展"无废城市"建设。2021年广东提出粤港澳大湾区九城同建"无废湾区"。"无废城市"建设，对于深入打好污染防治攻坚战和碳达峰碳中和等重大战略具有不可忽视的作用。

参 考 文 献

雷宇, 严刚. 2020. 关于"十四五"大气环境管理重点的思考. 中国环境管理, 12 (04): 35-39.
王文兴, 柴发合, 任阵海, 等. 2019. 新中国成立70年来我国大气污染防治历程、成就与经验. 环境科学研究, 32 (10): 1621-1635.
薛文博, 许艳玲, 史旭荣, 等. 2021. 我国大气环境管理历程与展望. 中国环境管理, 13 (05): 52-60.

第六章 | 超大城市群生态环境保护总体成就与建议

第一节 总 体 成 就

一、生态用地质量稳中有增，生态系统服务持续提升

党的十八大以来，京津冀、长江三角洲和粤港澳大湾区城市群的森林覆盖率稳中有升，城市群的固碳、水源涵养和土壤保持等生态系统服务均明显增强。2012~2020年，植被生物量分别增加了6.02%、2.42%和7.86%；2012~2017年，自然保护区面积均有所增加，增长率分别为2.84%、3.72%和4.14%。

京津冀和长江三角洲城市群各城市森林覆盖率的差异相对较大，植被生物量的差异较小。粤港澳大湾区城市群各城市森林覆盖率分布更加均衡，植被生物量相对较高但不同城市之间差异相对较大。不同城市群所展现的资源禀赋差异，表明城市群的生态环境治理应充分考虑城市群的个性特征。

二、大气环境质量明显改善，水环境质量不断提升

2012~2021年，京津冀、长江三角洲和粤港澳大湾区城市群的大气环境质量明显改善：$PM_{2.5}$年平均浓度大幅下降，累计降幅分别达53.15%、54.26%和47.25%；2021年，$PM_{2.5}$年平均浓度在京津冀城市群北部、长江三角洲城市群南部和粤港澳大湾区城市群全域达到国家二级标准；三个超大城市群的空气质量优良天数比例分别达到74.14%、87.65%和91.40%。城市群地表水环境质量不断提升，三个超大城市群地表水水质优良比例分别上升57.74%、62.12%和30.91%，基本消除劣V类水体，集中式饮水水源地水质基本实现100%达标。

京津冀城市群大气和水环境质量指标向好且城市间差异性降低，表明城市群的环境质量协同管控效果明显；长江三角洲城市群大气和水环境质量指标也向好且城市间的差异性逐年减小，城市群在环境一体化管控，特别是水环境一体化管控方面取得显著成效；粤港澳大湾区城市群大气环境质量长期优于全国平均水平，城市间差异也逐步减小，初步显现了城市群整体高质量发展的态势。

三、资源能源利用效率大幅提升，单位 GDP 污染物排放量明显下降

2012 年以来，京津冀、长江三角洲和粤港澳大湾区城市群水资源与能源利用效率大幅提升，单位 GDP 水耗分别下降 42.89%、55.91% 和 47.51%，单位 GDP 能耗分别下降 30.37%、39.02% 和 29.97%。三个超大城市群主要污染物的单位 GDP 排放量明显下降，单位 GDP 的 CO_2 排放量降幅分别达 52.49%、59.31% 和 49.95%，单位 GDP 工业烟（粉）尘排放量降幅分别达 89.91%、63.32% 和 67.08%。

京津冀城市群各城市中，北京的资源能源利用效率、污染物排放指标向好趋势尤为凸显，以疏解北京非首都功能为抓手，京津冀协同发展战略有望进一步加强城市群节能减排成效；长江三角洲城市群沪苏浙城市的资源能源利用效率较高、单位 GDP 污染物排放量显著下降，长江三角洲一体化发展战略有望进一步带动安徽资源能源利用效率的提升；粤港澳大湾区城市群的资源能源利用效率水平总体较高，正朝着超大城市群高质量发展典范的目标稳步推进。

四、生态环境基础设施日趋完善，治理能力持续增强

2012~2020 年，京津冀、长江三角洲和粤港澳大湾区城市群的生态环境基础设施日趋完善。2020 年，三个城市群的建成区绿化覆盖率分别为 42.97%、43.10% 和 44.50%，均高于全国平均水平；污水处理率分别高达 97.82%、94.89% 和 97.37%；绝大部分城市的生活垃圾实现 100% 无害化处理。

京津冀城市群大气污染联防联控、环境问题应急处置等能力均有提升；长江三角洲城市群区域生态环境共保联治、水环境污染综合治理等能力均有所提升；粤港澳大湾区城市群三地跨域环境污染防治合作、区域空气质量监测等能力持续增强。

第二节　生态环境改善原因

一、习近平生态文明思想发挥了根本性的战略指引作用

党的十八大以来，生态文明建设被纳入中国特色社会主义事业"五位一体"总体布局。习近平生态文明思想为东部三个超大城市群蓝天保卫战、碧水保卫战、净土保卫战等实践的开展提供了根本性的战略指引作用，城市群生态环境保护取得历史性成就、发生历史性变革。

二、生态保护和环境治理若干重大政策提供了重要保障

生态保护方面，2016 年《"十三五"生态环境保护规划》提出，启动城市群生态环境

保护空间规划研究，加强城市周边和城市群绿化，大力提高建成区绿化覆盖率，为三个超大城市群的生态保护提供了政策保障，生态保护与建设取得显著成效。2018年3月，我国将"生态文明"写入宪法，为包括城市群在内的生态文明建设提供了根本的法律保障。

大气污染防治方面，2013年，国务院印发《大气污染防治行动计划》，提出加快产业结构调整、能源清洁利用和机动车污染防治；2018年，国务院印发《打赢蓝天保卫战三年行动计划》，进一步提出调整优化产业结构、能源结构、运输结构、用地结构及实施重大专项行动和强化区域联防联控六大措施，为超大城市群 PM$_{2.5}$ 消减及大气环境质量改善提供了政策保障。

水污染防治方面，通过实施《水污染防治行动计划》（2015年）、《重点流域水污染防治规划》（2017年）等政策措施，三个超大城市群地表水水质明显提升，地表水水质优良（Ⅲ类及以上）比例稳步上升，地表水劣Ⅴ类水体基本消除。国家出台的若干重大政策统筹指导了超大城市群水污染防治措施的协同制定和共同实施，明确了各时期水污染防治的具体措施，推动超大城市群水环境质量改善。

固体废物污染防治方面，2012年起实施《"十二五"全国城镇生活垃圾无害化处理设施建设规划》，2016年出台的《"十三五"生态环境保护规划》提出城市生活垃圾无害化处理率要达到95%的控制目标。随后，三个超大城市群的生活垃圾无害化处理率和一般工业固体废物综合利用率均显著提升。截至2021年，三个超大城市群生活垃圾无害化处理率全部达标，绝大多数城市实现生活垃圾100%无害化处理。

三、中国科学院等科研院所与高校发挥了有力的科技支撑作用

长期以来，尤其是近年，中国科学院等科研院所与高校相关科研力量在生态环境领域的诸多方面开展了大量科研工作，为城市群生态环境建设发挥了有力的科技支撑作用。

在京津冀城市群，中国科学院相关科研团队自主研发了大气环境预报预警和决策支持一体化平台、柴油车尾气催化净化技术、京津冀城市群区域生态安全协同会诊技术与决策支持系统，为空气质量精准预报、柴油车尾气排放标准升级、城市群生态安全保障提供了有力的科技支撑，对京津冀城市群生态环境保护工作做出了贡献。

在长江三角洲城市群，中国科学院相关科研团队研发了区域大气污染联防联治算法和平台、重要湖泊水环境一体化治理关键技术、城市污染场地土壤和地下水修复与开发利用关键技术、典型流域和村镇生态环境一体化治理关键技术，有效支撑了大气污染联防联治和流域源头截污，促进了长江三角洲城市群生态环境的一体化治理和绿色发展。

在粤港澳大湾区城市群，中国科学院相关科研团队研发了大气污染物减排与防治关键技术、工业退役场地修复全生命周期智能管理平台、城市固体废物产排规律与资源化技术、镇街产业绿色发展规划与环境管控技术等，为粤港澳大湾区城市群"无废城市"等建设提供了科技支撑，助力粤港澳大湾区高质量发展。

第三节　保　护　建　议

良好的城市群生态环境是国家生态文明建设和"美丽中国"建设的重要组成部分。与

此同时，城市群生态保护与环境治理仍面临诸多挑战，跨区域生态环境的共建、共享、共保、共治机制有待进一步健全，绿色转型发展在未来一定时期内依然是带动全国经济结构优化的重要任务。为推动超大城市群进一步高质量发展，提出以下保护建议。

一、以"双碳"目标为牵引推动超大城市群的高质量发展

在碳达峰、碳中和目标下，应抓住机遇以低碳发展倒逼经济转型和结构改革，使超大城市群进入绿色低碳发展的良性循环。京津冀、长江三角洲和粤港澳大湾区三个超大城市群的碳排放总量约占全国的 31.43%（2019 年），是我国实现碳达峰、碳中和目标的关键区域。应通过经济转型和结构改革，以超大城市群为重点，协同推进区域绿色低碳发展，积极稳妥推进碳达峰、碳中和目标，促进超大城市群绿色发展，推进城市群的"一体化"和"高质量"发展，不断提升超大城市群低碳发展的绿色底色和成色，保障社会经济和资源环境的协调发展。

二、强化超大城市群生态环境治理的系统性和综合性

从超大城市群整体出发，统筹域内城与山、水、林、田、湖、草等各类资源，一体化推进气、水、土、废等各类环境要素的系统性治理，强化区域联动与部门协作，确保生态环境多要素协调与跨区域协同，实现超大城市群生态环境的整体保护、系统修复和综合治理。

三、加强超大城市群生态环境要素治理的针对性和创新性

大气治理以减污降碳协同增效为重点，推动环境空气质量持续提升；水环境治理鼓励有条件区域在城市地表径流面源污染防治、区域再生水循环生态安全利用等方面积极实践；固体废物处理处置要强化源头减量及末端低碳协同资源转化；新污染物治理需加强化学物质全生命周期环境风险管理，建设有毒化学物质环境风险管理政策标准体系。

四、推动超大城市群分类分区精准施策

充分考虑超大城市群个性特征，结合城市群的发展定位精准施策。京津冀城市群要继续深入推进大气污染协同治理，充分利用南水北调等工程改善区域水生态和水环境；长江三角洲城市群应强化跨区域水资源、水环境、水生态一体化统筹治理和生态补偿机制优化设计与实践；粤港澳大湾区城市群重点建立三地大气等环境监测标准协同共享的工作机制，深化生态环境领域共治共享。

五、持续发挥科学进步对生态环境治理的支撑作用

合理布局国家科技计划的资助方向，注重多学科交叉融合支撑的城市群生态环境保护与治理研究，加强关键基础研究和技术研发，探索城市群生态环境变化的科学规律和治理方法，加大已有优质科技成果的应用示范和推广力度。通过制度设计，加强科学数据共享，为超大城市群生态环境数据的汇集、管理和共享提供保障与平台，提升科研和管理效率。

附　　录

附录 A　指标体系与数据来源

　　本报告从生态质量、环境质量、资源能源利用效率、生态环境治理能力四个维度，阐明超大城市群生态环境现状和变化历程。京津冀、长江三角洲和粤港澳大湾区三个超大城市群的生态环境分析具体内容和指标如表 A1 所示，所有数据的详细来源见表 A2。生态质量分析中所用到的土地覆被数据生态系统分类详见表 A3。

表 A1　城市群生态环境分析内容与指标

评价维度	评价内容	序号	评价指标	数据类型	时间（年）
生态质量	生态系统格局	1	生态系统类型面积	土地利用数据	2000~2020
		2	生态系统类型面积占比	土地利用数据	2000~2020
		3	景观破碎化指数（FN）	土地利用数据	2000~2020
	植被覆盖	4	森林覆盖率*	土地利用数据	2000~2020
	植被生物量	5	单位面积初级生产力*	遥感数据	2000~2020
	自然保护区	6	自然保护区面积	统计数据	2003~2017
	生态系统服务	7	碳固定服务	评估数据	2000~2020
		8	土壤保持服务	评估数据	2000~2020
		9	水源涵养服务	评估数据	2000~2020
		10	生物物种多样性保护服务	评估数据	2000~2020
环境质量	大气环境	11	细颗粒物（$PM_{2.5}$）浓度*	遥感数据	2000~2021
		12	空气质量优良天数比例	环境监测数据	2015~2021
	地表水环境	13	地表水水质优良（Ⅲ类及以上）比例	环境监测数据	2010~2021
		14	地表水劣Ⅴ类水体比例		2010~2021
		15	集中式饮水水源地水质达标率		2010~2021
资源能源利用效率	水资源利用效率	16	单位 GDP 水耗*	统计数据	2000~2020
	能源利用效率	17	单位 GDP 能耗*	统计数据	2000~2020
	环境经济协同效率	18	单位 GDP COD 排放量	统计数据	2000~2020
		19	单位 GDP CO_2 排放量*	遥感数据	2000~2019
		20	单位 GDP NO_x 排放量	统计数据	2000~2020
		21	单位 GDP 工业烟（粉）尘排放量	统计数据	2000~2019

续表

评价维度	评价内容	序号	评价指标	数据类型	时间（年）
生态环境治理能力	城市生态基础设施	22	建成区绿化覆盖率	统计数据	2000～2020
	水环境基础设施	23	污水处理厂集中处理率	统计数据	2006～2020
	固体废物	24	城镇生活垃圾无害化处理率	统计数据	2005～2020

＊表示有香港特别行政区、澳门特别行政区的数据

表 A2　各指标数据详细来源

序号	评价指标	数据详细来源	
1	2000～2020 年土地覆被数据集	中国生态系统评估与生态安全数据库	
2	森林覆盖率	武汉大学黄昕团队基于 Landsat 遥感观测的 30m 分辨率中国年度土地覆盖数据	
3	单位面积初级生产力	中国科学院资源环境科学与数据中心中国年 NPP 数据	
4	自然保护区面积	生态环境部全国自然保护区名录	
5	生态系统服务数据	中国生态系统评估与生态安全数据库	
6	细颗粒物（$PM_{2.5}$）浓度	中国大气成分近实时追踪数据集（Tracking Air Pollution in China，TAP）	
7	空气质量优良天数比例	各省市环境状况公报、生态环境状况公报、环境质量公报	
8	地表水水质优良（Ⅲ类及以上）比例	各省市水资源公报、环境状况公报、生态环境状况公报、环境质量公报	
9	地表水劣Ⅴ类水体比例	各省市水资源公报、环境状况公报、生态环境状况公报、环境质量公报	
10	集中式饮水水源地水质达标率	各省市水资源公报、环境状况公报、生态环境状况公报、环境质量公报	
11	单位 GDP 水耗	水耗源于各省市水资源公报	GDP 源于各省市统计年鉴
12	单位 GDP 能耗	中国能源统计年鉴、各省市统计年鉴、国民经济和社会发展统计公报、能源发展规划	
13	单位 GDP COD 排放量	中国统计年鉴、中国环境统计年鉴、中国循环经济年鉴、各省市统计年鉴、各省市生态环境统计公报	
14	单位 GDP CO_2 排放量	日本国立环境研究所 ODIAC 2020 年数据产品	
15	单位 GDP NO_x 排放量	中国城市统计年鉴、中国统计年鉴、中国环境统计年鉴、各省市统计年鉴、各省市生态环境统计公报	
16	单位 GDP 工业烟（粉）尘排放量	中国城市统计年鉴、中国统计年鉴	
17	建成区绿化覆盖率	中国城市统计年鉴	
18	污水处理厂集中处理率	中国城市建设年鉴	
19	城镇生活垃圾无害化处理率	中国城市统计年鉴	

表 A3　2000～2020 年土地覆被数据生态系统分类（欧阳志云等，2015）

代码	一级分类	代码	二级分类	代码	三级分类
1	森林生态系统	11	阔叶林	111	常绿阔叶林
				112	落叶阔叶林
		12	针叶林	121	常绿针叶林
				122	落叶针叶林
		13	针阔混交林	131	针阔混交林
		14	稀疏林	141	稀疏林
2	灌丛生态系统	21	阔叶灌丛	211	常绿阔叶灌木林
				212	落叶阔叶灌木林
		22	针叶灌丛	221	常绿针叶灌木林
		23	稀疏灌丛	231	稀疏灌木林
3	草地生态系统	31	草甸	311	草甸
		32	草原	321	草原
		33	草丛	331	草丛
		34	稀疏草地	341	稀疏草地
4	湿地生态系统	41	沼泽	411	森林沼泽
				412	灌丛沼泽
				413	草本沼泽
		42	湖泊	421	湖泊
				422	水库/坑塘
		43	河流	431	河流
				432	运河/水渠
5	农田生态系统	51	耕地	511	水田
				512	旱地
		52	园地	521	乔木园地
				522	灌木园地
6	城镇生态系统	61	居住地	611	居住地
		62	城市绿地	621	乔木绿地
				622	灌木绿地
				623	草本绿地
		63	工矿交通	631	工业用地
				632	交通用地
				633	采矿场

续表

代码	一级分类	代码	二级分类	代码	三级分类
7	荒漠生态系统	71	荒漠	711	沙漠
				712	荒漠裸岩
				713	荒漠裸土
				714	荒漠盐碱地
8	其他	81	冰川/永久积雪	811	冰川/永久积雪
		82	裸地	821	苔藓/地衣
				822	裸岩
				823	裸土
				824	盐碱地
				825	沙地

附录 B　指标含义与计算方法

一、生态质量

（一）景观破碎化指数

景观破碎化指数（FN）（刘晶等，2012）的计算方法如下所示：

$$FN_1 = （NP-1）/NC$$
$$FN_2 = MPS×（NF-1）/NC$$

式中，FN_1 为整个研究区的景观斑块破碎化指数；FN_2 为某种景观类型的斑块破碎化指数；NP 为景观斑块总数；NC 为研究区的总面积与最小斑块面积的比值；MPS 为整个景观的平均斑块面积；NF 为某景观斑块类型的斑块数目。FN_1 和 FN_2 都在 0～1，0 表示景观完全未被破坏，1 表示景观完全被破坏。

（二）森林覆盖率

森林覆盖率是刻画地表植被覆盖的一个重要参数，是指示生态质量变化的重要指标之一，是描述生态系统的重要基础数据，也是对区域生态系统环境变化的重要指示，对水文、生态、区域变化等都具有重要意义。本报告使用由武汉大学黄昕团队基于 Landsat 遥感影像解译的 30m 分辨率土地覆盖数据，时间覆盖 2000～2020 年的每一年。本数据将土地覆被分为 8 类，包括耕地、林地、灌木地、草地、水体、冰川或永久积雪、裸地、人造地表和湿地，与自然资源部发布的 GlobeLand 30 土地覆被分类体系相同。本数据没有二级地类区分，因此森林覆盖率的计算基于一级地类中的林地占所在市（区）土地总面积的比例。具体计算公式如下：

$$F_r = \frac{F_a}{TL_a}$$

式中，F_r 为森林覆盖率（%）；F_a 为森林用地面积，即一级地类中的有林地面积（m^2）；TL_a 为该市（区）行政区划面积（m^2）。

（三）植被生物量

广义上的生物量包括地上生物量和地下生物量，即地上生长的乔木、灌木、藤木、根茎，以及土壤中相关的粗细废弃物。本报告中的生物量指地上生物量。地上生物量的估算大致有三种方法，分别是基于地面实测、基于遥感和基于地理信息系统的方法。相比传统的地面实测法，应用遥感技术的测量方法具有许多优势。本报告使用基于遥感技术的测量方法所得到的植被净初级生产力（net primary productivity，NPP）作为评价指标。

NPP 是指植被通过光合作用所固定的有机物质减去自身呼吸消耗后的剩余部分，这部分用于植被的生长和生殖，也称为净第一性生产力。NPP 作为地表碳循环的重要组成部分，不仅直接反映了植被群落在自然环境条件下的生产能力，表征陆地生态系统的质量状况，而且是判定生态系统碳源/汇和调节生态过程的主要因子。本报告使用的 NPP 数据为基于 MODIS 遥感影像的 NPP 产品（MOD17A3HGF），该产品是由参考 BIOME-BGC 模型（biome biogeochemical model）与光能利用率模型建立的 NPP 估算模型模拟得到陆地生态系统年 NPP，数据的空间分辨率为 500m，已在全球不同区域植被生长状况、生物量的估算、环境监测和全球变化等研究中得到验证与广泛应用。本数据的时间跨度为 2000~2020 年，步长为一年，单位为 $gC/(m^2 \cdot a)$。

（四）自然保护区

根据《中华人民共和国自然保护区条例》，"自然保护区"就是"对有代表性的自然生态系统、珍稀濒危野生动植物物种的天然集中分布区、有特殊意义的自然遗迹等保护对象所在的陆地、陆地水体或者海域，依法划出一定面积予以特殊保护和管理的区域"。自然保护区分为国家级自然保护区和地方各级自然保护区。本报告使用的自然保护区数据来源于生态环境部发布的全国自然保护区名录。

（五）生态系统服务

1）碳固定服务

碳固定是指陆地生态系统吸收大气中的 CO_2 使其以有机碳的形式得到固定的过程（Piao et al.，2009），而碳储量是指陆地生态系统长期以来蕴含的有机碳含量（Keith et al.，2009；Lewis et al.，2009），碳储量不仅代表碳固定的结果，还意味着碳储备的重要性，这意味着禁止森林砍伐的重要性（Mandle et al.，2015）。m 年陆地生态系统总碳储量的计算公式如下：

$$CS_m = \sum_{i=1}^{k} BCS_{im} \times 10^{-12}$$

式中，CS_m 为 m 年森林、灌丛、草地和湿地生态系统碳储量的总和（TgC）；i 为生态系统类型，生态系统 i 可以是森林、灌丛、草地或湿地；k 为 k 类生态系统类型。BCS_{im} 为 m 年 i 类生态系统碳储量，计算公式如下：

$$\mathrm{BCS}_{im} = \sum_{j=1}^{n} \mathrm{BCD}_{ijm} \times \mathrm{AR}_i$$

式中，BCD_{ijm} 为 m 年第 i 类生态系统在像元 j 中的生物量碳密度；年份 m 可以是 2000 年或 2015 年；AR_i 为每个像元的面积，根据基于遥感的生物量数据可知其为 $6.25 \times 10^4\ \mathrm{m}^2$。$\mathrm{BCD}_{ijm}$ 的计算公式如下：

$$\mathrm{BCD}_{ijm} = B_{ijm} \times \mathrm{CC}_i$$

式中，B_{ijm} 为 m 年第 i 类生态系统在像元 j 中的生物量密度（$\mathrm{g/m}^2$），数据来源于中国生态系统评估与生态安全数据库；CC_i 为生态系统类型 i 生物量中的碳含量系数，森林、灌丛和湿地为 0.5，草地为 0.45（Fang et al.，2010；陈泮勤等，2008）。

2）水源涵养服务

水源涵养是生态系统对降水的有效蓄积过程，可以通过水量平衡方程进行计算：

$$\mathrm{TQ} = \sum_{i=1}^{j} (P_i - R_i - \mathrm{ET}_i) \times A_i$$

该模型基于 InVEST 模型建立（Kareiva et al.，2011；Sharp et al.，2016）。式中，TQ 为总的水源涵养量（m^3）；P_i 为降水量（mm）；R_i 为地表径流量（mm）；ET_i 为蒸散发（mm）；A_i 为地表生态系统类型面积（km^2）；i 为研究区第 i 类生态系统类型；j 为研究区生态系统类型数。其中，地表径流量 R 的计算公式如下：

$$R = P \times \alpha$$

式中，P 为年降水量（mm）；α 为平均地表径流系数（%），地表径流系数通过综合分析文献资料得出（表 B1）（Ouyang et al.，2016）。

表 B1　自然生态系统地表径流系数均值

生态系统类型		平均径流系数/%
森林	常绿阔叶林	2.67
	落叶阔叶林	1.33
	常绿针叶林	3.02
	落叶针叶林	0.88
	针阔混交林	2.29
	稀疏林	19.20
灌丛	常绿阔叶灌丛	4.26
	落叶阔叶灌丛	4.17
	针叶灌丛	4.17
	稀疏灌丛	19.20

生态系统类型		平均径流系数/%
草地	草甸	8.20
	草原	4.78
	草丛	9.37
	稀疏草地	18.27
湿地	湿地	0.00

3）土壤保持服务

土壤保持是指生态系统对土壤的有效保持过程（王万忠和焦菊英，1996）。土壤保持量根据土壤流失方程（USLE）（Wischmeier and Smith，1978）和 InVEST 模型（Kareiva et al.，2011；Sharp et al.，2016）计算，公式如下：

$$SC = R \times K \times LS \times (1 - C)$$

式中，SC 为土壤保持量 $[\,t/(hm^2 \cdot a)\,]$；R 为降雨侵蚀力因子 $[\,MJ \cdot mm/(hm^2 \cdot h \cdot a)\,]$；$K$ 为土壤可蚀性因子 $[\,t \cdot hm^2 \cdot h/(hm^2 \cdot MJ \cdot m)\,]$；LS 为地形因子；$C$ 为植被覆盖因子。

降雨侵蚀力因子（R）是降雨引发土壤侵蚀的潜在能力，计算公式如下（殷水清等，2013）：

$$\bar{R} = \sum_{k=1}^{24} \bar{R}_{\text{半月}k}$$

式中，$\bar{R}$ 为年平均降雨侵蚀力；$\bar{R}_{\text{半月}k}$ 为第 k 个半月的平均降雨侵蚀力；k 为一年的 24 个半月。其中，$\bar{R}_{\text{半月}k}$ 的计算公式如下：

$$\bar{R}_{\text{半月}k} = \frac{1}{n} \sum_{i=1}^{n} \sum_{j=1}^{m} (\alpha) \times P_{i,j,k}^{1.7265}$$

式中，i 为所用降雨资料的年份，即 $i=1，2，\cdots，n$；j 为第 i 年第 k 个半月侵蚀性降雨日的日子，即 $j=1，2，\cdots，m$；$P_{i,j,k}$ 为第 i 年第 k 个半月第 j 个侵蚀性降雨日降雨量（mm）；α 为参数，暖季 $\alpha=0.3937$，冷季 $\alpha=0.3101$。

土壤可蚀性因子（K）反映了土壤颗粒对侵蚀力的敏感性（王万忠和焦菊英，1996）。计算公式如下（Williams and Arnold，1997）：

$$
\begin{aligned}
K_{\text{EPIC}} = &\{0.2 + 0.3\exp[-0.0256\,m_{\text{s}}(1 - m_{\text{silt}}/100)]\} \times [\,m_{\text{c}} + m_{\text{silt}}\,]^{0.3} \\
&\times \left\{1 - \frac{0.25\text{orgC}}{[\,\text{orgC} + \exp(3.72 - 2.95\text{orgC})\,]}\right\} \\
&\times \left\{-0.7\left(1 - \frac{m_{\text{s}}}{100}\right) \middle/ \left\{\left(1 - \frac{m_{\text{s}}}{100}\right) + \exp\left[-5.51 + 22.9\left(1 - \frac{m_{\text{s}}}{100}\right)\right]\right\}\right\}
\end{aligned}
$$

$$K = (-0.013\,83 + 0.515\,75\,K_{\text{EPIC}}) \times 0.1317$$

式中，m_{s}、m_{silt}、m_{c} 和 orgC 分别为砂粒、粉粒、黏粒和有机质的含量（%）。

地形因子（LS）反映了坡长、坡度对土壤侵蚀的影响（Van Remortel et al.，2001）。

计算公式如下（刘宝元等，2001）：

$$L = (\lambda/22.13)^m$$

$$m = \beta/(1 + \beta)$$

$$\beta = \frac{\sin\theta}{0.089} \Big/ [3 \times (\sin\theta)^{0.8} + 0.56]$$

$$S = \begin{cases} 10.8\sin\theta + 0.03, & \theta < 5.14° \\ 16.8\sin\theta - 0.5, & 5.14° \leqslant \theta < 10.2° \\ 21.91\sin\theta - 0.96, & 10.2° \leqslant \theta < 28.81° \\ 9.5988, & \theta \geqslant 28.81° \end{cases}$$

式中，L 为坡长因子；S 为坡度因子；m 为坡长指数；θ 为坡度（°）；λ 为坡长（m）。

植被覆盖因子（C）反映了植被对土壤侵蚀的影响。湿地、农田、城镇和荒漠参照 Carter 和 Eslinger（2004）的工作分别赋值为 0、0、0.01 和 0.7，其余生态系统类型按不同植被覆盖度进行赋值（Rao et al.，2014）（表 B2）。

表 B2　生态系统类型不同植被覆盖度的 C 值

生态系统类型	植被覆盖度					
	<10%	10% ~ 30%	30% ~ 50%	50% ~ 70%	70% ~ 90%	>90%
森林	0.1	0.08	0.06	0.02	0.004	0.001
灌丛	0.4	0.22	0.14	0.085	0.04	0.011
草地	0.45	0.24	0.15	0.09	0.043	0.011

4）生物物种多样性保护服务

用物种栖息地面积来衡量生物物种多样性保护服务，将物种栖息地分为森林物种栖息地、灌丛物种栖息地、草地物种栖息地和湿地物种栖息地 4 种类型。由于物种栖息地对生态系统的质量有一定要求，因此，并不是所有的森林、灌丛、草地和湿地生态系统都可以被算作物种栖息地。在物种栖息地划分和统计过程中需要对生态系统类型的筛选精确到第三级分类。其中，森林物种栖息地不包含稀疏林，灌丛物种栖息地不包括稀疏灌木林，草地物种栖息地不包含稀疏草地，湿地物种栖息地不包含水库/坑塘和运河/水渠。森林、灌丛、草地和湿地物种栖息地包含的生态系统类型如图 B1 所示。

图 B1　物种栖息地类型及代码

二、环境质量

环境质量维度从环境遭受污染的程度反映城市群及其内部各城市的环境对居民及社会经济发展的适宜程度。综合考虑各指标表达的含义及数据的可获取性，超大城市群环境质量的评价内容包括大气环境质量、地表水环境质量和综合环境质量。对应的评价指标和计算方法如下。

（一）大气环境质量

根据中华人民共和国国家标准《环境空气质量标准》（GB 3095—2012），环境空气污染物基本项目包括二氧化硫（SO_2）、二氧化氮（NO_2）、一氧化碳（CO）、臭氧（O_3）、颗粒物（粒径小于等于 10μm）、颗粒物（粒径小于等于 2.5μm）。本报告以细颗粒物（$PM_{2.5}$）浓度和空气质量优良天数比例两个指标表征大气质量。

（二）地表水环境质量

依据地表水水域环境功能和保护目标，按功能高低将地表水水质依次划分为 5 类，分别是：Ⅰ类地表水，主要适用于源头水、国家自然保护区；Ⅱ类地表水，主要适用于集中式生活饮用水地表水源地一级保护区、珍稀水生生物栖息地、鱼虾类产卵场、仔稚幼鱼的索饵场等；Ⅲ类地表水，主要适用于集中式生活饮用水地表水源地二级保护区、鱼虾类越冬场、洄游通道、水产养殖区等渔业水域及游泳区；Ⅳ类地表水，主要适用于一般工业用水区及人体非直接接触的娱乐用水区；Ⅴ类地表水，主要适用于农业用水区及一般景观要求水域。本报告选取地表水水质优良（Ⅲ类及以上）比例、地表水劣Ⅴ类水体比例、集中式饮水水源地水质达标率三个指标反映地表水环境质量。

地表水水质优良（Ⅲ类及以上）比例，计算公式如下：

$$W_x = S_a / S_b \times 100\%$$

式中，W_x 为地表水水质达到或优于Ⅲ类标准的比例（%）；S_a 为监测断面水质达到或优于Ⅲ类标准的数量（个）；S_b 表示总监测断面数量（个）。本报告地表水水质达到或优于Ⅲ类水的比例以调查分析年份均值表示。

地表水劣Ⅴ类水体比例，计算公式如下：

$$W_y = H_a / H_b$$

式中，W_y 为地表水水质低于Ⅴ类的比例（%）；H_a 为监测断面水质低于Ⅴ类标准的数量（个）；H_b 为总监测断面数量（个）。本报告地表水水质低于Ⅴ类水的比例以调查分析年份均值表示。

集中式饮水水源地水质达标率指行政区划内国控、省控水质达标的饮用水水源比例。计算公式如下：

$$W_z = V_a / V_b$$

式中，W_z 为集中式饮水水源地水质达标率（%）；V_a 为集中式饮水水源地水质达标的数量（个）；V_b 为总水源数量（个）。本报告集中式饮水水源地水质达标率以调查分析年份均值表示。

三、资源能源利用效率

资源能源利用效率指标从资源和经济之间投入产出效率以及污染物排放量控制与经济发展协同程度的角度反映城市群及其内部各城市的发展水平。超大城市群资源能源利用效率的评价内容包括水资源利用效率、能源利用效率和环境经济协同效率，对应的评价指标和计算方法如下。

（一）水资源利用效率

水资源利用效率指标采用单位 GDP 水耗表征。单位 GDP 水耗是总用水量与国内（地区）生产总值（GDP）之间的比值，该指标越小表示水资源利用效率越高，指标越大水资源利用效率越低。具体计算公式如下：

$$REI_{wr} = WC/GDP$$

式中，REI_{wr} 为水资源利用效率指数（m^3/万元）；WC 为总用水量（m^3）；GDP 为国内（地区）生产总值（万元）。

（二）能源利用效率

能源利用效率指标采用单位 GDP 能耗表征。单位 GDP 能耗是能源消费总量与 GDP 之间的比值。该指标可以反映经济结构和能源利用效率的变化。该指标越小表示能源利用效率越高，指标越大能源利用效率越低。具体计算公式如下：

$$REI_{energy} = EC/GDP$$

式中，REI_{energy} 为单位 GDP 能耗（tce/万元）；EC 为能源消费总量（tce）；GDP 为国内（地区）生产总值（万元）。

（三）环境经济协同效率

环境经济协同效率指标反映环境污染物排放量控制与经济发展之间的协同程度，采用单位 GDP 化学需氧量（COD）排放量、单位 GDP 氮氧化物（NO_x）排放量、单位 GDP 工业烟（粉）尘排放量及单位 GDP 二氧化碳（CO_2）排放量 4 项指标来表征。单位 GDP 污染物排放量指标越小表示环境经济协同效率越高。

单位 GDP 化学需氧量排放量具体计算公式如下：

$$REI_{COD} = COD/GDP$$

式中，REI_{COD} 为单位 GDP 化学需氧量排放量（t/亿元）；COD 为化学需氧量排放量（t）；GDP 为国内（地区）生产总值（亿元）。

单位 GDP 氮氧化物排放量具体计算公式如下：

$$REI_{NO_x} = NO_x/GDP$$

式中，REI_{NO_x} 为单位 GDP 氮氧化物排放量（t/亿元）；NO_x 为氮氧化物排放量（t）；GDP 为国内（地区）生产总值（亿元）。

单位 GDP 工业烟（粉）尘排放量具体计算公式如下：

$$REI_{particles} = PTCs/GDP$$

式中，$REI_{particles}$ 为单位 GDP 工业烟（粉）尘排放量（t/亿元）；$PTCs$ 为工业烟（粉）尘排放量（t）；GDP 为国内（地区）生产总值（亿元）。

单位 GDP 二氧化碳排放量具体计算公式如下：

$$REI_{CO_2} = CO_2/GDP$$

式中，REI_{CO_2} 为单位 GDP 二氧化碳排放量（t/亿元）；CO_2 为二氧化碳排放量（t）；GDP 为国内（地区）生产总值（亿元）。

四、生态环境治理能力

生态环境治理能力维度从生态环境的基础设施、治理机制、监测监管能力、重点工程实施等角度定性和定量反映城市群及其内部各城市生态环境的治理程度。超大城市群生态环境治理能力维度中的基础设施采用定量手段，分析城市生态基础设施、水环境基础设施和固体废物方面的建设，对应的评价指标和计算方法如下。

（一）城市生态基础设施

城市生态基础设施反映城市群及其内部各城市的生态基础设施建设情况，可以采用建成区绿化覆盖率来表示。根据《城市绿化条例》规定，建成区绿化覆盖面积是公共绿地、居住区绿地、单位附属绿地、防护绿地、生产绿地、风景林地 6 类绿化面积之和，指城市中的乔木、灌木、草坪等所有植被的垂直投影面积，包括公园绿地、防护绿地、生产绿地、附属绿地、其他绿地的绿化种植覆盖面积、屋顶绿化覆盖面积及零散树木的覆盖面积，不含各类绿地中的水域面积及没有被植被覆盖的面积。乔木树冠下重叠的灌木和草本植物不能重复计算。

（二）水环境基础设施

水环境基础设施反映城市群及其内部各城市的水环境基础设施建设情况以及对城市污水的处理能力，用污水处理厂集中处理率表示。污水处理厂集中处理率指通过污水处理厂处理的污水量与污水排放总量的比值。

（三）固体废物

固体废物指人类生产、生活等活动中产生的固态、半固态废弃物质，采用城镇生活垃圾无害化处理率表示城市群及城市的固体废物处理能力。城镇生活垃圾无害化处理率指生活垃圾无害化处理量与生活垃圾产生量的比值。

参 考 文 献

陈泮勤，王效科，王礼茂．2008．中国陆地生态系统碳收支与增汇对策．北京：科学出版社．

刘宝元，谢云，张科利．2001．土壤侵蚀预报模型．北京：中国科学技术出版社．

刘晶，刘学录，侯莉敏 . 2012. 祁连山东段山地景观格局变化及其生态脆弱性分析 . 干旱区地理，35（05）：795-805.

欧阳志云，张路，吴炳方，等 . 2015. 基于遥感技术的全国生态系统分类体系 . 生态学报，35（02）：219-226.

王万忠，焦菊英 . 1996. 中国的土壤侵蚀因子定量评价研究 . 水土保持通报，（05）：1-20.

殷水清，章文波，谢云，等 . 2013. 基于高密度站网的中国降雨侵蚀力空间分布 . 中国水土保持，（10）：45-51.

Carter H J, Eslinger D L. 2004. Nonpoint Source Pollution and Erosion Comparison Tool（N-SPECT）Technical Guide. Charleston, SC: National Oceanic and Atmospheric Administration Coastal Services Center.

Fang J Y, Yang Y H, Ma W H, et al. 2010. Ecosystem carbon stocks and their changes in China's grasslands. Science China Life Sciences, 53（07）：757-765.

Kareiva P, Tallis H, Ricketts T, et al. 2011. Natural Capital: Theory and Practice of Mapping Ecosystem Services. Oxford: Oxford University Press.

Keith H, Mackey B G, Lindenmayer D B. 2009. Re-evaluation of forest biomass carbon stocks and lessons from the world's most carbon-dense forests. Proceedings of the National Academy of Sciences, 106（28）：11635-11640.

Lewis S L, Lopez-Gonzalez G, Sonké B, et al. 2009. Increasing carbon storage in intact African tropical forests. Nature, 457（7232）：1003-1006.

Mandle L, Tallis H, Sotomayor L, et al. 2015. Who loses? Tracking ecosystem service redistribution from road development and mitigation in the Peruvian Amazon. Frontiers in Ecology and the Environment, 13（06）：309-315.

Ouyang Z Y, Zheng H, Xiao Y, et al. 2016. Improvements in ecosystem services from investments in natural capital. Science, 352（6292）：1455-1459.

Piao S L, Fang J Y, Ciais P, et al. 2009. The carbon balance of terrestrial ecosystems in China. Nature, 458（7241）：1009-1013.

Rao E M, Ouyang Z Y, Yu X X, et al. 2014. Spatial patterns and impacts of soil conservation service in China. Geomorphology, 207：64-70.

Sharp R, Tallis H, Ricketts T, et al. 2016. InVEST+ VERSION+ User's Guide. The Natural Capital Project. Stanford, Minneapolis, Arlington, and Washington D. C.: Stanford University, University of Minnesota, The Nature Conservancy, and World Wildlife Fund.

Van Remortel R D, Hamilton M E, Hickey R J. 2001. Estimating the LS factor for RUSLE through iterative slope length processing of digital elevation data within ArcInfo Grid. Cartography, 30（01）：27-35.

Williams J R, Arnold J G. 1997. A system of erosion: sediment yield models. Soil Technology, 11（01）：43-55.

Wischmeier W, Smith D. 1978. Predicting Rainfall Erosion Losses: A Guide to Conservation Planning. Washington D C. : U. S. Department of Agriculture.